〝来てほしい人にアプローチする〟
集客につながる顧客目線のウェブの作り方

ウェブ立地論

Ishii Kenji
石井研二

技術評論社

はじめに

■ウェブの「常識」を調整する

最初にデータをご覧いただきましょう。図は、地方自治体のウェブを8件並べた分析結果です。

▼図　8つの自治体のウェブサイトのアクセス実態

●人口とウェブ訪問数の分布

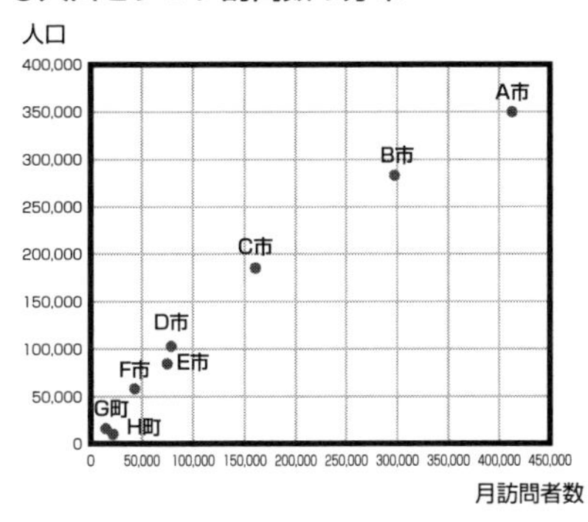

●スマホ訪問率と検索訪問率の分布

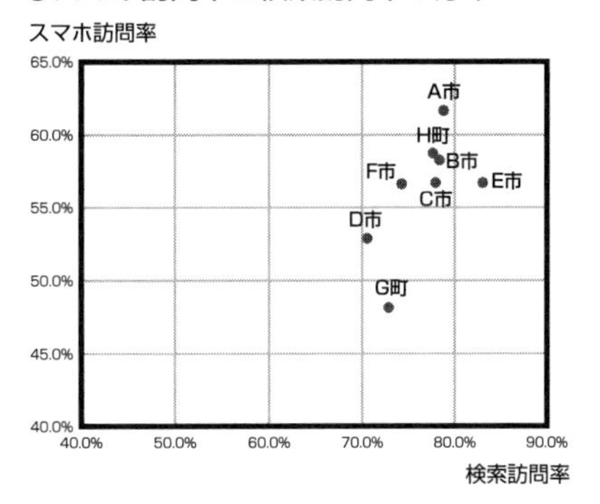

ここには規模の異なる自治体が並んでいますが、そのアクセスの傾向はほぼ完全に人口に相関しています。わずかに、H町の人口が少ないのに、G町よりもアクセス数が多いという逆転が起こっている程度です。もう1つのグラフを見ると、自然検索で訪れる割合が70～80%、スマートフォンが55%程度と、傾向が非常に似通っています。これは自治体のウェブの運営のされ方が大変似通っているためです。

これらのウェブは住民が行う手続きや決まりがたくさん掲載され、また市政についての新しいお知らせも次々に掲載されています。観光を重視している自治体では外部の観光客に利用される情報もたくさん載っているでしょう。

自治体は基本的に必要な記事を掲載するだけで、集客施策をほとんど行っていません。そのため、ある意味で「ピュア」なアクセスデータが浮かび上がってきます。こうしたデータを見ると、ウェブというのは放っておいたらどのようにアクセスを受けるものか、見えてくるように思われます。市町村における人口は、企業における「顧客数」かもしれません。企業は自社の顧客数に正しく対応するアクセス数を獲得できているでしょうか。

アクセス数が人口に相関するという中で、H町ではG町よりも大きなアクセスを得ていました。1つの町が、情報を必要とする人（住民や観光したい人や移住を考える人）を集めるように効果的な対策を行えば、抜きんでて効果的なウェブにすることができるのではないでしょうか。そうすれば住民は住みよい街であると感じ、観光客は増え、移住者も多くなるでしょう。

そうした努力が足りず、十分なアクセスが得られないとしたらもったいないことです。この本を手に取られた方には、ぜひそう考えてウェブを成長させる作業をしていただきたいです。

ウェブは「どれくらいアクセスがあるかなんて、やってみなければわからない」と言われがちです。が、実際にはこのようにアクセスには共通の傾向やルールがあります。それを知ってウェブを活用すれば、制作会社やSEO業者に必要以上の費用を払わず、自律的に効果的な運営ができるはずです。

専門家にもいろいろあり、オールマイティではありません。自社の課題には合わない専門家もあります。そうした専門家に対して適切な質問をし、合わない人であれば「要りません」と言えるようになりたいものです。

そのために、企業側が先にやっておかなければならないことがあります。経営者もその必要性に気づき、適切な予算と人材を充てなければ、いつまでたってもウェブは儲からないままです。また、ウェブ担当者も経営者の視線をもって日々の仕事を進め、正しい知見を蓄積する必要があります。

私は1995年からウェブの分析を行い、多くのサイトに「次の一手」をお伝えしてきました。本書では企業など多くのウェブサイトの分析を元に、いくつかの法則をお伝えしていきます。ウェブのアクセスについて、このような常識を持つことができれば、「ウェブをつくったら何人見に来るか」をあらかじめ考え、予算を組むことができるようになるでしょう。

■インターネットの向こうには人がいる

ウェブを企業が使えるようになったのは、日本では1993年のことです。郵政省（当時）がインターネットの商用利用を解禁し、いくつかの接続業者が誕生しました。それまでは大学などの研究機関に限られていたウェブサイトでしたが、94年になるとIT関係の大企業が企業サイトを開設するようになりました。

1995年になって間もない1月17日、午前5時46分。兵庫県南部をマグニチュード7.3と言われる巨大地震が襲います。阪神淡路大震災です。私は大阪市内のマンションの7階に住んでいましたが、まだ1歳になったばかりの長女がふとんの上でゆっさゆさと揺れていたのを覚えています。電気、ガス、水道は寸断され、電話も通じない中で、インターネットだけが通じる、安否確認に使えるというので一躍注目が集まりました。

95年を「インターネット元年」と呼ぶようになったのにはもう1つ理由がありました。12月に発売されたWindows 95です。ザ・ローリング・ストーンズの名曲「スタート・ミー・アップ」を使ったCMが鮮烈な印象を残しました。やっと多くの人がパソコンに触れるようになり、インターネットへの接続も急増していきます。

私は運が良いことに94年にインターネットに出会うことができました。当時、通販カタログの制作を行う大阪のデザイン会社で企画の仕事をしていました。この会社では製品の取扱説明書を輸出入のために翻訳する仕事もやっており、そのためにイギリス人のポールというエンジニアがおりました。

94年の初夏、このポールの友人のカナダ人から連絡が入りました。「東京で接続業者を始めるので、大阪の接続点をやってくれないか」と言うのです。今では常時接続が当然ですが、当時は3分10円の電話料金を払ってインターネットに接続していました。自宅や仕事場から接続点までの距離が遠いと遠距離料金がかかって、長時間アクセスしているととんでもない高額の請求書が来たものでした。だから、東京だけではなく、大阪にも接続点をつくりたい。資金力のないスタートアップ企業なので、ポールに協力を依頼してきたわけです。

私たちはまだインターネットが何かも分からず、「接続点」とは何をすることかも知りませんでした。が、とにかくおもしろいじゃないか、と引き受けることになりました。東京から、白いタンクトップで長髪を後ろで結んだアメリカ人のエンジニアがやってきて、会社のひと隅に棚を組み、機械を積み上げて帰りました。

こういうややこしいことは企画係の私が担当することになっていたので、私はその機械を眺める係になりました。その機械は会員さんがアクセスしてくるのを受け止める単なるモデムで、そこから通信をインターネットに送り出すだけ。私たちが何か手を出すことはなかったので、私は本当に眺めているだけでした。

見ていると、1番のモデムの豆球がぴかっと光ります。誰かがアクセスしてきたようです。どこかのウェブでも見ているのでしょうか。光はポッポッポッと明滅していますが、ほどなくして消えました。接続料金が高いので当時の1回のアクセスはとても短いものでした。会員がまだ少なく、最初のころは1番のモデムがそれもごくたまに光るだけです。

次第に会員が増えて、1番が光っているうちに2番が光るようになり、3番、4番へ。あっという間に20番までが常時光っているようになりました。インターネットの普及の勢いを目の前の光で確かに感じることができました。

モデムがポッポッポッと明滅するのは、何か人がしゃべっているような印象でした。光が消えて静かになると、「あ、帰ったんだ」と思います。それは私にとって、機械の向こうに「人」がいると感じた初めての経験でした。デザイン会社でMacのコンピュータで仕事をしていましたが、それは機械に向かい合っているだけで、向こうには誰もいません。でもインターネットであれば向こうに人がいました。

誰が何を見ているのか、自然と関心が湧いてきました。するとポールが、「ウェブでは人が何を見たか全部記録が残る」と教えてくれました。そのとき、ウェブは可能性があると思ったのです。

それまで私は週刊誌や通販カタログをつくってきましたが、誰がどの記事を読んでいるかさっぱりわかりません。よく書店に行って、自分の雑誌を見る人がどこを読んでいるか盗み見したものです。

それがウェブでは全部わかる。企業にとっては貴重なデータになるはずです。多くの企業がマーケティングデータを集めるためにウェブを利用するのではないか、と考えました。だから私はウェブを作成し、データ分析を始めたのです。

ところが企業はいつまでたってもデータを見ません。顧客が何を見たいかではなく、会社が言いたいことにしか関心がないようです。この傾向は今もあまり変わっていません。

■企業がウェブの「素人」である3つの理由

95年から数えてもう27年。私のインターネット歴は、どうかすると企業のウェブ担当者の歳より長いことになります。これだけ長い時間が経てば、多くの企業がウェブのノウハウを蓄積し、「素人」ではなくなってもおかしくありません。しかし、現実にはまだ多くの会社が自分たちは素人だと言います。

これにはいくつか理由があると考えられます。いちばん単純な理由は、95年に全部の企業がウェブに取り組んだのではないことです。総務省の「情報通信白書」平成27年度版（2015年）によれば、95年の企業のインターネット利用状況は11％でした。それが、2005年にはすでに企業のインターネット利用率は97.6％。ウェブサイトの開設率は85.6％になっています。2001年には77.7％でしたから、わずか4年で8ポイントも上がったわけです。それ以降にできた会社もたくさんありますし、近年になってウェブに取り組み始めた会社が多くあることになります。この数年でウェブを始めた会社なら、「素人ですから」と言うのは仕方のないことかもしれません。

・平成27年版情報通信白書（企業ホームページの普及）

https://www.soumu.go.jp/johotsusintokei/whitepaper/ja/h27/html/nc121220.html

第2の理由は、企業には人事異動があり、ウェブ担当者も異動の対象だからです。異動で別の部署に行った前任者はウェブの良き理解者となることでしょう。異動が何度か行われるたびに、全社にウェブへの正しい認識が広まり、会社全体としてウェブの高い知見を持った組織になるのではないか。そう期待されます。

しかし、実際にはウェブ担当者の異動は、ノウハウの横展開につながりません。異動はいつもぎりぎりで発令され、十分な引継ぎがないまま後任者がウェブ担当となります。そのため、後任者はウェブについてまったくノウハウのない状態から仕事を始めざるを得ません。これを繰り返して、会社としてのノウハウはまったく蓄積されてこなかったのです。

これが営業部であれば、新たに異動してきたスタッフは、営業や取引先について熟知した部門長や他の営業スタッフの支援でスムースに仕事に入ることができます。企業が行うことには必ず組織があり、そこに知見が蓄積されています。1人が異動になったくらいでは後退はありません。ところがウェブでは、1人が他の仕事と兼務で「ウェブ担当」になっているだけなので、1人が異動になってしまうと、あとに何も残りません。組織のないウェブ担当者の異動で、企業はノウハウの垂直蓄積ができません。

もう1つの理由は外部の専門家との関係です。ウェブの世界には専門家が山のようにいます。制作会社、広告代理店、印刷会社、システム会社、ツールベンダー、技術コンサルタント…。彼らは毎日ウェブに取り組み、最新の情報を得ています。ウェブは日進月歩で、毎年新しい大きな変化が生まれます。毎日のように行われる関連セミナーのタイトルは「○○の新常識」。こうした情報に接すると、もう何を覚えても意味がないように感じてしまいます。だから、企業人はみな、ウェブの専門家の前で「素人ですから」と言い訳をして、専門家が最新の「正しい知見」を持ち込んでくれるものと期待しているのかもしれません。

これだけの理由がそろえば、企業が自分のことを素人と言うのは無理もありません。しかし、素人は自分で何もしないものでしょうか。

毎日家で料理をする人はどうでしょう。間違いなく料理の素人です。が、いちいち素人だと言い訳することはありません。何の材料を買ってきてどう下ごしらえしてどう調理すればいいかはわかっているからです。プロの料理人を連れてきて作ってもらえば素晴らしいでしょうが、コストがかかりすぎてそんなことはできません。

近頃「名もなき家事」として話題になりますが、毎日の献立を考えるのも大変な作業です。それでも料理の素人たちは考え、つくっています。中にはワンパターンになって「またカレーか」なんて言われることもあるでしょうが、それでも毎日、ぶつくさ言いながらでも実践しています。プロに食べさせるとなればその人も「素人ですから」と言いたくなるかもしれませんが、そんなことはめったにないし、子どもたちは現に「美味しい！」と言って食べてくれます。何の問題もありません。

企業はなぜウェブを、コストがかかることがわかっているのに専門家任せにするのでしょう。たとえば営業だって、プロに依頼する方法はあります。リストをつくって電話をかけ、確度の高い見込み客のリストを手渡してくれるプロの営業サポート会社が多数あります。自社の営業はプレゼンとクロージングに専念できます。しかし、それが有利だからと言って全部の会社が導入するわけではありません。自前の営業スタッフを励まし、大変な作業を繰り返して何とか売上を確保しているでしょう。

ウェブでも、ぶつくさ言いながらでも企業自身が大変な作業を日々やっていくべきなのです。そうすれば美味しい料理（ウェブの成果）を口にすることができるでしょう。専門家が料理してくれるからそれでいいじゃないか？残念ながら、大半のサイトは今現実に満足な結果を手にしていません。

■習ったノウハウを使う前に必要な「ノウワット（Know-WHAT）」

ウェブ担当者は何とかしなければと懸命に学んでいます。ウェブのセミナーは驚くほど多く開かれ、多くの企業ウェブ担当者が懸命にメモをとっています。ノウハウを聞き逃さないようにがんばっているのです。

よくウェブ関連のセミナーの最後に講師が言う言葉があります。

「今日学んだノウハウを必ず明日実践してください」

なぜそんなことを言うか、というと、ぜったいに誰も実践しないことを知っているからだと言うと皮肉が過ぎますね。ノウハウとはねじの回し方、締め方を知ることです。ところが大半の人が肝心の「ねじ穴」を持っていません。今日習ったねじの締め方は、明日実践することが絶対にできないのです。ねじ穴がないのですから。

課題は、ねじの締め方というノウハウよりも、ねじ穴を持つことです。それがあって初めてねじを締めることができ、ノウハウが役に立ち実践することができます。それがなければノウハウは役に立ちません。

大切なことは「何のために何をするか」。ノウハウではなく「ノウワット（Know-WHAT）」です。これがなければ、専門家を使いこなすこともできず、十分な成果を手にすることもできないでしょう。ウェブの専門家はノウハウの専門家であって、ノウワットの専門家ではありません。その会社のことは何も知りません。その会社の社長やベテラン社員にかなうはずがありません。

多くの社長が「システムのことは若い人に任せているから」と言います。訳のわからないウェブの会議から早く抜けたくて仕方がありません。これはウェブの会議がノウハウの会議だからです。ノウワットの会議なら、社長の独壇場となるはずです。

企業はノウワット→ノウハウという順番で仕事をします。これは営業でも新規事業開発でも何でも同じです。ウェブでも同じことをすべきです。そうすればコストは今よりもはるかに低くなり、成果ははるかに大きくなります。

専門家たちにも責任があります。ウェブはノウハウだと決め込んで、自分たちだけが知っているということで顧客企業を素人のままにし、利益を確保し続けようとしている……、とは言い過ぎかもしれませんが、四半世紀も経ったのに、顧客が何をすればいいかを知らないから仕事になる、というのは産業としてあまりにも未熟過ぎます。

そろそろウェブは、「普通の仕事」にならなければなりません。普通の企業人が普通に毎日仕事をすることで目的を達成できるものです。毎日献立を考えて料理し続けるような、大変な仕事かもしれませんが、それはおそらく他のどんな仕事も同じです。

ウェブとは、企業が顧客や就職希望者、地域社会などのステークホルダーと出会い、良い関係を築くための経営の道具です。本書はそのために立地という観点が要であることをお伝えし、その具体化を行います。より良く出会うためには、顧客などが多くいる場所に出ていくことが欠かせません。そこで、このプロセスを「ウェブ立地論」と名付けました。すべての経営者とウェブ担当者がノウワットを構築し、適切な専門家の協力を仰ぎながら成果に近づけるようにすることが本書の役割です。

本書の構成

本書では、第1章でウェブにとって立地とは何かを検討します。立地とは商店を出店する際に場所を選ぶことですが、何のために場所を選ぶかといえば、顧客に出会うためです。ウェブも顧客と出会わなければなりません。誰が顧客になってくれるのかがウェブの成果の原点です。

なおこの本では、「ウェブ」という言葉は、いわゆるホームページだけでなく、インターネット上のさまざまな表現物（ブログやSNS、広告やランディングページなど）を全部含んだ意味で使っていますので、留意ください。

第2章では、さらに立地について深く検討します。実際の商店の立地の選び方や学問としての「立地論」の歴史を検討し、ウェブを適切に立地するための要素を探していきましょう。その中で、ウェブと同じように「素人」がノウワットに取り組んでいる「飲食店の開業」を大きなたとえ話として取り上げます。これを考えれば、ウェブのノウハウのない担当者が、どんな順序で仕事をすれば良いか、ウェブ作成の「スケジュールのひな形」になるでしょう。後半はそのスケジュールに基づいて、順に実践に入っていきます。

第3章は「基本構想」「事業計画」のつくり方を検討します。ウェブの専門家に相談するにもこれがなければ始まりません。第4章では「サイト構造」について考えます。

第5章ではいよいよ立地調査を行います。どんなサイトにすれば顧客と出会うことができるのか、立地調査は企業が行う重要な作業です。

第6章と第7章ではそれを具体的なサイト構成に落とし込み、いかに顧客と出会えるコンテンツをつくるか、設計方法をお伝えします。デザインやシステムづくりは専門家のサポートを受ける必要がありますが、会社の狙いをしっかり盛り込んだサイトを設計する方法を考えていきましょう。できあがったサイトは数字で評価し、より成果が高まるように改善していかなければなりません。

最後の第8章ではサイト評価と改善方法を検討します。理論から実践へ、さらに改善へ。より良いサイトづくりに欠かせない「立地」の考え方を活用してください。

目次

第1章

ウェブにとって「立地」とは何か？

1-1 だれと出会わなければいけないか

ウェブにも立地がある

先日、ある社長さんの講演を聴きにいきました。まだ若い方ですが、ネット通販で成功を収め、ついにリアルの店舗まで出店されました。お店で成功した人がネット通販を始めるというのが普通の順序ですから、その逆というのが興味深く、お話を聞いていました。

彼が笑っていたのは「雨が降ったらお店にお客さん来ないんですよ！」ということ。リアルの店舗ではあたりまえですが、ずっとネット通販をやっていた彼には思いがけないことだったのです。

「ネット通販には立地なんてないし！」と叫んで会場を爆笑させていました。なるほど、ネット通販では全国が相手。局地的に雨が降ったからといってお客が減ることはないでしょう。

しかし、本当にネットには立地がないのでしょうか。私はそうではなく、「リアル店舗の立地とウェブの立地は性質が違う」のではないかと感じました。この社長はウェブの世界で正しく立地できたのでネット通販で成功したのではないか。

立地を辞書で調べると、「産業を経営する場合、地勢・気候などの自然的条件や交通・人口などの社会的条件を考えて土地を定めること」とあります。ウェブでは地勢・気候は気にする必要はないでしょう。交通もあまり関係ないかもしれません。しかし、人口は非常に重要です。この点から、ウェブにはリアル店舗とは違う姿の立地があります。それを正しく準備できた会社が成功を得るのだと考えられます。

昔のITベンダーのCMでよく見た光景を思い出します。砂漠の真ん中に店を出すと言って準備している若い店主が主人公です。周囲の人たちは「こんなところに店を出しても客なんか来るもんか」「彼は何を考えているんだ」といぶかしんでいます。CM後半、いざお店がオープンすると砂漠の中に長蛇の列ができてお店は大繁盛。周囲の人たちがあっけにとられる横で主人公は1人にんまり……。

「ITシステムが優れていれば有利だ」ということが言いたいのでしょうが、システムが優れていても、砂漠に行列を作ったお客さんたちはいったいどこから来たのか、説明できません。ITベンダーは集客するところまで面倒を見てくれません。

この主人公もまた、正しくウェブ上の立地を理解し、活用したのでしょう。そうでなければ多数の客を連れてこれるはずはありません。

■外部の専門家には決められない

ネット通販だけでなく、B2Bビジネスの企業サイトから、B2C企業のSNS活用に至るまで、共通する「立地」の考え方、仕事の進め方があります。それはウェブの知識がまったくない普通のビジネス人でも考え、進めることのできるものです。

「うちはウェブには素人ですから」という決まり文句を言って、すぐに制作会社や広告代理店の「専門家」を連れてくる人もいます。「企業のためのホームページの作り方」といった本を見ると、

①目的と予算を決めましょう
②制作会社を3つ呼んで、見積りをとり、提案を受けましょう
③業者を決めて、あとは業者の決めたスケジュールどおりに制作しましょう

などと書かれていますが、こうした本はまったく役に立ちません。なぜならそれらは制作会社の人が書いた本だからです。制作会社の人は制作会社が登場したあとのことしか知りません。

立地調査は、制作会社に依頼する前に必要な作業です。専門家が来る前に済ませておかなければお話になりません。上の①～③のように何も決まっていないのに「提案してくれ」と言われたら専門家も困ります。

企業にとってのウェブの意義

立地を考える前に、企業にとってウェブとは何かを整理しておく必要がありそうです。

私はこれまでたくさんのリニューアル制作に参加してきましたが、いちばん多く聞いたリニューアルの意義は、「もう古くなったから」というものでした。しかし、古くなったからリニューアルするというのはきっかけです。意義ではありません。同じ古くなったホームページでも、「こんなふうに変えたい」というものがあり、そこに意義があるのです。

▼図　ウェブは世界規模のクモの巣

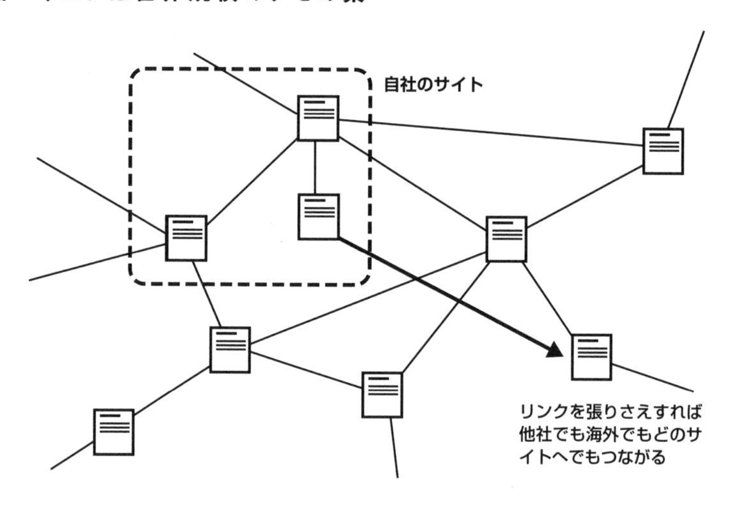

ウェブとは、ワールドワイドウェブ、世界規模のクモの巣の略です。自在に糸が張り巡らされ、どこからでもどこへでもつながっています。インターネットではこの糸が「リンク」です。クリックすればどこへでもつながっていくことができます。

さて、世界規模のクモの巣の中で「ウェブサイト」とは何でしょう。それは、1つの著作権者が発信するひとまとまりの情報のことです。だいたいは複数のウェブページで形作られています。

そのひとまとまりの情報のセットは、関心を持つ人にとっては興味深いものです。ある会社はその事業分野のプロですから、その発信する情報にはほかでは得られない知見があります。どの会社でもウェブを作れば何人か人がやってきて見てくれます。

ウェブを作る → だれかが見にくる

これがウェブの一番の骨組みです。そこには出会いがあり、企業はその出会いに期待しています。ただ情報を見て喜んでもらうのではなく、読みに来た人が「この製品、良いな」と買ってくれたり、「優れた会社を見つけた」と問い合わせしてきて、そのうちの何件かは契約に至る、そのことに期待しているはずです。

実際リニューアルの話をすると、経営者の中には「これまでうちのホームページから問い合わせなんて来たことがない」と言って、何も期待していない人もいます。しかし、それは過去の経験が不幸なだけで、企業がウェブを持つ目的の1つはその期待にあります。

ウェブを作る → だれかが見にくる → その人が顧客になる

ウェブはただ顧客になってもらうだけではありません。興味深い情報を発信していれば、同じ人が何度もやってきます。接触頻度が高まっていけば、その人は会社や製品のファンになってくれます。

ウェブを作る → だれかが何度も見にくる → その人がファンになる

これはウェブの「ブランディング」的な意義です。会社や製品の認知が広まり、好感が獲得できれば、他社よりも選ばれる可能性が高まるでしょう。接触頻度を高める方法は、ウェブの連載、ユーチューブのチャンネル登録やSNSのフォロワーなど、さまざまに方法が広がってきました。

企業がウェブを持ち、時にリニューアルするのは、この2つの意義があるためです。

▼図　企業にとってウェブとは何をするものか

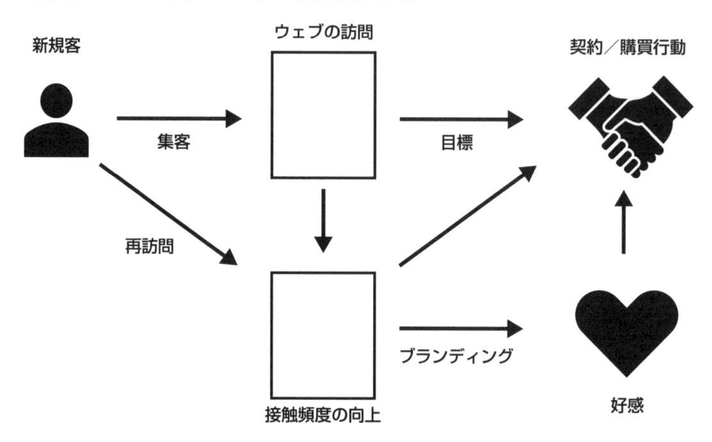

この図は企業が対象とするすべての人を含んでいます。図では新規顧客が対象のように描いていますが、そればかりではありません。既存顧客にもっと売るということも大切な課題です。ウェブは既存顧客と接触機会を増やして営業を助け、消耗品を定期的に販売したり、もう1台の機械を売ることができます。迅速に修理対応をして喜ばれる、ということも上の図で説明することができます。販売店を増やして販路を広げることも可能です。

採用についても同様です。この会社で仕事をしたい人が訪れて、何度も接触し、ついにエントリーしてくれれば優秀な社員を得られるでしょう。銀行や投資家に、良い投資先だと伝えることもできます。環境を守る姿勢や市民スポーツへの支援が、それらに関心のある人から高い評価を得るということもあるでしょう

出会うべき相手と出会い、期待する結果を得られるのがウェブです。

集客は、多ければ良いというものではない

しかし、多くの企業はその意義を実感できていません。お問い合わせ件数が少なすぎます。私の手元で常にデータを分析しているサイトのうち、お問い合わせをおもなゴールとして記録している60社で平均をとると、お問い合わせ率は訪問数の0.1％です。1,000人が訪れてやっと1件お問い合わせがあるわけです。

平均が0.1％とはどういう状態かというと、1％、3％といったかなり高い割合のサイトがある一方で、0.05％など非常に低い割合のサイトがたくさんあるということです。中には0％のサイトもあります。

お問い合わせ1件÷訪問数1,000人×100＝0.1％

この式を一般化すると、

目標到達数÷訪問数×100＝CVR（目標到達率）

となります。**CVR**とはコンバージョンレートの略で、目標到達率のことです。

実際にサイトを訪れる人の数は月に2,000人くらいの会社が多いですが、その中には出入り業者や既存の取引先、自社の従業員などが半分くらい混じっています。社員のアクセスを除外したら訪問者数が半分に減ったウェブサイトも実際にあるほどです。これではお問い合わせが発生しないのは仕方のないことです。

企業ウェブ担当者の仕事は、このお問い合わせなどのゴールを増やすことです。担当者はそのために訪問数を増やそうとします。その作業を「集客」と言いますが、ここにはとてもたくさんの誤解があります。

お問い合わせ1件÷訪問数1,000人×100＝0.1％

セミナーでこの式を見せて、「お問い合わせを2件に増やすためには、何を2倍にすれば良いですか？」と聞くと、ほとんどの人が「訪問数を2倍にする」と答えます。

お問い合わせ2件÷訪問数2,000人×100＝0.1％

これはまちがいです。多くの人がCVRは変えられないと思い込んでいるので、2倍にできるのは訪問数だと考えます。しかし、実際には訪問数を2倍にするのは難しいのです。今来ている1,000人の中には、自社の従業員もいれば既存の取引先もある、採用希望の学生もいるでしょう。その中に顧客になる可能性がある人がいったい何人いるのでしょう。総数を2倍にするのは大変です。予算も必要になります。

正解は次のとおりです。

お問い合わせ2件÷訪問数1,000人×100＝0.2％

2倍にするのは訪問数ではなく、CVRのほうです。ウェブは率を上げなければなりません。訪問数は分母です。割り算で分母を大きくすれば、計算結果は小さくなるに決まっています。目標到達数を増やしたいから集客を増やす、というのはまちがいです。

必要なのは訪問者の質です。「お問い合わせしそうな人」ばかり選んで集客するのです。本書はその方法をできるだけ具体的にお伝えしていきます。ここではまず、「あわてて多く集客するのは失敗のもと」だと考えてください。

だれを何人呼ぶのが適切か

書店に行けばウェブマーケティングというコーナーがあって、集客のノウハウ本がたくさん並んでいます。手に取れば「より多く集客するための方法」が書かれています。

しかし、最初に「より多く集客するための方法」を学んではいけません。来なくてもいい人ばかり来るようになるからです。

▼図　今のウェブには来なくてもいい人ばかり来る

	来てほしい人	その他の人
現状の訪問者	来てほしい人は少ない	狙って集客していないと見るだけの人ばかり増える
今後の訪問者	この人たちだけ狙って集客すべき	今のままの集客を続けると今後も無目的な人ばかり来る

「来なくてもいい人」というのは悪口が過ぎますね。「来てくれてうれしいけれども顧客にはならない人」と言うべきかもしれません。なぜ、そんな人ばかりが来るのかというと、集客が適当だからです。

実際に分析していたB2Bの食材商社さんのサイトでは非常にたくさんの訪問者がありましたが、肝心の問い合わせがまったくありませんでした。

ウェブ以前には展示会で見込み客を集めてきました。展示会ではいつも、キッチンのセットを組んでシェフを入れ、自社の食材を使った料理を振る舞って多くの名刺を集めたものです。その伝でウェブでも自社の食材を使ったレシピ集を掲載し、このコンテンツが人気で多くの訪問者を集めていました。

しかし、調べてみると99%の人がそのレシピ集だけ見て帰ってしまっていました。時間としては17時ころがピークで、それを過ぎると潮が引くように減っています。

そう、主婦ばかり来ていたのです。みんな今夜の献立を決めたくて検索し、目指す料理を見つけては、近所のスーパーに買い物に行ってしまうのでしょう。これでは問い合わせが来るはずありません。

また別の、ある文具メーカーのサイトでは、色とりどりの文具に結び付けるために「色彩の達人」というコンテンツを掲載しました。赤色についての説明ページで、「赤は集中力を高める色です。タイガー・ウッズは最終日に決まって赤いセーターを着ていますね」と書いてありました。このページは猛烈にたくさんの人を集めましたが、やはりみんなすぐに帰っています。タイガー・ウッズファンが集まっていたようです。

もちろん、主婦の皆さんがサイトに来てくれることは悪いことではありません。タイガー・ウッズファンの中には文具の情報を喜ぶ人もあるでしょう。断る必要はないし、会社や製品を嫌いにならずに帰ってくれればよいでしょう。しかし、すぐに顧客なるかと言えば答えはノーです。

多くのサイトが、「だれを呼ぶか」を定義せずにページを公開しています。集客は結果論であって、どんな人が何人来ているかだれも知りません。広告や検索などの集客対策に関心が高い企業でさえ、「だれ」ということをちゃんと答えられないことが多いです。

そんな「結果論集客」になるのは、ウェブ担当者が熱心だからだと思っています。これは皮肉ではなく、多くのウェブ担当者が検索対策やコンテンツづくり、広告について一生懸命勉強しています。しかし、学んでいるのは「ウェブのノウハウ」やテクニックばかり。その前に考えておくべきことがあるはずです。

だれを何人呼ぶのか。これが肝心です。

あるB2Bの部品メーカーとの打ち合わせで、「この分野でお客様になるのは、日本に何人くらいいますか」と聞きました。これだけで長い議論になったのですが、「業界人必携の雑誌の販売部数が10万部」「日本最大の展示会の入場者数が3日間で10万人」ということから、全部で10万人と結論が出ました。そして、毎月その10%が来るとして月訪問数は1万人が限度ですね、ということになりました。この会社はその人たちを的確に集めたい、それ以上の集客は無駄であると捉えなおしたのです。

顧客が解決策を求めてさまよう大通りに立地する

さまざまなベッドマットレスを製造販売している会社があると考えてください。その中でいちばん高額の製品は、複雑な構造で体を支え、腰痛に効果があります。通気性も高く、ずっと寝たきりでも床ずれができない、という高級品です。

この会社は「ベッドマットレス」の会社ですから、ベッドマットレスを探している人を集めようとしていました。そしてそのとおり、ベッドマットレスを探す人が多く訪れています。これは「願ったりかなったり」という状態なのですが。この高額ベッドマットレスはまったく問い合わせがありません。

分析すると、訪れていたのは家具量販店でベッドマットレスを選んでいる人たち。つまり、少し安いベッドマットレスを探している人が多く、高機能で高価格のこの製品は興味の外でした。

この製品だけは「腰痛」「床ずれ」といった悩みを解決したい人を集めなければいけなかったのです。製品にはさまざまな特長があります。それぞれの特長を高く評価する人が来ればその製品は売れるが、そうでない人が何人来ても売れません。

だれを何人呼ぶかを考えるとき、出発点にすべきなのは、各製品が求められる特長は何か、ということです。検索対策業者は「御社にとって重要なキーワードを1つ指定してください」と言います。ベッドマットレス会社は「ベッドマットレス」だと答えるかもしれません。しかし、それでは効率の良い集客は実現できません。ていねいに、自社製品の特長と、「だれが顧客になるのか」を検討する必要があります。

一方、腰痛を解決したい人が何を探しているか考えてみましょう。この人たちはさまよっています。何が腰痛に効くのかわからないからです。運動器具が必要なのか、腰を守るベルトか、内服薬が良いかもしれません。

この点において、同業者がライバルではありません。腰痛に悩む人は解決策を求めているだけであって、まだ「ベッドマットレスが解決策になる」とは気づいていないのです。

この人たちは、「腰痛大通り」をさまよっています。書店の健康コーナーに行ってみたり、関連するキーワードで検索したり、健康関連の動画を探したり、スポーツドクターのメルマガに登録するかもしれません。この大通りには、同じように腰痛を解決したい人たちが集まっています。驚くほどたくさんの、顧客になるかもしれない人たちが歩いているのです。

その通りに、「解決策はこちらにありますよ」という看板を出すことができれば、ターゲットが流入してくるでしょう。

▼図　対象者が多く歩いている通りに面して立地する

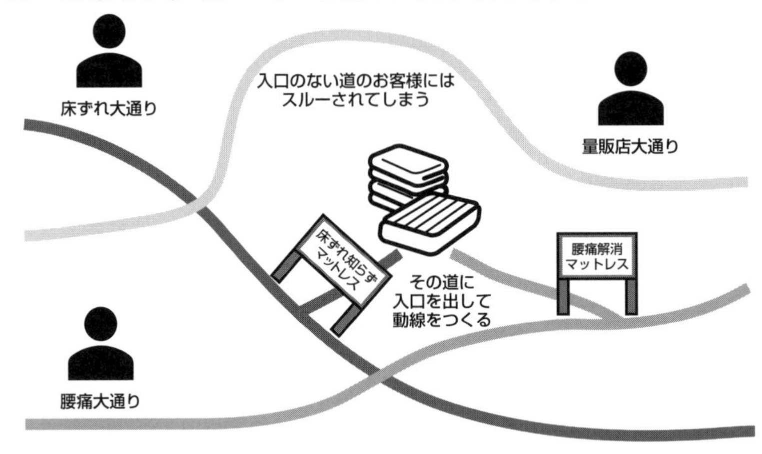

この話をすると「ああ、検索対策の話ですね」と早合点する人がいます。大切なことは顧客が求めているところに看板を出すということで、検索だけではありません。動画を作ってもSNSに投稿しても、スポーツドクターと一緒にオンラインシンポジウムをやっても良いかもしれません。顧客になる人と出会うことが肝心で、検索はその1つのツールにすぎません。初めから検索対策の勉強をしてしまうと、ここをまちがいます。製品の特長と顧客の顔を思い出して、最適な手法（の組み合わせ）を選ぶだけです。

ネットの世界には、個々の製品の特長を評価する人が多く歩いている大通りがたくさんあります。ウェブはそこに立地するのです。ベッドマットレスの例では、腰痛大通りのほかに、床ずれ大通りにも顧客になる人が歩いています。1つの製品が複数の特長を持っているのですから、それぞれ別の通りに顧客が歩いています。リアルの店舗はせいぜい4本の道に面して出店できるくらいですが、ありがたいことにウェブは、必要なすべての大通りに面して立地することができます。

ウェブには立地が重要です。会社やウェブサーバーがどこにあっても関係なく、顧客がどこを歩いているかを見極めて立地することができます。

ウェブの専門家は、製品の専門家ではない

立地という観点から、ウェブは非常にチャンスの多い媒体です。ただ、そのチャンスをみんなで逃してしまっています。それは、ウェブについて自社で立地を決める前に、いわゆる専門家を呼んでしまうからです。

ウェブの専門家はデザインや広告、システムの専門家です。その会社のターゲットについては何も知りません。「製品Aについては新規顧客の獲得が重要だが、製品Bは既存顧客にもう一度買ってもらうことが不可欠。製品Cにはおもな特長が3つあって、それぞれに求める人が異なる」といった事情とそこから来るウェブの狙いについては理解していません。

専門家たちを責めるものではありません。よその会社なのですから、知らないのがあたりまえです。ウェブリニューアルをする、この製品のために広告を出す、こんなシステムを構築する。専門家が呼ばれるのはこうした仕事のタイミングですが、そこから納品まで、「だれがターゲットか」を細かく勉強する時間は普通与えられません。

企業は逆に、デザインや広告、システムについてはまったく知見がないかもしれません。しかし、自社についてはよそのだれよりも詳しくわかっているはずです。「はずです」というのは、必ずしもそうとは言えない場合があるということです。けっこう多くの企業ウェブ担当者が総務畑で、直接顧客と顔を合わせたことがありません。また、今各製品の営業がだれに会うために苦労しているのかを知らないで仕事をしています。

業務の分掌ということがありますから、これも仕方ありません。しか

し、利益につながるウェブをやりましょうと言うとき、その源泉である顧客のことを知らないままでは絶対に無理です。だれがお金を払ってくれるのか、その人たちと出会うということを考えなければウェブの効果などありません。

ウェブの専門知識がなければ、その部分は専門家たちが助けてくれます。しかし、自社の顧客のことは社外の人は助けてくれません。助けてくれるのは自社の社員です。ウェブの専門家を呼ぶ前に、社員にヒアリングして、「このウェブは、だれに出会わなければいけないか」ということをまとめておく必要があります。それを基に立地調査を行い、計画を立て、その計画を実現するように外部の専門家に依頼しなければいけません。

多くのウェブ担当者が「ノウハウが社内になくて」「ウェブは素人ですから」と言いますが、それは問題ではありません。自社が、だれと出会う必要があるか。それを真っ先に整理する必要があるのです。

成功体験がないからウェブへの期待値は低いまま

企業の仕事の中でも、多くの人が素人なのに取り掛かる仕事があります。新規事業開発プロジェクトです。各部門からメンバーが集められ、「自由に考えて良い案を出しましょう」と定期的な会議が始まります。

そもそも「うちの会社がやったことのない事業をやろう」と言うのだから雲をつかむような話です。儲かるかどうかもわからない。参加メンバーはみな「なんで自分がここにいるのか」と思っています。

最初に何をしたらよいのかわからない、というのはウェブに少し似ているかもしれません。新規事業開発の分野にも専門のコンサルタントはいます。しかし、第1回のミーティングに専門家を連れてきて、全部決めてもらおうという会社はありません。専門家は社内のリソースのことは知りませんから、連れてきていきなり「どんな事業をすればよいでしょう」と聞いても答えられるはずがありません。方向性が決まってから専門家にアドバイスを受けて、成功の確率を上げるのが自然です。

新規事業開発のプロジェクトメンバーは、どうすればよいか皆目わからない中で、参考になる本を買ってきたりして考えます。ネットで検索もするでしょう。そうして「やるべきこと」らしきことをリストアップします。「一度調査してみよう」「社内のリソースを洗い直そう」といった項目も上がってくるでしょう。このリストができれば、順序を考えることができ、スケジュールを組むことができます。そのスケジュールに沿って進めれば、新規事業の方向性がおぼろげながらにも見えてくるのです。

このように、新規事業開発では素人なりに自分で考えます。ウェブでもその順番で仕事すればよいのです。社内で目的や対象者を先に決めて、それから専門家と一緒に進めていくのです。ひどい場合には、決まっているのはリニューアルの時期だけ、ということもあります。これは必ず失敗する仕事の進め方です。

根本的には、経営的な位置づけが低いからでしょう。新規事業開発は会社の命運を左右するといった位置づけがあります。成功への期待値も高いでしょう。ウェブは、まあこれまでも持っていたし、リニューアルしたからといって特に変わりはないだろう、といったところでしょうか。

現実には、大きな変化があります。リニューアルして1ヶ月後に株価がストップ高になった上場会社もあれば、ウェブからの売上が年間8000万円を超えて、やっと経営者がウェブに本腰を入れ始めたというB2B機械メーカーもあります。

しかし、大半の会社は自社のウェブでそんな「良いこと」が起こった経験がなく、ぴんと来ないというのが本音でしょう。打ち合わせをしていると、経営者は最初だけ参加しているのですが、より具体的な話になると「あとは若い人に任せて」と仲人さんのようなことを言って退出してしまいます。ウェブは技術的なもので自分には無縁のものだと思い込んでいるように見えます。

これを覆すには、ウェブ担当者は相当の成果を出し、経営者に気付かせなければなりません。ただ、ここまでハードルを上げると大変です。まずは最初の「あれ、良くなった？」くらいの成果を出し、営業部に味方が増えるくらいの気持ちで仕事にかかりましょう。その仕事に役立つのが、ウェブ立地の考え方です。

1-2 専門家を連れてくる前にすべきこと

制作会社の作るスケジュールでは絶対にうまくいかない

「ウェブで何をすればよいのか」は、だれも教えてくれません。書店に行って本を探しても、「目的だけ決めたら制作会社に見積りをとりましょう」と書いてあります。これではお手上げです。

検索サイトで「ウェブリニューアル スケジュール」と検索しても、出てくる結果はまったく使いものになりません。実際に検索すると、次のようなものが出てきます。

発注フェーズ
　　制作会社へ依頼準備
　　面談
　　見積・提案　→　発注！
制作フェーズ
　　サイト設計
　　デザイン
　　開発
　　テスト　→　公開！

結局、制作会社に頼むことから始まっています。もっとお手軽なものだと、次のようなものもあります。

・初回ミーティング
・デザイン案作成
・デザイン案修正
・原稿・写真・サーバー提供
・ページ作成してウェブ上にアップ
・修正
・サイト公開

これがリニューアルの仕事だとは悲しくなります。制作会社を決めたら、原稿と写真を準備してください。制作会社から上がってくるページをチェックしてください。それしかありません。「会社がだれと出会うべきか」という考え方はありません。それを組み込むステップも用意されていません。リニューアルは完成するかもしれませんが、絶対に成果は出ないでしょう。

もうおわかりだと思いますが、こうしたスケジュールを載せているのが、制作会社自身だからです。自分たちの仕事の進め方をわかりやすく書いているだけのこと。制作会社登場後のスケジュールになるのは当然です。

素人が仕事をするには、手順書が必要

一般的に、企業担当者はデザインはできません。HTMLページを書くことも、システムを組むこともできないのが普通です。経営者はすぐに「情報システム部があるじゃないか」と言いますが、情シスの人はウェブのシステムを勉強してきたわけではありません。デザインはできないし、顧客や会社のビジネス目標にもタッチしていません。「成果を出すウェブ」を任せるのは酷です。

会社はウェブの素人だらけです。しかし、素人は会社の仕事ができないでしょうか。そんなことはありません。新人も中途入社も、みんなすぐに仕事を覚えて戦力になっていきます。人事異動があっても、ノウハウゼロ

になってしまう部署などありません。理由は簡単です。

・やるべきことがだいたい決まっている
・だれかが指導できる

だから新人が来ようと異動になろうと、すぐに仕事を覚えて実行できます。

これに対して、ウェブはだいたい1人で担当しています。ほかの社員はウェブのことを何も知りません。やっと覚えてウェブの仕事ができるようになった担当者が辞めたり異動してしまうと、社内のウェブの知識はゼロに戻ります。ひどい場合には出入りの制作会社と関係を切ったとたんにゼロになって、ウェブを1文字すら変えることもできなくなってしまいます。

ウェブ担当者は常に人手不足を嘆き、会社に人を増やしてくれと言っていますが、もともと期待値の低いウェブに複数人を割けるはずもありません。

特に、リニューアルは3～5年に一度の大イベントです。その間に異動があるので、たいていの担当者にとってリニューアルは初めての仕事です。しかもウェブという「専門ノウハウのかたまり」のように見えるものを扱うのですから、早く専門家を呼んでこようと考えるのは自然なことと言えます。

ウェブには2つの側面があります。

・会社として目指すもの
・ウェブとして必要なこと

ウェブとして必要なことは、ウェブの専門家に相談しながら進めていきましょう。それは会社として目指すものを実現するための手段です。会社として目指すものをウェブ専門家が決めることはできません。手伝うことはできますが、ゼロから決めることは絶対にありません。これをきちんと切り分け、会社が先にすべきことをする。それから専門家を連れてくる、という順序で進めることです。

初めてウェブやリニューアルに取り組む担当者が、「会社として目指すもの」を決めるための手順を理解できるようにしましょう。明確な手順書があり、それが引き継ぎされていけば、だれでもすぐにウェブの仕事に取り組むことができるでしょう。

多くのウェブ担当者が「ウェブのノウハウが必要だ」と言いますが、専門家が持っているウェブのノウハウは日進月歩です。たまにセミナーに出かけて間に合うものでないのは明らかです。

何を目指すのかが決まってもいないのに、「SEOの最新テクニック」を覚えて何の役に立つでしょうか。ノウハウ（Know-HOW）は「どのようにするか」ですが、企業のウェブ担当者に必要なのは「何をするか」、ノウワット（Know-WHAT）です。

それを行うための手順について考えていきましょう。この手順が決まっていさえすれば、すべてのビジネス人が実行できるのですから。

初めての人でも飲食店開業の手順は理解できる

ウェブが成果を出すためには、対象となるだれかと出会い、その人が好きになってくれて、目標となる行動をとってくれることでした。そのだれかは自分の課題の解決のために探し物をして歩いています。同じものを探す人は、同じような道を歩くようになります。その道に面して立地すれば、出会える確率は高まります。初めてウェブに取り組む人でもその手順がわかればよいのです。

初体験なのに取り組む人が多い仕事のひとつに、「飲食店の開業」があります。しゃれたカフェをやってみたいと思う人は多いです。定年したらそば打ちにのめりこんで、退職金を注ぎ込んで蕎麦屋さんを開業したという話も耳にします。

飲食店なら普段利用しているので、イメージしやすいことも関係があるかもしれません。お店がどんなものか知らないことはないし、「自分ならこうするのに」と感じることもあるでしょう。アルバイトで入って、経営の一端に触れることもできるかもしれません。長年の修行の末についにのれん分けといったケースもあるようです。

もちろん飲食店の開業は簡単なことではありません。多くの人が憧れていますが、成功するのは並大抵のことではありません。それでも、実際に多くの素人が取り組み、開業にこぎつけることが多いのも事実です。少なくとも飲食店をやりたい人が「私は素人ですから」と言い訳をして、専門家を連れてきて任せ、開業したら専門家はいなくなってお店は放置……という話はありません。フランス料理にするかラーメン屋さんにするかを専門家に決めてもらいました、ということもないでしょう。これは参考にすべきです。

企業人がウェブ担当者になるために制作の専門学校に行ったり制作会社でアルバイトをするということはあまりありません。ハローワークの職業訓練でも、制作ソフトの使い方を習うのが基本です。つまり専門家になるための入門はあっても、企業人として何をするかということは教えてもらえません。

飲食店でも、初めての開業準備となれば、どれだけ仕事経験があってもわからないことだらけでしょう。「料理が上手だから飲食店経営に成功できる」とは言えません。それでも多くの人がチャレンジし、店を持つことができるのはなぜかと言えば、だいたいすべきことが決まっているからです。

これは飲食店開業を軽く考えているのではありません。「だいたいすべきことが決まっている」というのはとても大切なことです。また、それが決まっているから実践が簡単ということもありません。マラソンを完走するために何をすればよいかは、だいたいすべきことが決まっています。だれもができる可能性があります。しかし、それは簡単ではありません。

仕事も同じです。だいたいすべきことが決まっていれば、だれだって取り組むことができます。営業だって、簡単ではないし、そのすべてを網羅することはできないけれども、だいたいすべきことは決まっています。だから先輩は指導してくれるし、背中を見て覚えることも可能です。

■自分で決めなければいけないこと

飲食店開業には良い参考書があります。『お客が殺到する飲食店の始め方と運営』（入江直之著／成美堂出版／2019年）を見れば、「どんな作業があるのか」「どの順番で進めるのか」がまとめられているので、だれでも具体的に取り組むことができます。

この本の巻頭に「計画から開業までのスケジュール」という表が掲げられています。これがウェブづくりの工程に似ていて、ウェブ担当者にとっても非常に役に立つものなので、ここに引用させていただきましょう。

▼図　飲食店開業までのスケジュール

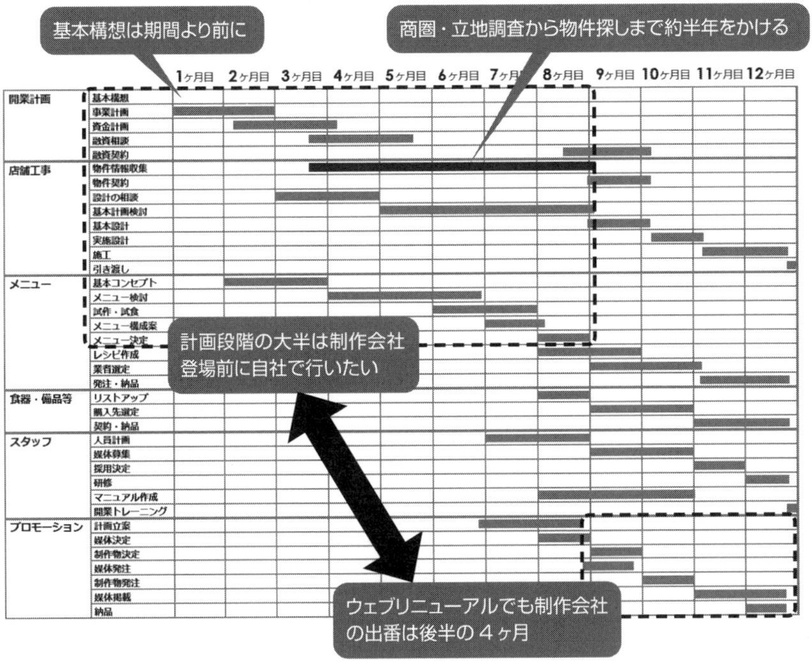

※入江直之『お客が殺到する飲食店の始め方と運営』（成美堂出版）より作成

この表には6つの大項目があります。「開業計画」「店舗工事」「メニュー」「食器・備品等」「スタッフ」「プロモーション」です。

このうち、「メニュー」以降は具体的なお店づくりであって、これはウェブで考えると制作会社が登場したあとの、具体的なサイトづくりに類する部分だと考えることができます。「メニュー」はウェブの「ページ内容」に相当するでしょう。「食器・備品等」はいちばん具体的な手配仕事ですから、サーバーやドメイン名、SSL（ウェブの暗号化）の準備に似ているかもしれません。

「スタッフ」は、飲食店では厨房やフロアのオープニングスタッフを集め研修を行う段階ですが、ウェブでは専用のスタッフを急いで雇う必要はありません。そして、「プロモーション」については、ウェブができあがってから広告を出したり外部のサイトにリンクを依頼するなどの作業に該当しそうです。

最初の「開業計画」の細目を見ると「基本構想」「事業計画」などから成り立っています。これらは、専門家と話をする際に決まっていなければならないことです。ウェブで言えば制作会社を呼ぶ前に決めておくべきことだと言えるでしょう。

次に「店舗工事」です。「店舗工事」の後半の細目「基本設計」「実施設計」「施工」「引き渡し」は、建築家が登場してからの作業で、具体的なお店の工事です。すべて、テナント物件契約のタイミングから後の作業となります。これらの具体的な工事段階は、ウェブでは制作会社が行う「ページ構成の検討」や、「デザイン」「原稿作成」「コーディング」といったページづくりの仕事に該当します。

同じ「店舗工事」の中でも前半の項目は専門家登場前の工程となっています。ここで、6ヶ月もの期間が1つの「物件情報収集」という細目に充てられているのがわかります。12ヶ月のスケジュールの中で半分を充てているのですから、飲食店が開業する作業の中で、情報を収集し物件を選ぶ作業はそれだけ大切なのです。どんなに優れたお店を作っても、物件選びに失敗していたらうまくいきません。

・テナント賃料が高すぎて儲からない
・場所が悪くてお客様が来てくれない

こうした物件を選んでしまうと飲食店は成功しないということでしょう。入江氏は先のスケジュール表に「おおよその計画を決めたらすぐ物件探し」と添え書きしています。物件情報収集は早く始めるほど良いということのようです。また、同書には「物件探しは1年計画で」という節もあります。半年どころか、もっと時間をかけても良いのです。

■なにに時間をかけるのか

しかし、ネットが発達した今、物件情報などGoogleで検索すればいくらでも出てくるのではないでしょうか。住まい選びの感覚では、不動産屋さんに行って、半日も物件を紹介してもらえば適したものが出てくるように思えます。「物件情報収集」に半年もかかるものでしょうか。

具体的に「物件情報収集」の段階にすべき作業を入江氏の本の見出しで見ていくと、

・飲食店を開業する立地の選び方
・立地判定の5大基準
・店舗物件の種類を知る
・物件探しは1年計画で
・店舗物件は、どう見ればよいのか
・店舗経営を決める「商圏」とは？
・店舗物件の商圏調査を行う

とあります。立地と商圏が大切なのです。「物件情報収集」とは、具体的なテナント物件情報を探す作業ではなく、街の情報収集がおもな作業だとわかります。ここに半年から1年の時間をかけて、適切な街やその中の立地を選ぶのです。不動産屋さんに行くのはそのあとです。

商圏とは、おおまかに言えば「お店の周囲でお客様になる人が住んでいる場所」のことです。お店の周囲、半径2～5キロといった範囲にどれだけの人が住んでいるかを調査します。ただ人数が多いだけでなく、お店のお客様イメージに合致した人がどれだけいるかも大切です。がっつり大盛りの丼を出すお店なのに、周囲に若い人が全然いないのでは流行らないかもしれません。

この調査には時間がかかるでしょう。実際にお店を出したい地域を歩き回って、どこに大きな住宅街があるか、何曜日の何時ごろに人の動きが多いか、調べなければなりません。その人たちは駅や会社などとの間を移動します。また、大きなスーパーマーケットがあれば、そこを目指して多くの人が動くでしょう。そうした際に通る道に面してお店があれば、興味を持って入店してくれるかもしれません。

だれがどんな理由でどの道を通っているかによって、道の性質は変わります。目的地に急ぐビジネス人ばかり通っている道と、のんびり散策する人の多い道ではまったく違うでしょう。ビジネスの大通りにはたくさんの人が通っているかもしれませんが、そこに家庭人を集める店を出しても集客はできません。

どんな商圏か、スーパーなどどんな移動の要因があるかによって、道の性質や通行量が変わります。どの道に面して店を出すかが「立地」です。商圏を知り、立地を選ぶことで、お店は顧客と出会うことができるのです。

ウェブでも、事前に立地を調べることが不可欠

ウェブにも立地があります。インターネット上でも、多くの人がそれぞれ何かを求めて動き回っています。同じようなニーズを持った人は、同じような「道」を歩いています。最初は同じような道でも、交差点で道を分かれ、最後はばらばらの目的地に着くでしょう。

リアル店舗にとっての「道」と違うのは、リアル店舗では、ある商圏に住む人は毎日同じ道を通る確率が高いのに対し、ネット上では毎回違う道を通ります。平日に仕事のことを調べていた人が、週末には遊びに行く場所を探しています。

しかし、仕事について調べている道には、同じように仕事について調べている人がたくさん歩いています。「SDGsって何だろう」「自社でも採り入れなければ」と思っている人たちは、その瞬間「SDGs大通り」を歩い

ています。ひとりキャンプをしたい人たちは、「ひとりキャンプ大通り」を通っているでしょう。

ツイッターではトレンドというものがあり、芸能人の名前やその時々の流行り言葉がランクインして話題になります。これなどは非常にわかりやすい「大通り」の光景です。

ウェブは、自社の顧客になりそうな人がたくさん歩いている大通りに面して立地することが必要です。みな気まぐれにさまざまな通りを歩きますが、企業は情報を探す人が多く通る場所に立地して、気付いてもらい、来店してもらうようにするのです。

■ウェブは無数の大通りに面して立地できる

「自社の顧客になりそうな人」にはたくさんの種類がある、ということに注意が必要です。B2B企業のある機械製品が、新規の顧客獲得を目指しているとしましょう。この製品には、

①高精度の加工ができる
②操作が簡単でだれでも使える
③耐久性が高く、維持費用が安い

という特長があります。この製品が売れるためには、これらの特長を評価する人がサイトに来なければなりません。

①高精度の加工ができる機械を探している人
②高度な職人でなくても作業できるようにしたい人
③すぐ壊れる加工機に困り、維持費用を抑えたい人

ということになるでしょう。ただ値段の安い機械をたくさん買いたい、と思っている人は顧客になりにくいかもしれません。一方、この製品を使って加工をするのは、金属加工産業、自動車メーカー、鉄道会社、飛行機会社、時計メーカーなど幅広い産業に渡るかもしれません。5つの産業で、3

つの特長を評価する人となると、それだけで出会いたい相手は15種類もある、と考えることができます。これらの人たちは、それぞれ別のニーズで情報を探しているのです。つまり、15もの大通りに面して店を出さなければ、この製品は売れません。

リアル店舗が15もの通りに面して立地するということはできません。1つから、多くても4つの通りに面して店を出すでしょう。表通りと裏通りでは風景が違い、通っている人も異なりますから、それぞれの通りに面した店構えは違うつくりになるでしょう。

ウェブは、出会いたい人がいるだけ、たくさんの大通りに面して立地することができます。

▼図　ウェブは無数の大通りに面して立地できる

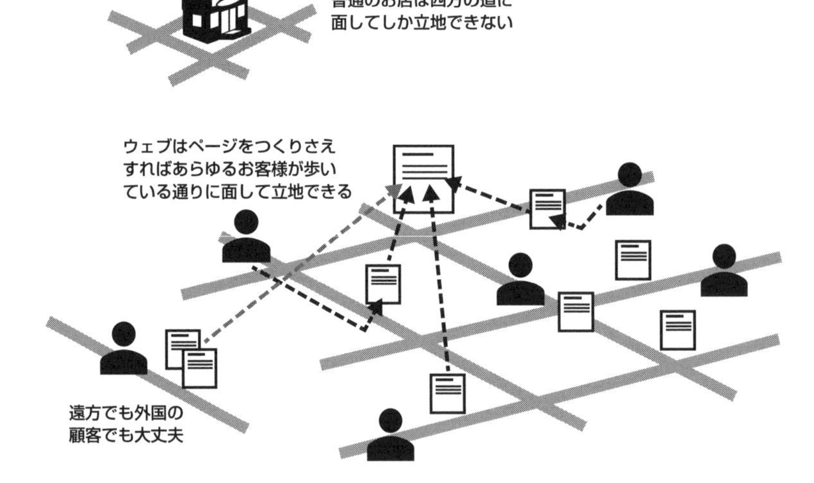
普通のお店は四方の道に
面してしか立地できない
ウェブはページをつくりさえ
すればあらゆるお客様が歩い
ている通りに面して立地できる
遠方でも外国の
顧客でも大丈夫

あとは「誰がお客様か」「その人はどの道を歩いているか」を見つけるだけ

■来てもらいたい人にどうやって出会うかを考える

もちろん製品は1つではありません。ほかの製品では既存顧客に消耗品を売りたいと考えているかもしれません。人事部は優秀な新卒社員や転職者を採用したいと考えているでしょう。「会社が出会いたい人」というのは非常に多くの種類があり、それぞれと出会うための作戦がそれぞれに必要なのです。

もちろん、出会う人が多岐に渡るとすれば、1つひとつの道は細く、通行量は少なくなります。それでも、そこを歩いている人たちは各製品の特長に合致したニーズを持って歩いている、情報を探している人です。通行量に対して、サイトを見つけて入ってくる率や、お問い合わせをしてくれる率は高いでしょう。

実際、B2B企業のウェブサイトでは、月に1,000人しか訪れないのに、10件のお問い合わせがある、という優れた確率で見込み客獲得をしているものがあります。全体の数は多くありませんが、適切に「探している人」と出会うことができているので獲得率が高いのです。

ウェブにおける立地調査は、この獲得率を高めるのに欠かせない方法です。だから、ウェブでも事前に立地を調べなければなりません。大半の企業ウェブサイトは来る人が少なくて困っています。それは、立地を調べずになんとなくサイトを作ってしまってから、「だれも店の前を通らないなあ」と思っているような状態です。

専門家に設計を頼む前に、商圏と立地を調べ、どの大通りに面してサイトを構えればよいかを考える。ウェブが成果を出すためにはこの作業に時間をかけることが欠かせません。入江氏の本を見ればわかりますが、飲食店なら初めての開業に向かって、まったくの素人がこの作業をやっています。予算はなく、経験もないのでまちがいも多いかもしれません。しかし、見よう見まねで何とか進めています。ウェブのように「素人なのでわかりません」と言っていたら、いつまでたっても飲食店は開業できません。

ウェブではこうした作業を企業自身が行うことはあまりありません。が、専門家を呼んでも、飲食店のように立地調査に半年もかけることはできないのが普通です。コストがかかりすぎてとん挫するでしょう。逆に言えば、専門家に依頼する前だから半年もかけることができるのです。

実際、ウェブのリニューアルの多くは作業開始からオープンまで半年程度で行われます。その中で多くの時間を使うのは「デザイン」「原稿作成」

「ページづくり（コーディング）」「システム開発」という具体的な「店舗工事」であって、立地調査にはほとんど時間がかけられません。しかも、リニューアルの動機が「前のリニューアルから3年たったから」という、あまり実利的な意味のないものだったりすると、事前準備を何もしないまま制作会社を呼んでしまうことになりがちです。

制作会社の見積りに含まれているのは、デザインやコーディング、システム開発の費用であって、立地調査は含まれていません。その前の「開業計画」となると、制作会社は考えてくれないのがあたりまえです。しかし、今後は立地調査に関心を持つ制作会社も増えるでしょう。「ウェブで成果を出す」と謳うのであれば、この作業が欠かせないからです。

そもそも、立地調査とは「どんな人と出会うことができれば商売が成功するのか」「その人たちとはどこで出会うことができるのか」というビジネスそのものの考え方です。ウェブのことを何も知らなくても、これは考えることができるはずです。ウェブの専門家が、企業のビジネスそのものについて何か決めてくれることはありません。

次の章では、さらに「立地」や「商圏」について考え、ウェブを作る前に企業が行うべきことを検討していきましょう。

第2章

ウェブの立地と商圏

2-1 ウェブ立地に必要な因子とは何か

「立地」と「商圏」の定義

1章で見た飲食店開業のスケジュールで、いちばん時間をかける作業は「物件情報収集」でした。直接に物件の情報を得るよりも、その前後で立地条件の情報収集を行うことが重要となっていました。

ウェブでも、立地条件について公開前に調査を行い、「お客様と出会いやすい」ように立地を選ばなければなりません。ここでは、立地とはどんなものか、どうすれば調べられるのか、もう少し実店舗の世界を深く見ていくことにしましょう。

立地の構成要素は、周辺の人口構成や道路の交通量、そのほかにはお客様が住んでいる場所からの距離があります。住んでいる場所は商圏と呼ばれます。

百貨店の新規出店などに取り組んでこられた小松浩一氏は、著書『バカ売れ店長の仕事の秘密』(小松浩一、ぱる出版、2005年) で、

【場所（＝商圏、店舗)】を熟知することからプロの店長の仕事が始まる！

:

①商圏と地域社会に精通して初めて"作戦"が立てられる

②店内外のスペースマネジメントこそ店長の実力の見せどころだ

※小松浩一『バカ売れ店長の仕事の秘密』(ぱる出版) より引用

として、「場所のプロ」になれと呼びかけています。場所という言葉には2つの側面があり、これは大変興味深いものです。

■商圏を考える

①は立地や商圏についての見方を示しています。

・店に来る顧客はどの地域に住んだり、通ったりしているのか
・その地域の特徴は何か
・ライバル店はどこにどういう店があって、どういう商売で、どのぐらい売っているのか
・そもそも店のまわりにはどういう人々が、何人ぐらい住んだり働いたりしているのか
・そのうち、自店で取りきれている顧客は何％ぐらいか
・どこまで既存エリアの顧客を深掘りできるのか。もっと広域から顧客を集めるべきかどうか

こうした項目について検討し、調査をすることが重要なのです。

ここに「ライバル店」という考え方が出てきました。ライバル店は同様の立地にあり、同様の商圏を分け合う相手です。ウェブでも同じ状況が考えられます。同じような情報を探してネットを移動している人たちを、他社のサイトが取っていっているのです。自社のウェブは全体の何％を取ることができるでしょうか。

ただし、リアル店舗とウェブの立地には大きな違いがあることは考えておかなければなりません。リアルではライバル店も自店も1ヶ所に立地し、店の前の道は毎日変わりません。もちろん住宅地が開発されて商圏が大きくなったり、新駅ができて人の流れが変わることはありますが、店のほうは同じ場所に立ち続けるのが普通です。

それに対してウェブでは、自店がどんな情報を載せるかによっていつでも立地を変える、もしくは増やすことができます。たとえば同じ「プラスティック製品」を企業に販売すると考えてみましょう。ライバルはそれを食器にして製造販売しています。自社もまた、食器にして製造販売しているとすると、両社はまったく同じ商圏を奪い合う競合ということになるでしょう。

しかし、同じ食器でも自社はアウトドア用品として打ち出し始めたとしたらどうでしょう。これだけで立地は少しずらせます。さらにプラスティック成形品を自動車の内装材として打ち出すならば、「自動車の軽量化」というまったく新しい商圏に立地することになるのではないでしょうか。

リアル店舗と違い、ウェブでは必ずしも閉じた商圏、固定した立地に出るのではなく、自社製品の特性に応じていわゆる同業他社とは違う立地を得ることができます。

■スペースマネジメントを考える

次に、小松氏の指摘する②の点を検討しましょう。同じ立地を考える中でも、自店の店内や店の周囲に気を配らなければなりません。

この【場所】には、クレンリネスや駐車場・駐輪場管理のように、「①良好な状態を保つ」という意味と、店内の商品陳列のように「②顧客の心に訴えかける積極的な働きかけを行う」という意味があります。

※小松浩一『バカ売れ店長の仕事の秘密』(ぱる出版)より引用

クレンリネスとは店舗では重要な言葉で、店舗の清掃状態を維持することを言います。掃除をする「クリンネス」と違い、隅々まで配慮が行き届いた状態にするという意味が含まれています。居心地の良い店舗にできるかどうかに、店の成否がかかっているのです。このような目配りがあって、顧客が集まる店に育てることができるのです。

ウェブでも、最初はきれいにデザインされたサイトが、次第に古いリンクやテキスト、削除すべき画像が割り込み、全体に雑然とした、低質な印象を与えるサイトになってしまうことがあります。顧客がいやがるだけでなく、本当に読んでほしい内容を見えにくくし、とってほしい行動を邪魔することになります。

ウェブ担当者の多くは、3年に一度くらいの頻度で「デザインが古くなったのでそろそろリニューアルしなければ」と言いだします。ウェブがビジネスの道具だとすればこれはあまりにものんびりした時間感覚です。リアル店舗が毎日何度もトイレや店の前を掃除して快適さを保とうとしているのに、時間とともに劣化した状態を3年間放っておいてもかまわないと言っているわけです。

ひどい場合には、販売停止した製品が掲載されていたり、逆に新製品が掲載されていないということさえあります。「手が回らなくて……」とウェブ担当者は頭をかいていますが、ウェブは「手が回る」ように作らなければいけません。このようにクレンリネスの低い状態になっていたのでは、顧客がつくはずはありません。

そこでまずは、店のある場所や地域、自店の中を見つめ直し、店長の目から見た商圏分析や競合店リサーチが始まることになります。

リスティング広告やSEOで多く起こる「すれ違い」

多くのウェブサイトが、事前の調査をすることもなく開設・出店を決定しています。オープンしてから広告を出したら人は来る、と考えている人もいます。実際、リスティング広告（検索連動型広告）というものができて、状況は良くなりました。

①顧客が欲しいものがあって検索をする
→②検索語句に合った広告が表示される
→③広告をクリックすると広告主のウェブに移動
→④そこで購入や登録ができる

というのがリスティング広告の基本的なステップです。②の広告表示時点では広告費は一切かかりません。③のクリックが発生して初めて、1クリックあたりいくら、という広告費がかかります。クリックをするということはイコール「自店に1人のお客様が来る」ということです。
リスティング広告はほとんど必ず集客をすることができます。わざわざ自分で探し物をしている人に広告を見せるのですから、効率が良いのは自然なことです。また、集客量が多くなればそれに比例して広告費も多くなる、という仕組みです。ネット以外の広告では「チラシを配ったけど全然人が来なかった」といったことが普通に起こりますから、それに比べれば大変リーズナブルに感じられます。
今「ほとんど必ず」と言ったのは、ある検索語句に対して広告を登録しても、本当に検索数が少なく、ちっとも表示されないというケースがあるからです。B2B企業の広告ではよくあることですが、調査を行わずにキーワードを選んでいることが原因です。お客様が歩いている道をもっと探せば違う結果が得られるはずです。
こういう効率の良い広告があるから、ウェブではまずサイトを作ってから人を呼び集めればよい、と考える人が多いのです。「あと付け集客」の考え方です。
SEOと呼ばれる検索集客でも同じです。ホームページの作り方を解説する本の多くは、

まずサイトを作りましょう
↓
SEOや広告で集客しましょう

という順番で解説が出てきます。わかりやすく説明するための順番だと考えれば別に問題はないのですが、本当は、「お客様と出会いやすいようにサイトを作りましょう」というのが正解です。ここに立地調査の必要性があります。立地調査をせずにサイトを作るので、広告を出すキーワードが検索されていなかったり、SEOの対象にしたいと考えたキーワードが、そもそもサイトで使われていないといったすれ違いが起こるのです。

COLUMN

リスティング広告とマス広告

リスティング広告では、欲しいと思っている人にだけ広告を見せることができるのですから、購入率が高いのは自然なことです。同じ内容で広告を出している会社が何件もある場合は、クリックごとの広告費を高く設定している会社の広告が前に出るようになっています。いわゆる「競り」のような仕組みです。競争が激しくなると、企業が競って高い値段を設定するので、広告枠を提供しているGoogleなどの利益は大きくなります。広告主側の広告費はもちろん割高になるのですが、競合に顧客をとられず、自社サイトに確実に集客できるとなれば、多少高い広告費も納得ができるでしょう。

これに対して、欲しいと思っていない人の前に突然現れるテレビや新聞雑誌などのマス広告は、たまたま欲しいと思っている人が混ざっていれば反応を得られますが、そうではない大半の人は反応しません。そのうえ、掲載や表示がされただけで広告費が発生します。大変効率が悪いと言わなければなりません。

しかし、テレビなどは膨大な人の前にCMが現れるので、率はともかく、反応数が多いのです。特にテレビでは繰り返しCMを流して印象に残し、次第に「好き」「欲しい」という気持ちを引き出すことができます。

リスティング広告ではカバーできないこと

入江氏は、「店舗の売上に影響する立地上の要因」として、表に挙げた5つの情報をリストアップしています。これらを調べてから物件探しに入れば、お客様の集まりやすい飲食店を作ることができるでしょう。最近では多くの統計データが無料で公開されているので、立地調査は初心者でも行うことができます。

▼表　店舗の売上に影響する立地上の要因

人口統計データ	人口や世帯数、駅の乗降客数など
駅前交通量・通行量	曜日・時間帯ごとの車、歩行者の通行量
周辺マーケットの状況	出店エリアの市場規模
心理的な動線	実際にどこをどれくらいの人が通っているか
競合店	同じエリアにライバル店があれば影響がある

ウェブでも、事前に「どれくらい利益を出せるか」を考えて計画を立てるべきです。そのベースになるのはこうした調査であるはずです。何人集客できそうか、ということを考えずに店を出すのは無茶なことです。

ウェブで人口統計データにあたるものは、B2Cの商品であればさまざまな統計データが使用できるでしょう。B2Bであれば、営業先となる会社、業界の状況を調べたデータが営業部にあるかもしれません。

駅前交通量・通行量や、周辺マーケットの状況、そして心理的な動線についてはウェブ担当者が調べていくことができます。この調査方法については3章以降で具体的に考えていきます。

競合店についても調査を行います。たとえば対象者と出会うためのキーワードを決めたら、そのキーワードで検索したときに上位にいる会社がネット上の競合ということになります。リアルの営業現場ではまったく知らない相手でも異業種でも、商圏を奪い合っているという意味では競合関係だと言えます。

こうしたネット上の競合については営業スタッフはほとんど意識していません。営業上の競合は、常に相見積もりなどで競合する顕在化した同業他社です。ところがネット上では、検索上位にいるというだけで、自社に来るはずのお客様が取られてしまっているかもしれません。異業種でも、規模感のまったく違う会社であっても競合になるのです。

ウェブ担当者は営業部が意識しない、潜在競合を見つけてそこにも勝っていくことが重要です。

実店舗なら必ず、同じエリアにどんな競合店があるかを見に行きます。

どんな特徴で、どんな商品で勝負しているかを見たうえで、自店のポジションを調整していくからこそ、顧客に選ばれる店が作れます。

ところがウェブでは、自社のことだけで手いっぱいで、製品情報はこう、企業情報はこう、と内容を決めています。競合サイトがどんな情報を掲載しているかは十分検討されていません。そのため、競合に対して選ばれる理由が提示されていないサイトがほとんどです。

■だれのためにどんな情報を提供するのか

ウェブでも事前に事業計画を立てて予算を組みます。その基本的な流れは、下記のようになります。

多くの人が製品を見る
↓
認知が高まる
↓
問い合わせが増える

B2Cの場合は問い合わせする代わりに「販売店に行く」ということになるかもしれません。このいちばん最初にあたる「多くの人が」の部分について調査をしなければ、訪問数を見積もることができず、事業計画を立てられません。

ウェブで重要なのは、「だれのためにどんな情報を提供するか」ということです。その肝心の「だれ」が何人いるのかわからないのでは困ります。

リスティング広告を使えば、クリックされた分しか予算がかからない仕組みなので集客については確実性が高いです。しかし、その製品を選ぶ理由が書かれていないページを見せたのでは、訪問者を説得できません。ただ広告費がかかっただけで、すぐに逃げられてしまいます。

対象者と掲載内容はセットになっている必要があります。多くのサイトが対象者を考えずに掲載内容を決めている現状では、成果が出ないのは当然ということになります。

×…広告があるから、どんな内容でも集客できる
○…来た人を説得できる内容を載せてから広告を打てば効果が上がる

と、正しい順序で仕事を進めていきましょう。

商圏調査は自分で行う

実店舗では「商圏調査」も欠かせない要素です。商圏とは、来店するお客様が居住または勤務している範囲のことです。お店を取り巻く周囲のことです。

入江氏は商圏について調べる方法を下記のように指南しています。

その物件から地図を片手に自転車で、東西南北のあらゆる方向に向けて3分～5分ぐらい走ってみましょう。

※入江直之『お客が殺到する飲食店の始め方と運営』(成美堂出版)より引用

これはウェブについてもできることです。コストをかけて専門家に調べてもらうこともできますが、それではいつまでたっても商圏の実感が持てません。

さまざまな条件で検索して、どんなサイトが出てくるか、だれがどんな広告を出しているか、調査していくのです。競合サイトはどんな検索で現れるか、何を重視してウェブを展開しているか。どんなSNSアカウントを出しているか。どれだけのフォロワーがいるのか。

「競合調査」とも言える内容ですが、これは「お客様に求められている情報」の反映だと考えることができます。求める人がいるから、他社はそうした情報を提供しているのです。すべて普通にネット上で公開されている情報ですから、調べないでウェブを作るほうが不自然です。

もちろん、非公開で手に入りにくい情報もあります。競合のサイトに

「会員ログイン」というボタンがあれば、その先には入ることができません。会員に向けてどんなサービスを提供しているのかを調べるのは大変です。消費財であれば一度試しに買ってみる、ということもできますが、B2B企業ではほとんど不可能です。それでも資料請求してみるといったことはできるでしょう。

さまざまな商圏情報を調べてくれる制作会社もありますが、納期自体が半年しかないことが多いので調査時間は限られています。リニューアルについて調査費だけで数百万かかるというのは企業にとって負担ですから、これは仕方のないことです。

だから、ウェブ担当者自身が調査をするのです。1年後にリニューアルだと考えられるなら、今すぐ商圏調査・競合調査を始めるべきです。調査というと難しく聞こえますが、「自転車に乗って走り回る」ことができない人は少ないでしょう。多くの統計情報も公開されていますから、1つひとつは簡単な作業の積み重ねです。

もちろん1日2日で終わる作業ではありません。しかし、ほかの業務を抱えながらでも1ヶ月も調査を行えば、かなりの情報が手に入るでしょう。どんな人がどんな情報を探しているか、がわかるのですから、それに基づいて「どんな情報を発信すればその人たちと出会うことができるか」を考えられるようになるのです。

ウェブではベテランの勘に頼ることができない

広く「立地」「立地条件」と言うとき、その背景には顧客がいる「商圏」や、顧客を奪い合う「競合」があり、それについての情報収集、分析が含まれています。

ウェブは一般に立地調査を行わずに構築しています。その一方で多くのウェブサイトが集客に苦労しています。書店ではウェブマーケティングのコーナーが充実していますが、その多くが集客の本です。中には集客さえできればサイトは成功すると言わんばかりのものもあります。集客のセミナーやメールニュースも多数あり、多くのウェブ担当者を集めているようです。

どうしてウェブでは先に作ってからそのあとで集客のことを考えるのでしょうか？ 実店舗だとそれでは手遅れです。店舗は自由に移動することはできません。まちがった立地に出店してから集客しようとするのはコストがかかり、結果につながりにくいでしょう。

ウェブなら実店舗よりは変化させやすいから、とにかく先に作ってしまうのでしょうか？ しかし、それで的外れなサイトを作ってしまったら、変化させるのにかかる時間やコストは無駄になります。ウェブでも先に商圏を調べ、最初から「お客様が来るように」サイトを作っておけば、集客コストも引き下げられます。

もっとも、飲食店でも十分に立地を調べず開業してしまう例もあるようです。店舗の顧客行動分析を行うディー・アイ・コンサルタンツ社の代表取締役、榎本篤史氏は著書『立地の科学』（ディー・アイ・コンサルタンツ、榎本篤史、楠本貴弘 著／ダイヤモンド社／2016年）の中で、次のように述べています。

このように、『売上要因分析』によって数値の裏付けを持つ立地戦略を立てられるならば、チェーン全体としての成長戦略も明白にできる。だが、現実にここまでできている企業はまだごく一部にとどまっているのが事実だ。多くの企業では、今も出店の際、どのような立地を選ぶかはベテランたちの経験とカンに頼っているのが現状だ。

何度もサイト構築やリニューアルを経験してきたウェブのベテランなど、社内になかなかいません。ウェブではもともと「ベテランの経験とカン」に頼ることが難しいのです。だからこそ、みんな「ウェブは素人ですから」と言って制作会社に頼ってきたのでしょう。

しかし、まずは自分で自転車で走り回って情報を集める、どんな商圏なのか目で確認するということならだれにでもできます。ウェブ担当者はまずそれが必要だという意識を持ってください。

立地選定の「因子」分析

榎本氏は同書の中で、論理的に開業を進めるために、次のような立地選定の要素を整理しています。

売上
　立地要因
　　立地因子　①顧客誘導施設
　　　　　　　②認知性
　　　　　　　③動線
　　構造因子　④建物構造
　　　　　　　⑤アプローチ
　商圏要因
　　商圏因子　⑥マーケット規模
　　　　　　　⑦商圏の質
　　　　　　　⑧ポイント規模
　　競合因子　⑨自社競合
　　　　　　　⑩他社競合

これはあくまで実店舗の話なので、それぞれの要素にどんな意義があるかについては本書では深く踏み込みませんが、たとえば②の「認知性」とは、「20m以上手前から見えるか」「何の店なのかが一目でわかり、看板が歩行者に向けられているか」「店舗や看板が歩行者の視野の35度以内にあるか」といった具体的な評価基準があり、客観的に店舗物件を数値評価していくことができます。

「認知性」はウェブの言葉にすると「見つけやすさ」(ファインダビリティ)ということになるでしょう。すばらしいサイトなのに、どこからもリンクされていない、検索にも引っかからないとなると、ファインダビリティが低い状態です。こうした要因分析はウェブに参考になる部分も多いと考えられます。

ウェブでも集客をこうした因子に分解して、具体的に考えることができれば、新人担当者でもウェブを考えることができるようになるのではないでしょうか。

ウェブの世界には「ヒューリスティック評価」と呼ばれるサービスがあります。これは評価指標の表を作り、それに基づいて既存のウェブサイトをチェックして各項目ごとに点をつけていくものです。チェック項目の決め方や採点基準にプロの経験が反映されるので「経験則的な判断方法」（ヒューリスティック）と言われています。

▼図　ヒューリスティック評価

カテゴリ	項目	点
ナビゲーション	使いやすさ	2
	項目の分かりやすさ	3
	サイト内での位置が認識できる	1
	ページ内を移動できるナビがある	1
	サイト内検索を提供している	2
	ユーザ環境に適したナビがある	1
サイト構造	どのコーナーを見ているか分かる	
	上位階層にすぐ戻れる	

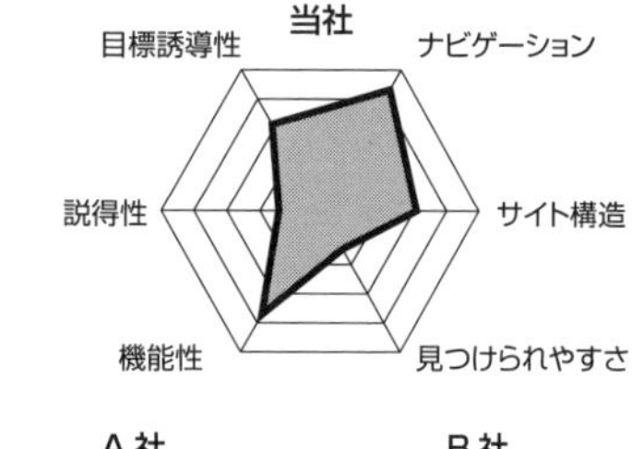

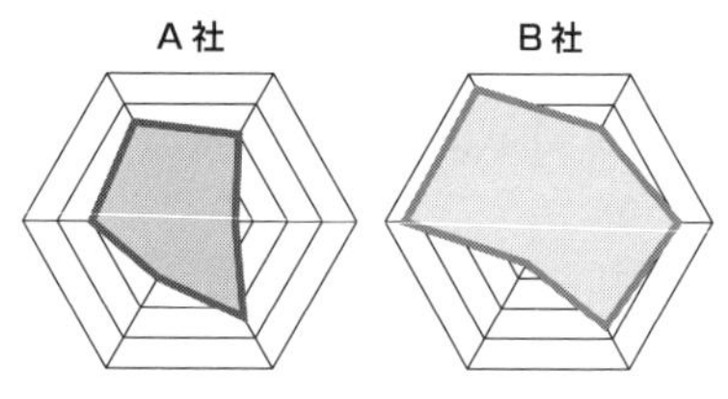

サイトについてたくさんのチェック項目を決めておいて、1点〜3点といった点をつけていけば、どのサイトがどんな問題を持っているか、特長があるかが図示できる。競合他社比較も簡単に行えるのがこの分析の良いところ。

要は項目の多い星取表をもとにチェックしていくだけですから、経験の少ない人でも簡単に客観評価ができます。その星取表を作ることが、長くウェブを経験した人にしかできない、というだけのことです。それならば、企業のウェブ担当者もその表を入手して自社サイトや競合サイトをチェックすればよいではありませんか。

ウェブの動線とは

もう1つ、立地因子について考えておきましょう。③の「動線」です。これはウェブでも馴染み深い言葉です。「導線」と書く場合もありますが、「導線」はこちらのコントロールでお客様を導くという印象になります。「動線」はお客様が自分の意志で動いて来てくれる、という印象になります。「家事動線」という言葉がありますが、「そう動くことが多い」といった意味合いです。

ウェブの分野では「動線」を考えずに「導線」を作ろうと考える人が多いようです。しかし、お客様はこちらがコントロールしようとしてそれほど簡単に導かれてくれるわけではありません。実際、「こんな導線で集客する」と言っているサイトが思うように集客できていないという状態は多いです。お客様が通ることが多い動線を把握せず、ぜんぜんお客様のいないところに無理に道を引こうとするからです。

集客の話では、動線といえばサイトに人を連れてくるサイト外の道を指します。「Yahoo! ニュースに紹介されたら突如何万人もが押しかけた」というとき、それはサイト外部の動線の話です。

B2B企業では、お客様の見ている業界紙サイトに出したバナー広告が、コンスタントに問い合わせにつながっているという例も少なくありません。これは効果的な外部動線だと言えます。この例では、

業界紙サイトのバナー広告
↓
広告からリンクされたページに集客
↓
そこからお問い合わせに移動

という流れがあって初めてお問い合わせが発生することがわかります。つまりお店に入ってもらう動線だけでなく、そこからゴールまでつながっている内部動線も重要です。効果的な外部動線は、シームレスに内部動線に

つながって、ゴールに到達する動線です。

お客様が訪れるページは、いわばお店の玄関です。ただし、その玄関ページでは見てほしい商品の詳しい情報を見てもらうことはできないのが普通です。そのため、

トップ　→　商品情報トップ　→　商品カテゴリー　→　商品A

と、何度もクリックして進んでもらわなければなりません。これを、

トップ　→　商品A

と、サイト内の動線をショートカットできるように作れば、商品Aが見られる確率は高まります。

■トップページから来る人は思いのほか少ない

多くのサイトでいちばん集客数が多いのはトップページです。ただ、トップの集客の比重は下がり続けています。B2B企業では「うちの会社のことを知っている人が多く来るだろうから、7割くらいの人はトップから来るでしょう」と考えていることがありますが、それは認識違いです。

多くのサイトではトップから来る人は全体の2割程度。つまり残りの80%の訪問者はトップ以外のページから訪れます。かなり集客数の少ないB2Bサイトでも、今やトップの集客シェアは40%行くかどうかです。特に自然検索（広告ではなく、Googleなどで普通に検索して訪れること）の場合は、どのページが玄関になるかわかりません。甚だしいサイトでは、トップから訪れる人が全体のわずか0.1%ということさえあります。

つまり、多くの人が、玄関になると意識せずに作成されたページを玄関にして訪れているのです。たまたまGoogleで紹介されたページが玄関となります。

Googleの検索結果画面

↓

たまたまGoogleに紹介されたページが玄関になる

↓

そのまま帰ってしまう

良いお客様になるはずの人が、予期せぬページを玄関にして訪れると、見てほしい情報への動線がないため、そこだけ読んで帰ってしまうことが増えます。100人が訪れて、95人がそこだけ見て帰るということも珍しくありません。それに気づいて、

たまたまGoogleに紹介されたページ　→　製品A

という内部動線を作れれば、効果的なサイトにできるでしょう。

リスティング広告であれば、

広告が検索結果画面に表示される　→　製品Aのページが玄関になる

と、いきなり見せたいページに連れてくることも可能です。このハンドリングのしやすさが、自然検索よりリスティング広告が好まれる理由でしょう。

自然検索ではGoogleがどのページを紹介してくれるか、こちらでは決められないというのが歯がゆいところです。しかし、できるだけ「このページが紹介されるようにしよう」という形で、顧客をページに引っ張ってくることもできます。

SEOであれば、顧客ニーズごとに玄関になるページを作成することができますから、

・キーワード1で玄関になるページ　→　商品Aの特長1
・キーワード2で玄関になるページ　→　商品Aの特長2
・キーワード3で玄関になるページ　→　商品Aの特長3

のように、それぞれの対象者のニーズに合致する動線を用意すれば、それぞれの人に「良い情報を見つけた」と感じてもらうことができます。

ウェブでは、「だれに何を見せるか」を考え、その人に「どんな行動をさせるか」がゴールとなります。この間を効率良くつなぐことが動線です。

サイトの外の動線「集客チャネル」から「玄関ページ」「見せたい情報」を経て「目標行動」までのサイト内動線を最短距離で結ぶことが、ウェブ担当者がすべき仕事です。その流れができてしまえば、あとはどれだけその流れに乗る人を増やせるか、というのが勝負です。

書店のウェブマーケティングの棚にたくさんある「集客の本」は、サイト内動線の流れができたサイトで、流れに乗る人を増やしたいときに読むと効果的な本です。この流れができていないうちにいくら集客の本を読んで集客しても、売上は伸びません。

動線の効果についての検証

では今、自分のサイトの動線はうまくできているのでしょうか。これは現状のサイトについて「アクセス解析」をすることで理解できます。そのためには、Googleが提供する無料のアクセス解析ツール「Googleアナリティクス」で、ゴール（目標）を設定するのが便利です。

・**Googleアナリティクス**

https://analytics.google.com/analytics/

Googleアナリティクスの設定画面で「目標」を選び、そこで「+新しい目標」をクリックします。

▼図　Googleアナリティクスで目標を追加設定する

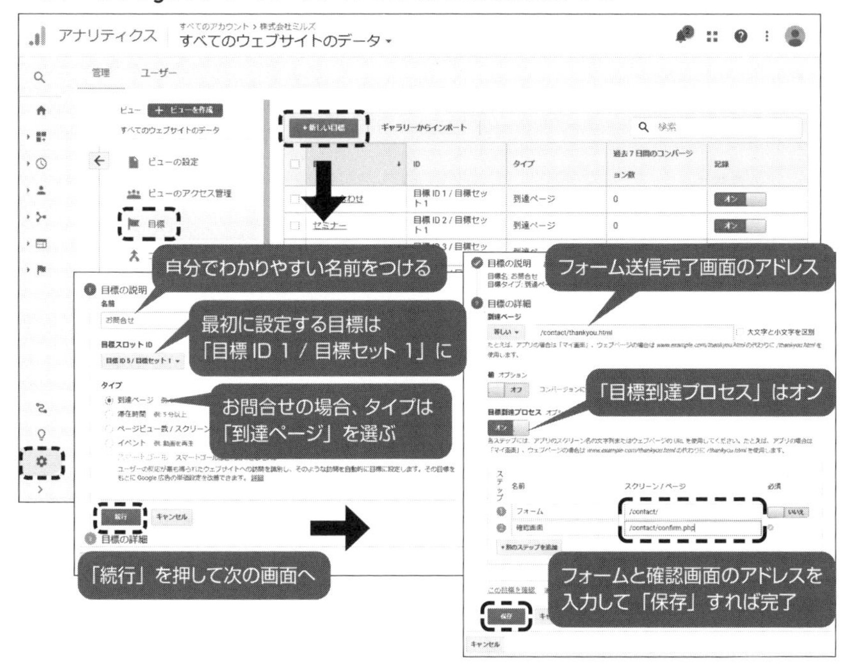

画面左下の歯車ボタンをクリックすると設定画面が表示されます。そこから「目標」という項目を選び、表示される画面で「＋新しい目標」をクリックしましょう。目標の説明画面で「名前」に「お問合せ」と記入し、「目標タイプ」では「到達ページ」を選びます。

最後に「目標の詳細」画面でゴールとなる画面のURLを入力します。実際にフォームの送信を行って、最後に「ありがとうございました」という画面を表示してみましょう。そのときにブラウザのアドレス欄に表示されたURLをコピーすれば設定ができます。「/contact/thankyou.html」といったURLになるサイトが多いかもしれません。

こうしてゴールを設定すれば、「訪問のうち、ゴールに到達した人」を取り出して傾向分析することができるようになります。

▼図　Googleアナリティクスのセグメント画面

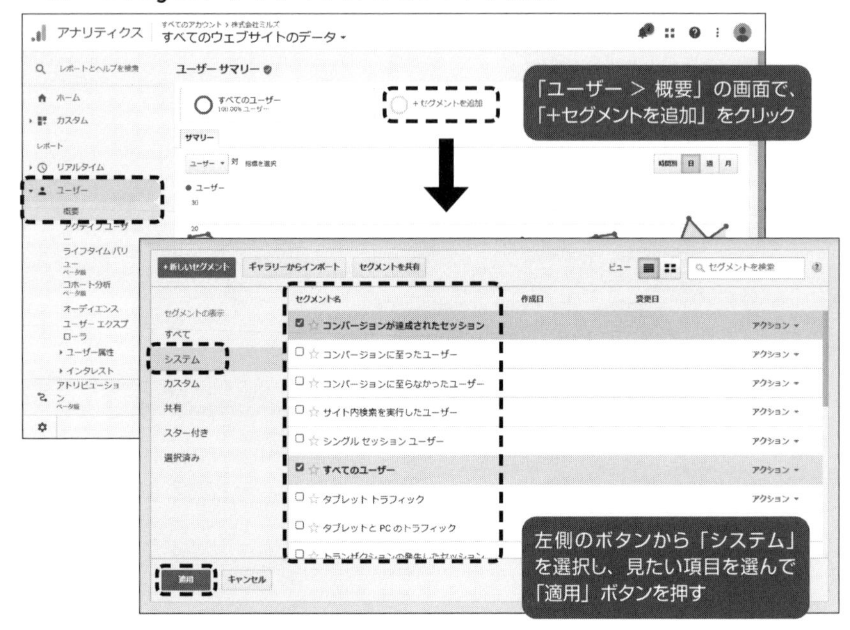

図はGoogleアナリティクスの「ユーザー ＞ 概要」の画面です。何人のユーザーが期間中に何回訪れたかといった、いちばん基本的なデータが確認できる画面です。ここの上部に「＋セグメントを追加」という箇所がありますから、これをクリックしてください。

表示される画面で「システム」を選ぶと、たくさんの選択肢が表示される中に「コンバージョンが達成されたセッション」という項目がありますから、これを選んでみましょう。「コンバージョンが達成されたセッション」というのは、設定したゴール（お問い合わせ完了）にたどり着いたアクセスを取り出して分析する、といった意味です。

この項目にチェックを入れて「適用」というボタンを押すと、すべてのデータが2段式になり、「すべてのユーザー」の数字と、「コンバージョンが達成されたセッション」つまりお問い合わせをした人に絞り込んだ数字を併記してくれるようになります。

▼図　データが2段積みになる

Default Channel Grouping	集客			行動			コンバージョン 目標1: 問い合わせ		
	ユーザー	新規ユーザー	セッション	直帰率	ページ/セッション	平均セッション時間	問い合わせ（目標1のコンバージョン率）	問い合わせ（目標1の完了数）	問い合わせ（目標1の値）
コンバージョンが達成されたセッション	30 全体に対する割合: 2.26% (1,330)	20 全体に対する割合: 1.63% (1,224)	30 全体に対する割合: 1.80% (1,667)	0.00% ビューの平均: 56.75% (-100.00%)	9.03 ビューの平均: 2.72 (231.98%)	00:12:01 ビューの平均: 00:02:01 (497.72%)	100.00% ビューの平均: 1.80% (5,456.67%)	30 全体に対する割合: 100.00% (30)	$0.00 全体に対する割合: 0.00% ($0.00)
すべてのユーザー	1,330 全体に対する割合: 100.00% (1,330)	1,224 全体に対する割合: 100.00% (1,224)	1,667 全体に対する割合: 100.00% (1,667)	56.75% ビューの平均: 56.75% (0.00%)	2.72 ビューの平均: 2.72 (0.00%)	00:02:01 ビューの平均: 00:02:01 (0.00%)	1.80% ビューの平均: 1.80% (0.00%)	30 全体に対する割合: 100.00% (30)	$0.00 全体に対する割合: 0.00% ($0.00)
1. Organic Search									
コンバージョンが達成されたセッ…	**16** (53.33%)	10 (50.00%)	16 (53.33%)	0.00%	8.81	00:10:34	100.00%	16 (53.33%)	$0.00 (0.00%)
すべてのユーザー	**900** (66.08%)	840 (68.63%)	1,093 (65.57%)	57.82%	2.60	00:01:50	1.46%	16 (53.33%)	$0.00 (0.00%)
2. Direct									
コンバージョンが達成されたセッ…	**9** (30.00%)	8 (40.00%)	9 (30.00%)	0.00%	5.00	00:04:33	100.00%	9 (30.00%)	$0.00 (0.00%)
すべてのユーザー	**331** (24.30%)	281 (22.96%)	422 (25.31%)	59.95%	2.66	00:02:03	2.13%	9 (30.00%)	$0.00 (0.00%)
3. Referral									
コンバージョンが達成されたセッ…	**5** (16.67%)	2 (10.00%)	5 (16.67%)	0.00%	17.00	00:30:08	100.00%	5 (16.67%)	$0.00 (0.00%)
すべてのユーザー	**131** (9.62%)	103 (8.42%)	152 (9.12%)	40.13%	3.75	00:03:10	3.29%	5 (16.67%)	$0.00 (0.00%)

表示する行数: 10　移動: 1　1 - 3/3

この状態でどのデータを見ても、全体では何人で、そのうちゴールにたどり着いたのは何人だったかが表示されます。

上図の例では、「集客 > すべてのトラフィック > チャネル」という画面で集客チャネルを見ています。期間中の訪問のうち、どれだけが自然検索から来たのか、外部サイトからリンクをクリックしてきたのは何人か、広告は何人か、が表示されています。

いちばん上の「Organic Search」が自然検索を表しています。すべてのユーザーでは900人が1,093回来たのに対して、お問い合わせの完了にたどり着いたのは16人だと示されています。これを計算すれば、

16人がゴールまで到達÷全部で1,093人が訪問×100＝1.46％

だということがわかります。つまり、自然検索からやってきた人は非常に多く、高い確率でお問い合わせ完了までたどり着いていることがわかります。

一方、その下には「Direct」とあります。これは「直接アクセス」といって、検索や広告、外部サイトのリンクなどを必要とせず、お気に入りなどから直接サイトにやってきた人を意味します。この人たちは全体で331人が422回来ており、そのうち9人がお問い合わせ完了しています。

9人がゴールまで到達÷全部で422人が訪問×100＝2.13％

と算出できます。自然検索よりさらに高い確率です。

これがまさに動線ごとの効率を表しています。どの外部動線を太くすればお問い合わせが増えるか、これでわかるわけです。

この例では、自然検索からの集客では、直接アクセスよりもお問い合わせの発生率が低くなっていました。この状態のままで自然検索を増やすより、直接アクセスの人を増やすことが重要です。つまり、一度サイトを訪れた人が、お気に入りに登録するなどしてリピート訪問することを促進する施策が効果的です。

次に自然検索からの効率を高め、そのあとに自然検索を増やすとよいでしょう。このようにウェブでは、実際のデータで確認しながら改善することができます。どの順番で施策を打てば効果的かも判断できます。リアル店舗では、このように1つひとつの要素に分解してデータを見て、その効率を知るのはなかなか大変でしょう。ウェブはデータを見ながら改善できるのですから、いわゆる「素人」にも扱いやすい媒体だと言えます。中には素人だからデータを見られないと言う人がいますが、素人だからこそ、データを見なければならないのです。

リアル店舗では太く交通量の多い道路が目に見えますが、ウェブでは動線が見えにくいです。初めてリニューアルに取り組む人は、いったいどんな動線があるのかまだ知らないということが多いでしょう。Googleアナリティクスのような無料のツールを使って、現状のサイトでデータを見ることができれば、次に作るサイト、リニューアルサイトでどんな動線を考えればよいか学びを得ることができます。

要因の貢献度と必要な目標獲得量から、サイトを計画できる

実店舗の立地因子は複雑な比重をもって売上に関与しています。どれも大切な因子ですが、売上貢献度はそれぞれ異なるわけです。それを連立方程式にして解いていけば、どの因子がどれだけ重要かということが明らかになるのです。売上をyとし、席数や駐車場台数などの要素が売上に関わっているとすれば、

$$売上y = a_1 \times 席数 + a_2 \times 駐車場台数 + a_3 \times 商圏人口 + a_4 \times 交通量$$

といった式で表すことができます。複数の店舗のデータをとることができれば、この連立方程式を解けば、それぞれの貢献度の定数aを割り出すことができるわけです。

各定数が明らかになれば、次に作る店舗物件について席数や駐車場台数、人口、交通量を当てはめれば簡単に売上を確からしく予測することができます。

これはウェブでも見習わなければなりません。たとえば、何ページのウェブを作れば何人の訪問者が来るかということがわかっていれば、論理的に考え、予算を組むことができるはずです。いったいウェブにはどれだけの因子があるのでしょうか。

実際、私の手元で分析した結果では、多くのサイトの平均で、

・100ページ以上のページ数　1ページあたりの訪問数：9.8人
・100ページ以下のページ数　1ページあたりの訪問数：14.4人

となります。小さいサイトのほうが、効率良く集客ができていると感じられます。この数字は、工夫した集客施策を行っていないサイトばかりで平均しています。何もしなくても、サイトさえあれば最低限これだけ人が来る、という数字です。

訪問数が月に1,000人必要なら、

1,000人÷9.8人/ページ＝102ページ

とわかりますから、102ページ作成すればよいことになります。もしもっとページ数を少なくしたいなら、100ページ以下のサイトでは1ページあたり14.4人を集客すると仮説できますから、

1,000人÷14.4人/ページ＝69.4ページ

となります。70ページから102ページ用意すれば、目標の1,000人を集客できる確率が高まるでしょう。まずは70ページで作成して、足りなければ増やすのが正しい順序となります。

月に1,000人を集め、そこから月に10件のお問い合わせを得ることができるサイトになったとしましょう。

営業の契約決定率が5%だとすれば、20件のお問い合わせから1件の成約を得ることができますから、月に10件の問い合わせがあるサイトでは2ヶ月に1件成約することになります。もし1件あたりの単価が100万円だとすれば、

10件の問い合わせ×成約率5%＝月成約件数0.5件
0.5件×成約単価1,000,000円＝月売上500,000円

となります。B2B企業ではもっと営業の成績が良いこともあり、また、機械メーカーなどでは成約単価がもっと高いことは多いですが今はこれくらいとしてみましょう。このサイトはお問い合わせを獲得することで、月に0.5件、50万円の売上を上げることにつながっているのです。

ウェブだけの手柄ではなく、営業のおかげでもあるのですが、まちがいなくウェブがあったから得られた売上です。このように評価すれば、

いくらの売上を上げるか？
↓

そのためにはどれだけのお問い合わせが必要か？
↓
そのためには何人の集客が必要か？
↓
何人の集客を得る動線は、
・自然検索から何人
・直接アクセスで何人
・外部サイトのリンクから何人
・広告から何人

と全部さかのぼって計画が立てられます。

一方、今70～102ページが必要となったのですから、それだけのページ数を作るしかありません。ここで1ページの制作単価2万円とすると、70ページ作成するのに140万円かかります。かなり高額だと思うかもしれませんが、それで毎月50万円の売上が上がるのですから、3ヶ月で初期投資を回収することができると考えれば安いとも言えます。

ここではウェブ担当者の人件費や営業の稼働などを度外視して話をしていますが、まずはウェブでもコストと売上のバランスを考えて計画できるのだということを理解していただきたいのです。

集客チャネルの主動線「TG（交通発生源）」をとらえる

実店舗では、立地分析から新店舗の売上や来客数をできるだけ正確に予測しようとする作業が行われています。日本マクドナルドの出店調査部チーフをしておられた林原安徳氏が書かれた『立地は怖くない』（林原安徳著／商業界／2019年）では、「トラフィックジェネレーター（交通発生源、以下TGと略記）」という考え方が紹介されています。これは先の『立地の科学』では立地因子①顧客誘導施設にあたるものと言えるでしょう。

鉄道の駅、大型ショッピングモールや遊園地などの商業施設や大学などは、人の流れを生み出すTGです。細かに見れば、横断歩道の位置でも人の流れが変わりますから、これもTGの一種と言えます。

「駅」があれば住宅地から顧客が集まります。勤務先の企業が多い駅なら、会社の行き帰りに寄ってもらえるかもしれません。駅がTGだとすれば、店舗は駅に近いことが1つの優位性になります。しかし、駅と住宅地を結ぶ線上からはずれた立地では、十分な集客効果は期待できませんね。よく調べて立地を選ぶ必要があります。不動産サイトで「駅から徒歩3分」という情報を見つけて飛びつくわけにはいきません。

▼図 「徒歩3分」というだけでは良い立地とは言えない

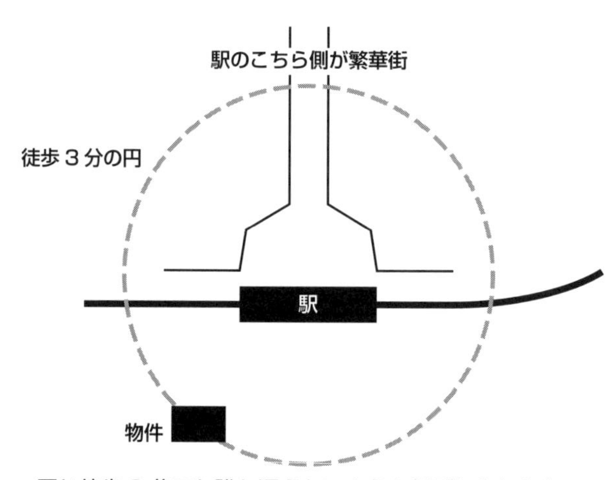

■ウェブのTGには何があるか

ウェブでは何が「駅」や「大型施設」のようなTGの役割を果たすでしょうか。美容室などの業界では、「ホットペッパービューティー」のようなポータルサイトがそれにあたるかもしれません。B2B企業では、業界団体のサイトや展示会サイト、関連分野の大学サイトが力を発揮する場合があります。Yahoo! ニュースやGoogle検索、ツイッターなどはどの会社にとっても優れたTGとなり得ます。

サイトを作る前に、こうしたTGを組み立て、どのTGから毎月何人ずつ獲得するかを考えれば、どんなサイトを作るかを整理することができます。たとえば、Yahoo! ニュースというTGの「近く」に出すサイトというのはどんなサイトでしょうか。おそらく、独自にアンケートを実施するなどして自前のニュースを頻繁に発信するようなサイトでしょう。普通にサイトを作って「Yahoo! ニュースが採り上げてくれないかなぁ」と考えていても実現することはありません。

自然検索を増やすのも、GoogleをTGとして集客をするという考え方、全体のTG計画の1つです。とにかく「SEOをしなければいけない」と思い込んでいる人も多いですが、まずは自社にトラフィックを生み出す媒体として何が考えられるか、どこから何人ずつ集客できるか、という地図を描くことが先決です。真っ先にSEOと考えてしまったら、ほかの媒体を軽視してしまい、損をすることになるでしょう。

関連分野の大学や研究室のサイトは、B2B企業にとっては非常に重要な場合があります。商品情報にもお墨付きを与えるものであり、採用にも効果的かもしれません。だとすれば、教授とどのように関係構築するかが、リニューアルで実はいちばん大切なテーマとなります。そのために、サイトにどんなページを用意すれば教授はリンクを張ってくれるでしょうか。自治体サイトは？ 取引先サイトは？ と、TGを考えていくことは重要です。

美容室サイトでも、頼りはホットペッパービューティーだけではありません。地域のコミュニティサイトやニュースサイトを調べておく必要があります。

多くのサイトで、ウェブ担当者は意味もなく「できるだけたくさんの人」を集客しようとしているように思われます。本当にお客様になる可能性のある人の数が10万人だとすれば、それを超えて集客しても意味はありません。

大切なのは「できるだけたくさん」ではなく、「どんな人を何人」集めるのか計画することです。お客様にならない人が100万人来ても、1円の売上にもつながらないのです。

コストをかけなくても情報は集められる

立地選びに関連する数値を、普通のビジネス人が入手するのは難しいのではないかと思われるところです。独自の立地調査などすれば大きなコストがかかり、初期費用がふくらんで開店前から経営を圧迫するのではないかと心配です。

ところが、実際には公開されている統計もあり、だれでも簡単に入手できる数値は決して少なくありません。リアルの商圏データであれば、「政府統計の総合窓口」というサイトで「地図で見る統計」(jSTAT MAP) を使えば、無料で簡単に地域の居住者データ（年齢別人口、世帯数など）を得ることができます。

・政府統計の総合窓口（e-Stat）

https://www.e-stat.go.jp/gis

▼図　jSTAT MAPからダウンロードしたレポート

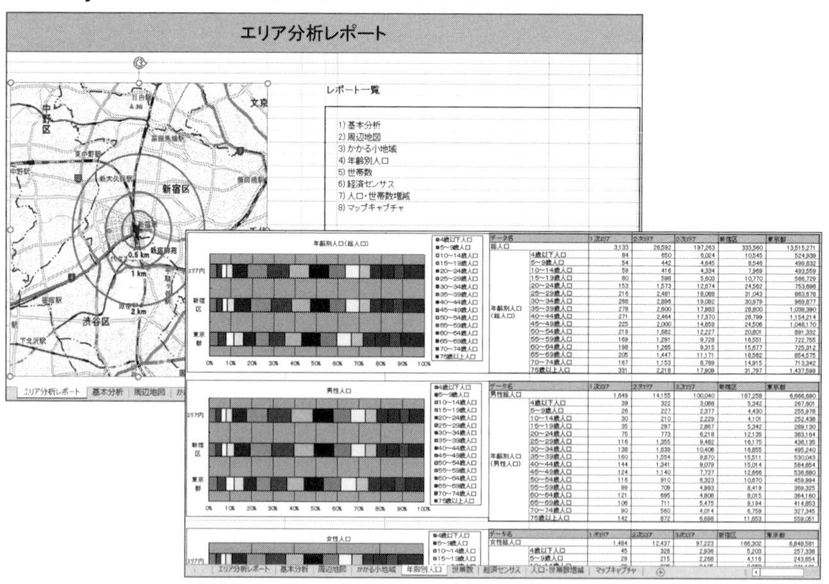

※ユーザー登録を行う必要があります

ウェブでも、だれでもこうした情報を入手できる方法が用意されています。もともとウェブというのは無料で情報を公開するために生まれた媒体と言ってもよいほどです。山ほどあるそうした資料を調べずにサイトを作って、あとから集客に高い費用をかけるのは本末転倒というべきでしょう。

企業はまず、「お客様がどの道を歩いているか」についてのデータを入手し、それを活用してウェブ立地を決めるようにします。リニューアルやサイト構築の作業手順として、

立地調査　→　内容検討

という順序を常識にしていきましょう。具体的なウェブでの立地調査の方法は第5章で検討します。

対象者の関心に寄り添う「情報発信カレンダー」を作る

前出の『バカ売れ店長の仕事の秘密』（小松浩一、ぱる出版、2005年）では、こうした地図を基に地域を歩き、周辺状況を観察することを勧めています。

地域の生活を知るためには「生活カレンダー」を作ることも重要だと言います。地域の生活の基盤の1つとなるのが小学校などの年間行事で、運動会や遠足などがあれば、そこで買い物ニーズが発生するのですから、そうしたタイミングを逃すわけにはいきません。

ウェブでもこのカレンダーは大きな力を発揮します。Excelを開いて、4月～3月まで（年度に合わせておくと都合が良いです）12行を記載し、そこに3列を使って、

・年中催事
・自社活動
・対象者関心事

を書き込んでいきます。これが「年間情報発信カレンダー」です。

▼図　年間情報発信カレンダー

	年中催事	自社活動	対象者関心事
4月	新年度進発	展示会出展決定	
	ゴールデンウィーク		ゴールデンウイーク
5月	こどもの日	新製品発表	新人研修
	母の日	内覧会	
6月	父の日	新人配属	新人配属
	梅雨	株主総会	決算発表
7月	夏休み	第1事業部展示会	
	海の日	中途採用	
8月	盆休み	展示会報告	
	長期旅行	夏季休業	
9月	敬老の日	展示会出展決定	上期末セール
	中秋の名月		
10月	体育の日	下期進発	
	ハロウィン	新卒採用	
11月	文化の日	新製品発表	
	勤労感謝の日	第2事業部展示会	
12月	クリスマス	展示会報告	名刺整理
	大掃除		年末セール
1月	正月	新年社長メッセージ	年始セール
	成人の日		
2月	卒業旅行		
	バレンタインデー		
3月	ホワイトデー		下期末セール
	卒業式	年度末	決算セール

年中催事は、お正月やゴールデンウィーク、盆休み、クリスマスなど、一般的な年中行事が書かれています。B2Cのサイトであれば、年中催事と対象者関心事とがほぼ同じということもあるでしょう。いわゆる催事だけではなく、コミケやフェスなど、対象者の関心事をどれだけ細かく盛り込めるかは大切です。

こちらもそうしたお客様の関心に沿って情報発信することができれば役立つでしょう。別に全部カバーしなくてもよいのですが、SNSでの情報発信をするのであれば、こうしたお客様の関心の動きは把握できていなければいけません。

B2Bなら、業界団体の総会から大きな展示会、主要企業の新製品発表などは関心事となります。業界分野によっては学会や専門誌の発行月、といった情報も収録していきましょう。

なぜそんなカレンダーを作るかと言えば、自社の情報発信のタイミングに関わってくるからです。たとえばある業界の関係者が見に行く展示会に、その人たちとの出会いを求めて出展するとしましょう。すると、その1ヶ月前に多くの人が展示会の日程や内容の情報を得ようと検索を始めます。半年前に出展決定というニュースを出し、2ヶ月前に出展内容決定というリリースを出していけば、1ヶ月前に検索した人がそのニュースに気づく可能性が高くなります。展示会当日のライブ配信や事後の報告まで考えれば、1つの展示会関連だけで年間4～5回の情報発信が可能になるのです。

ウェブで対象者と出会うようにするためには、こうしたタイミングの良い情報発信が欠かせません。その時期には「展示会大通り」にたくさんのお客様が歩いている、という光景を思い浮かべてください。そこに立地したウェブにしない手はありません。

一方、「自社活動」はもっと幅広いものとなります。採用活動は、新卒であれば年間を通じて1つのサイクルがあるものです。採用関連だけでも、インターンシップ、合同説明会、会社説明会、面接、内定通知、研修と、項目は多数です。

上場企業であれば決算短信、株主総会、配当についてと、これも年間を通じて発信内容がある程度決まっています。

会社の活動についても、たとえば毎月本社周辺の清掃活動に参加している、ということであれば、それだけでも12回予定があるわけです。予定の掲載と報告で24回もの情報発信タイミングが生まれるかもしれません。文化・スポーツ活動の支援、環境保護活動、工場見学など、フィランソロピーに類する活動もタイムリーな情報発信の対象です。社屋の屋上にビオトープを育てているという会社であれば、植物や昆虫の生育をカメラで追いかけるだけで（しかも屋上へ行くだけで！）無数の情報発信を行うことができます。

■年間の活動サイクルを見通せば余裕が生まれる

このカレンダーに記入するのは内容の大小を問いません。営業日や休暇のお知らせだけでも、ゴールデンウィーク、お盆、年末年始と何度もやってきます。長期の休みの前はウェブ担当者も忙しいため、ついついそうしたお知らせが後回しになってしまいがちです。12月24日になって「あ、年末年始の営業日を載せなければ」と思い出したということでは余裕を持った運営はできません。そうしたお知らせを少し早めに掲載することで、対象者が必要とする情報が必要とするタイミングで伝えられるのです。

展示会の例でも言ったように、1つの行事で情報発信タイミングは1回とは限りません。対象者の関心が高いなら、同じ行事で5回6回と形を変えた情報発信が可能です。事業部や製品ごとに違う展示会に出展していれば、その発信だけで大忙しです。

多くの会社が「うちみたいな小さな会社は、春秋の新製品発表もないし、年間行事なんて何もないですよ」と言います。しかし、私がお手伝いをしてカレンダーを作った経験では、カレンダーが空欄になってしまうような会社はありません。大半が、最初は12行だけ作ったExcelのカレンダーファイルが行の追加を繰り返して、大きなファイルになっていきます。

ニュース発信が年に2～3回、というサイトが少なくありません。ひどい場合には最新のニュースが「ホームページをリニューアルしました」であるということもあります。ニュース発信は頻度高く、タイミング良く行うべきです。ニュースを発信していないのに「うちのサイトは訪問者が少なくて」と言って広告費を使って集客するのは、もったいないし矛盾しています。

逆にどんどんニュース発信をしている会社でも、その作業にウェブ担当者が振り回されて疲弊しているサイトもあります。急に事業部から「来週、この展示会があるから」と伝えられて大慌てで展示会情報を掲載するのでは絶対にうまくいきません。対象者の情報収集ニーズとタイミングがずれてしまうからです。

スキーで、板がどんどん滑っているのに腰が引けて焦っているようなものです。大変な思いをするばかりで楽しむことができません。的確にお客様に情報を手渡せないのです。

それを避け、余裕を持ってタイムリーに情報発信するために欠かせないのがこの「情報発信カレンダー」です。商圏分析を生き生きとした情報に変え、「何をすればよいか」を教えてくれる財産となります。

SNSで発信する内容がないと言って悩んでいるウェブ担当者がありますが、これもぜひ年間カレンダーを活かして、楽をしてください。1年間は長いように見えて52週しかありません。カレンダーに対象者の関心事が並べば、それをいつ発信するとよいかが決まり、ネタ切れになるひまなどありません。

リニューアル完了まではのんびりしていても大丈夫かもしれません。しかし、リニューアルが完了したら、その翌日から更新運営が始まります。それができないと、せっかくのサイトにお客様が訪れず、リニューアルの効果が出ないのです。

情報発信カレンダーはお客様がどこにいるか（何に関心を持っているか）を整理するツールであると同時に、お客様と出会う機会を増やす直接の武器でもあります。必ずリニューアル完了までの早いタイミングで作成しておくようにしましょう。

商圏をつかんだら、競合分析をスタート

商圏を歩いているうちに、そのまま引き続いて競合分析を始めることができます。小松氏は次のように教えています。

地域を知ったら、次には敵＝競合店を知ります。みなさんの中で、週に一度は競合店をじっくり見る、という方、どれぐらいいるでしょうか？　店で働いているとどうしても店内での仕事に集中してしまい、なかなか外に出られないも

のです。しかし、顧客は地域の中で、競合店と比べながら買い物しているという厳然たる事実を忘れてはなりません。

※小松浩一『バカ売れ店長の仕事の秘密』(ぱる出版)より引用

競合を分析するには、まずは競合店に行ってみて実際に見ること。ただし、漠然と見たのではいけません。自分がその店を任されたらどうするか、どうオペレーションを改善するだろうか、当事者意識を持って見ることが重要なのです。

ウェブ担当者には「忙しくて競合のサイトを見る暇がない」と言う人が多いです。もちろん常時見るのは大変ですが、リニューアルのための調査・企画段階では必ずチェックするようにしていきましょう。

小松氏が百貨店を見るなら、次の手順で進めると言います。

①まずは店の周りを1周してから屋上に上がる
②フロア構成・商品配置を見る
③集客ポイントと仕掛けを見る

この教えは、そのままウェブにも応用できます。

■①店の周りを1周してから屋上に上がる

サイト全体を周回して、全体像をつかみます。あわてずに、おもな内容やニュースの発信頻度などもおおまかに把握していきましょう。ウェブサイトは見たらすぐに忘れてしまうものですから、Excelに箇条書きでメモをとり、ときには画面のキャプチャーを貼り付けながら見ていきましょう。何社か見ていくうちに、比較ポイントがわかってきます。

「屋上に上がる」というのは、屋上から四方を見渡せば駅などの集客施設との位置関係や住宅地からの動線などが見えてくる、という意味です。

ウェブではあるサイトにリンクしている別のサイトが動線となります。そこから毎月何人もの人が訪れているわけです。しかし、観察しているサイトからのリンクは見えますが、別のサイトからどうリンクされているかは見えにくいものです。

残念ながらGoogleは「リンク検索」を廃止したと言っています。リンク検索とは、Googleの検索欄に、

link:rivaldomain.co.jp

と書き込んで（rivaldomain.co.jpには実際の競合サイトのアドレスを入れる）検索すれば、そのページにリンクを張っているページを教えてくれる、というものです。便利な機能なのですが、SEOのためにみんながリンクを気にしすぎるために廃止されたのかもしれませんね。今でもGoogleでリンク検索するとちゃんとした結果が出ることがありますから、試してみる価値はあります。

リンク検索以外でも、競合のリンク元を探すことはできます。Googleでさまざまな関連キーワードで検索すれば、競合の広告が出てくるかもしれません。これも重要なリンク元の1つです。

業界での主要なポータルサイトも詳しく見て、競合がどのような展開を行っているか、見ていきましょう。

B2Bサイトでも、業界団体のサイトからリンクが張られている、業界紙のサイトに広告を出しているといった施策が、競合の集客を支えている可能性があります。そこでアピールしている内容が、競合の狙いということになります。

■②フロア構成・商品配置を見る

競合サイトの概略のサイト構成を記録しましょう。商品情報や企業情報にはどんなページがあるか、採用はどうか。気になるコーナーは少し深く見て、「意外にこのテーマのページが多いな」といったことをつかみます。これもExcelに、順番に書きとめていきましょう。

ついずぼらして競合サイトのスクリーンショットを貼り付けておしまいにしたくなりますが、必ず手で入力します。スクリーンショットでは自分

の注目ポイントがわからなくなります。複数のサイトでメモを作っていけば、どのサイトが何に力を入れているか、比較して明らかにすることができるようになります。

Googleにはもう1つ便利な「サイト検索」という方法があって、Googleの検索欄に、

site:rivaldomain.co.jp

と入力すれば、そのサイトでGoogleが認識しているページを並べてくれます。検索結果件数を見れば、そのサイトが少なくとも何ページあるか、何ページをGoogleが認識しているかがわかります。

出てくるページの顔触れにも注目です。一見小さなサイトに見えたのに、ニュースのバックナンバーがたくさんあるな、とか、技術情報のPDFがたくさん掲載されているらしい、といったことがわかりますから、検索結果を何画面か追いかけて、どんなページが出てくるか見てみてください。競合サイトをトップページから見たのではなかなか気づかないページがみつかります。

■③集客ポイントと仕掛けを見る

百貨店では、大催事場や売り場ごとのフェアを見ていくことが欠かせません。が、ウェブで競合サイトの集客ポイントを知るのは簡単ではありません。意外なページが検索などから多くの人を集めています。

まずは競合サイトを見て、テキストがたくさんあるコーナーを探します。商品情報の中に「使い方」説明のコーナーがあるかもしれません。B2Bサイトなどでは開発者インタビューといった記事が注目です。ほかに何も見当たらなければ、ニュースのコーナーを確認してください。文字がたくさんあるコーナーは検索からさまざまな対象者を呼び込むのに使われますから、目立たない扱いのコーナーでも見過ごさずチェックしましょう。

気になるキーワードがあれば、先ほどのサイト検索の前にキーワードを

つけて検索しましょう。

金属加工 site:rivaldomain.co.jp

こうすれば、そのキーワードが掲載されたページを見つけ出すことができます。トップや製品情報の目次のように目立つページだけではなく、深い階層の意外なページがずらずらと出てきますから、他社がその分野でどんな発信を行っているかがわかります。

逆に、キーワードをつけてサイト検索しても何も出てこないこともあります。その場合には、競合はまだそのキーワード分野の重要性に気づいていない可能性があります。複数の競合が気づいていない分野を見つけたら、それこそが自社の狙い目ポイントとなるでしょう。

競合の動きで比較的目につきやすいのは検索エンジンでのリスティング広告です。商品名や商品分野の言葉で検索すればライバルの広告を見つけられます。広告を見つけたら、できるだけクリックしてみましょう。競合に無駄な広告費がかかってしまうので申し訳ないのですが、これはお互い様と割り切るしかありません。

相手が独自のランディングページ（広告だけからの誘導先ページ）を作って広告展開している様子は、普通なかなか気づきにくいものです。広告以外からリンクされていないので、競合サイトをトップから見ていっても、ランディングページにたどり着くことはできません。ぜひ、どんなランディングページを持っているか把握しておきたいものです。

ランディングページは、一般には縦に長いページで、一気に顧客を説得しようとするので、何をアピールしているかはっきりわかり、ライバルの集客ポイントをとらえることができます。

競合サイトを見てから一般のポータルサイトを見に行けば、その競合の広告が表示されることがあります。リターゲティング広告と言われる広告の一種で、一度サイトを見た人にアピールする仕組みです。こうした行動で、競合の広告行動をおびき出すことも競合チェックのポイントとなります。

■競合はだれか

私は企業からの依頼で競合サイト分析を請け負うことが少なくありませんが、そもそも競合を思いつかない、という担当者もあります。また、プレーヤーが多い業界では、競合が多すぎて焦点を合わせられないということもあるようです。

実際に営業の現場で仕事を取り合っている直接の競合だけがウェブ上の競合とは限りません。リアルの競合だけを意識していると、意外な会社に全部持っていかれているということもありますから、検索結果や広告の表示には注意してください。

こういう場合には、簡単な競合サイトの構成を書きとめるだけでも役に立ちます。

▼図　競合サイトの構成を書きとめる

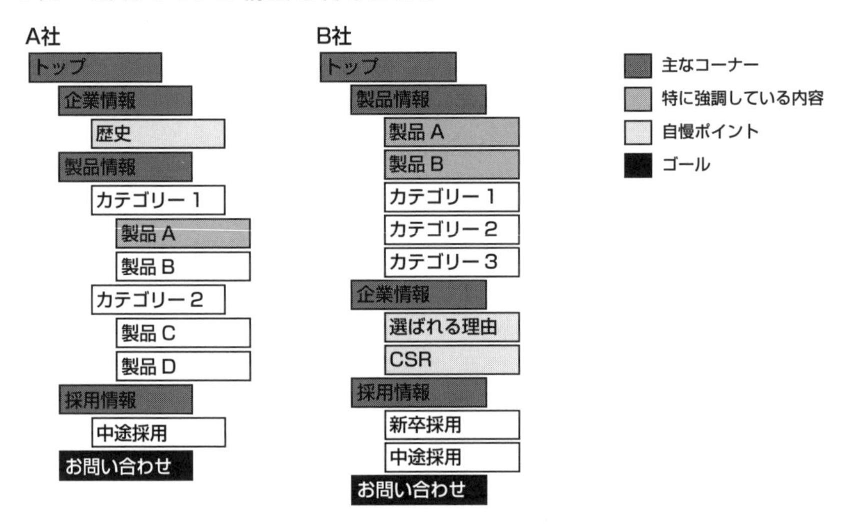

こうした作業をして、自社の競合はだれなのかリストアップしておきましょう。複数の事業部があると、事業内容が幅広くなって、事業部ごとにぜんぜん違う競合社を相手にして戦っていることもあります。ぜひ各部門にヒアリングをして、だれが競合なのかリストにしていきましょう。

飲食店などの実店舗でも、必ずしもコストをかけず、専門家の手も借りずに実地の観察によって立地、商圏、競合の調査を進めています。もちろん専門家にはそうした調査のポイントもよくわかっていて手早く調査を行うのでしょう。専門家ではない担当者がゼロから調査をするのは大変ですが、手順を決めてやっていくようにしましょう。

あと付け集客ではうまくいかない

飲食店などの店舗では、立地や商圏、競合の状況が直接に売上を左右します。これがわかっていないと、狙った顧客が十分な数来店せず、つまり売上が上がりません。

好きな場所にこだわりの店を出せば顧客はついてくる、という考え方は成り立ちません。わざと地下や裏通りなどを狙って店を出すという作戦もありますが、それは調べた結果として選んだやり方であって、ただ裏通りに店を出してチラシをまけばよいというわけにはいきません。

ウェブも、とにかく作ってから広告を出せば何とかなる、SEOにも取り組みたい、という考え方はそろそろ変えていきましょう。顧客のことを考えずに作ったサイトで、あとから集客しようとしても、集客はうまくいきません。顧客にとっての魅力が織り込まれていないからです。仮に広告や検索でたくさん人を集められたとしても、お問い合わせもせず、買うこともなく帰ってしまいます。

先にウェブ構築　→　あと付け集客

この順番で作業しては、どんなに集客施策が優れていてもうまくいきません。膨大な広告費用を投下すれば、それなりに人数は来るでしょうが、購入率が低くなります。必要なのは、

顧客の要望を織り込んだウェブ構築　→　自然に集客

という順序です。ウェブであっても、顧客の要望のあるところに店を出さなければ非効率なのは目に見えています。
『立地の科学』にはこうあります。

品揃えや店の内装、清潔さ、接客やサービスなどについては店がオープンしてからでも経験を積んだり、訓練することで向上できる。だが、"立地"はそうはいかない。簡単に店を動かすことはできない。店がオープンすれば、どれほど努力しても変えられないのが"立地"だ。
店を新しく始めようとするのであれば、何はともあれまず"立地"を熟考すべきだ。

※榎本篤史『立地の科学』（ダイヤモンド社）より引用

ウェブもまた、最初に立地を検討することが成果を生み出します。立地を検討するということは「顧客のいるところに店を出す」ことであり、自然に売れるようにするために不可欠なものです。
これはドラッカーの言うマーケティングの定義に沿った考え方です。

マーケティングの理想は販売を不要にすることである。マーケティングが目指すものは、顧客を理解し、製品やサービスを顧客に合わせ、自ら売れるようにすることである。

ピーター・F・ドラッカー『マネジメント　課題、責任、実践』（上田 惇生 編訳／ダイヤモンド社）より引用

ドラッカーは「企業の目的は顧客を生み出し続けることだ」と言っていますが、そのベースとなるのは顧客を知ることです。立地調査、商圏調査、競合調査を行って、顧客が多く通っている道に店を出すようにしてください。

2-2

立地論の歴史から学ぶ「お客様との距離を乗り越える魅力度」

ウェブの構築・運営に「立地」という考え方を生かすためには、立地がどのように捉えれてきたか、改めて根本から考えておかなければなりません。

過去の立地論の歴史を紐解くと、そこには企業とお客様との距離が深く関係することがわかります。距離を乗り越えて、来てもらわなければ商売は成り立ちません。どれくらいの魅力を持つことができればその距離を乗り越えることができるでしょうか。

この考え方は、まさにウェブの集客と密接な関連があります。

辞書的な定義としての「立地」

ウェブはもともと地域性からは離れたものです。地元密着型のビジネスをしている会社のサイトであっても、全国、全世界から見られるのが一般的です。名古屋で商売しているのに東京の人ばかり来る、といったミスマッチが悩みの種にもなります。

私の手元で見ているウェブのデータによれば、東京の人が訪れる割合は、その会社の本店所在地やビジネス形態にかかわらず、12～15%になります。放っておけば、7、8人に1人は東京の人が来てしまうのです。地元密着企業なら、集客施策を調整して地元の対象者がより多く訪れるようにしなければ商売になりません。

立地について詳しく考える最初に、立地についての辞書的な説明を見てみましょう。広辞苑によれば、

りっ‐ち【立地】
①植物の生育する一定の場所における環境。農学・生態学などでいう。
②人間の行為を営む場所、特に産業を営む場所を選択して定めること。
⇒りっち‐じょうけん【立地条件】

※『広辞苑（第7版）』（岩波書店）より引用

とあります。ビジネスに必要なのは②の意味合いですが、これだけではわかりにくいですね。関連として示されている【立地条件】のほうも見ておくと、

りっち‐じょうけん【立地条件】
立地に際して考慮される自然的および社会的条件。

※『広辞苑（第7版）』（岩波書店）より引用

となっています。これをつなぐと、「産業を営む場所を選択して定めるために考慮される自然的および社会的条件」となりそうです。

一方、ブリタニカ大百科事典の小項目事典を見てみると、次のように説明されています。

工場や家屋などが特定の地表空間を占拠すること。さらに占拠するために好適な条件のところを選定することをもいう。立地を研究する学問は，立地論で，経済学の一分野であるが，地理学にも密接な関係がある。各産業の立地条件に関する理論が多くの経済学者や地理学者によって打立てられ，J.チューネン，A.ウェーバーなどの理論が有名。（→立地因子）

※『ブリタニカ国際大百科事典 小項目事典』（ブリタニカ・ジャパン）より引用

ここで名前が出てくるチューネン（ヨハン・ハインリヒ・フォン・チューネン）は1783年の生まれと言いますから、フランス革命前夜という時期のドイツ人です。これよりも前に先駆的な研究はあったとされますが、立地論をまとめた最初は18世紀末から19世紀初頭にかけてのチューネンだと考えてよさそうです。

距離が利益に影響するチューネンの農業立地論

チューネンはドイツの経済学者・地理学者ですが、もともとは東部ドイツの農場主でした。その農場での収支計算から、立地論の古典と言われる『農業と国民経済に関する孤立国』（チューネン／1826年）を著しました。

彼は農園の経営目標を収益増と定めて、収益を最大化するためにはどのように農園を位置取りすればよいかを検討しました。それまでの農業では「収量」が大切でしたが、そこにより経営的な「収益」という考え方を持ち込んだことが大きな前進であったと思われます。

チューネンが考えたのは、中心に消費地である都市があって、それを農地となる平野が取り巻いている状況でした。これはまさにドイツの農地のイメージに合致します。平野はどこでもなんでも耕作でき、中心の都市は周囲の平野だけから食品を得ているというモデルを作ったのです。

単位当たりの市場価格－単位当たりの生産費＝単位当たりの収益
単位当たりの収益×作物の生産量＝作物全体の収益

生産者はこれを都市に運ばなければ売れません。つまり、都市から遠いほど、輸送費が高くなるわけです。輸送費に距離をかけ、それに運ぶ量（＝生産量）を掛ければ輸送費が算出できます。全体の収益から輸送費を引けば、農場の利益が出ることになります。

利益＝生産量×（市場価格－生産量）－（生産量×輸送費×距離）

この式では、（市場価格－生産量）の部分がプラスになることが前提で、この部分がマイナスでは儲かりません。そこから輸送費を引くので、距離が大きくなるほど、せっかくのプラスが減っていくという構図です。

作物ごとに、距離と利益の関係が変わっていきます。ある距離では牛乳のほうが利益が大きいのに対し、ある距離以上ではじゃがいものほうが利益が大きくなる、という関係が成立します。もっと距離が広がると、小麦がいちばん良いかもしれません。

こうした合理的な考え方から、都市の周りには同心円状に利益を最大化する作物が選ばれる地域が作られることになります。

▼図　チューネンの『孤立国』

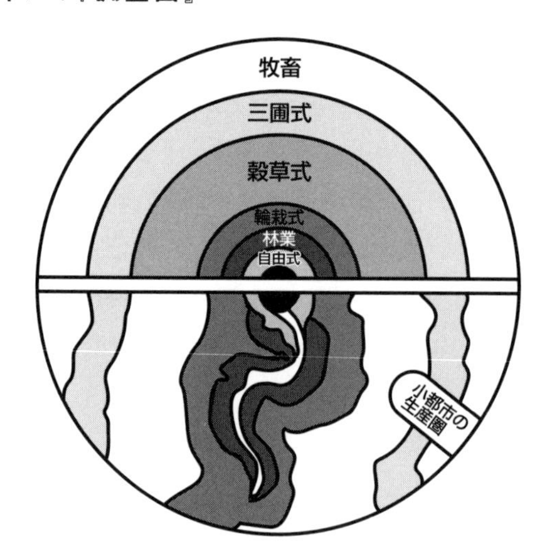

※松原 宏『立地論入門』（古今書院）より作成

これはつまり、市場との距離に応じてビジネスの効率が変わることが示されています。チューネンが扱ったのは農業なので、市場のほうが動かず、立地から商品のほうが近づくという形になっています。

商店やウェブでは、店のほうが動かず、お客様のほうが近づくことになるかもしれません。しかし、商店は店を作る際に立地をしっかり選ぶことによって、お客様との距離をつめています。ウェブもまた、待っていてお客様が近づいてくることを期待するのではなく、こちらから動いて効率良くお客様と出会うことを考えなければなりません。

チューネンの時代には市場は、広大な農地に囲まれた都市と考えることができました。これなら、同心円の立地からお客様は同じ距離にいると考えることができます。しかし今は、どのお客様がどの距離にいるかを計測する必要があると言えるでしょう。

三角形で最適化するウェーバーの工業立地論

ドイツの社会学者で地理学者でもあったアルフレッド・ウェーバーは、有名な社会学者のマックス・ウェーバーの弟で、生まれはチューネンから100年近くあとの1868年となっています。『諸工業の立地について』(『工業立地論』)を著したのは20世紀に入って、1909年のことでした。

ウェーバーは立地について、原料を複数の場所から工場に運び、製品を作って消費地に運ぶ、という仕組みから「立地三角形」を想定しました。

▼図　ウェーバーの立地三角形

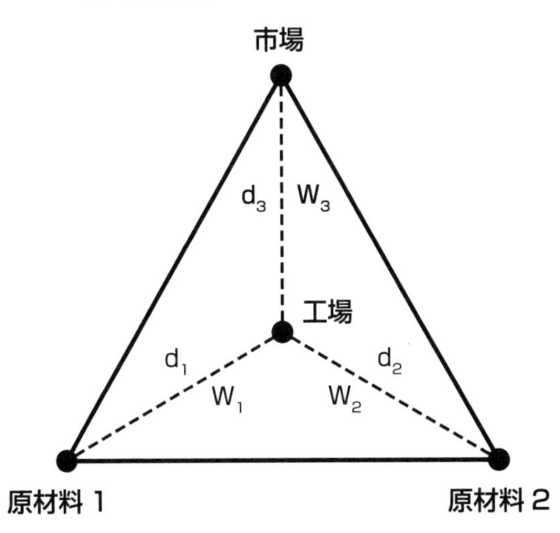

※松原 宏『立地論入門』(古今書院)より作成

複数の場所から原料を運ぶには、やはり運送費がかかりますから、どちらか「重いほう」の原料の近くに工場を構えるのが得策です。日本でも、重い鉄鉱石を用いる製鉄所は船便を迎えやすい海岸線に作られます。

しかし、あまり原料に近づくと、今度は作った製品を消費地に運ぶのに運送費がかさみます。そこで、原料2点と消費地1点をそれぞれ頂点とした三角形の中で、運送費のバランスが取れる場所に、工場の最終的な立地が選ばれると考えたのです。工場の位置をずらすと、運送費がより多くかかることになります。

もっとも、安い労働力を得やすいといった条件があれば、多少運送費が上がってもそのほうが有利ということもウェーバーは考えています。そうなると、工場の有利な立地は一定の幅の中にあることになります（臨界等費用線と言います）。

■ウェーバーが考えた「集積」の利益

興味深いのは、ウェーバーはこの一定の幅が複数の企業で重なり合うと、その中でいちばん有利な場所にすべての企業が集まってくる可能性があり、それが「集積」を生み出すと考えたことです。

集積することで、労働力が安いという以上のメリットが生まれます。複数の企業が同じ原料を大量に使うのであれば、一緒に運んで分ければよいのですから、原料の運送費が下がり、生産コストを大きく引き下げます。規模の効果というものですね。このおかげでさらに集積が進み、さらに規模の効果が生まれることになります。

これはあとで見る「ポーターの競争優位性」の考え方と比べると、より経費節減に重きを置いた立地動機です。あくまで工業としての考え方なので、集積することで「名産品」「ブランド品」化して別の街に対する競争優位性を作ることはあまり強調されてはいないようです。

■ウェブにおける「集積」の功罪

ウェーバーの集積の考え方はウェブにも注目すべきものです。ECサイトでは楽天などのショップポータルが力を持ち、全店共通のポイントなどで顧客利便性が高まり、その結果顧客がさらに集まり、店舗の集積がさらに進むという循環が生まれます。

こうしたショップポータルの顧客利便性については種々議論のあるところですが、いちばん問題となるのは「過集積」でしょう。いくらポータルが多数のお客様を集めるといっても分散してしまい、1つひとつの店舗が獲得できる数は少なくなります。逆に一部の人気店に集中してしまうこともあるでしょう。有名な「二八の法則」を思い出せば、大きなショップポータルの8割の出店者はたいして儲からないことになります。

リアルのショッピングモールなら、たくさんのファッション店が軒を並べても、顧客が見て回るので一部の店しか目に入らないということはありません。しかし、ECのモールやショップポータルでは、一部の人気店や、広告費を使っている店しか目に入らないということが普通に起こります。それでは儲かっていないお店は脱退の方向になるでしょう。

過集積 → 脱退 → 残った店が有利 → また集積

といったループが想定できそうです。

ショップポータルは大きな集客力を持っていて、立地要因の中のTG（トラフィックジェネレーター、交通発生源）として働きます。

ポータルが集客 → 各店舗に動線ができる

これはお店にとっては、独自に集客するよりも良い動線です。ただ、ポータルサイトは各店に対して顧客情報を開示しませんから、店舗側が独自に自店のリピーターを育てることができません。顧客側も、前に気に入った店があっても、次にポータルに行った際に「あれ、あの店が見当たらない」と探し回らなければならないこともあります。

店舗は同じ顧客を複数回来店させるには、常にポータルに広告を出し続けなければなりません。それがポータルのビジネスですから仕方がありません。その結果、広告を出す店は広告費の分、利益が圧縮され、広告を出さない店は利益が少ないという状態にならざるを得ません。各店にはリピーターがおらず、ポータルの膨大な集客力を背景に、常に一見の客ばかりという不自然な状態となります。

その結果、多くの店は必然的にポータル以外の場所に独自店舗を開くようになります。そこで顧客情報を得て、リピーターを作りファン化することを目指すのです。つまり、

ポータルが集客 → ポータル内の店に集客 →
既存客をポータル外の店に誘導

という流れが生まれます。

■B2B企業にとっての「集積」の功罪

これはECショップの話ですが、B2B企業にとっても集積のメリットとデメリットを検討することは可能です。独自にサイトを作って集客し、会員化して囲い込めば競合に奪われるリスクは低くなります。

しかし、顧客側は必ず複数社の見積りを比較して購買しなければならないので、完全に囲い込まれるわけにはいきません。すると、複数社のサイトを順に訪れて見積りを取ることになります。これは手間がかかります。

そこで、ウェブにも「見本市」「展示会」「産業単位のポータル」が生まれます。同業他社が集積すれば、顧客は見て歩くのが楽になります。全体としての集客力は、1企業が単独で集客するよりはるかに高いでしょう。業種ごとに「一括見積サイト」といった集積ポータルが成立します。

一括見積サイトの問題は「見積りを取るほどニーズが顕在化した顧客」しかいないことです。企業を見ずに、見積りが取れればよいのです。見積り比較とは「いちばん安いものを選びたい」というニーズであって、企業側の「魅力を発信することで多少高くても選ばれる」ことによって分厚い利益を得るというニーズとは相反します。

こうした問題を避けるためには、企業は

・単純な値段比較を避ける
・お客様が多く集められる

ということの両立を目指すことになります。リアルの展示会では来場者は「まだ見積りを取るほど顕在化したニーズを持っていない」状態で企業や製品に触れます。情報収集の場です。「こんな製品があるとは知らなかった」「これを使えば自社に役立つのではないか」という出会いの場となります。

B2B企業を中心に、こうした場が今後はもっと必要となるでしょう。企業自身が同じ顧客を求めている異業種と組んで、小さなポータルサイトを作る試みはすぐにできそうです。たとえば、食材、リネン、予約システムといった会社が集まって、「ホテルマンのための効率向上講座」といったサイトを共同運営するといった形が考えられます。顧客側には必要な情報がワンストップで見つかるというメリットがあり、企業側は個別に集客するより適切な対象者をより多く集めやすい仕組みだと言えます。

企業がウェブに集客するというのは、こうした動きを含むものです。単純にSEOだ、広告だ、という個別的なパラダイムで考えていては限界があります。ウェブで大切なのは、「お客様が通っている場所に立地すること」です。

■自治体や公共団体による「集積」の活用

企業自身が作るミニポータルだけではなく、これからは自治体や産業組合、商工会議所単位で共同集客を行うという解決策も求められます。組合などは情報交換の場といった性質がありますが、時代とともに組織率が下がり、より魅力的な会員サービスが求められるところです。会員社のウェブを全部成功させる、といったポリシーを打ち出すような組合サイトを作り、そこで集客を行って各会員社のサイトに配るという考え方が求められます。

地方公共団体のサイトもそうした役割が必要になってくるでしょう。まだ地元企業向けの支援策を紹介するサイトが多いですが、集客して地元企業に配るような取り組みがもっと広がるはずです。先駆的な取組としては、福井県鯖江市の眼鏡産業などで見られます。

▼図　めがねのまちさばえの取り組み（鯖江市のウェブサイト）

※https://www.city.sabae.fukui.jp/

　ウェブはアクセスのデータによって顧客の動向や要望を知り、求められる情報を発信できるようにする仕組みです。同業者が集積したところへ見込み客からのアクセスがある、という構造があれば、見込み客がどんなことに興味を持ったのか、各企業にフィードバックできます。そうすれば各企業がそれを活かしてより多くの顧客と出会えるようウェブ発信情報を調整できるでしょう。今後は業界団体などがポータルを形成して、全体でアクセスデータをとり顧客の動向を各企業にフィードバックする仕組みが生まれてくるでしょう。

中心地を商圏が取り巻くクリスタラーの中心地理論

　チューネンの農業、ウェーバーの工業と見てきましたが、20世紀に入り、立地論にも商業の考え方が必要になってきました。そこへ登場したのがドイツの地理学者、クリスタラーです。1933年に『南ドイツの中心地』

を著し、中心地理論という考え方を打ち出しました。この年の1月にはヒトラーが首相になったタイミング。クリスタラーの論文はナチスの占領政策に役立てられることになりました。

クリスタラーはもともとドイツの地図を見て、「どうして同じような規模の街が規則的に分布しているのだろう」と不思議に思っていたそうです。確かに南ドイツにはシュトゥットガルト、フランクフルト、ニュルンベルク、ミュンヘンが平行四辺形のようにあり、その頂点の間をつないで、ハイデルベルクやウルム、インゴルシュタットといった少し小さな都市が配置されています。もともと計画的に作られたようにさえ感じられます。

クリスタラーは商品販売やサービスが集積した都心（中心地）に対して、それを取り巻く地域が利益をもたらすというモデルを考えました。同じくらいの後背商圏が同じくらいの中心地を支えるとすれば、等間隔に都市が配置されていくという考え方は納得できます。彼が見た南ドイツの地域にぴったりのイメージだったのかもしれません。

▼図　クリスタラーの中心地

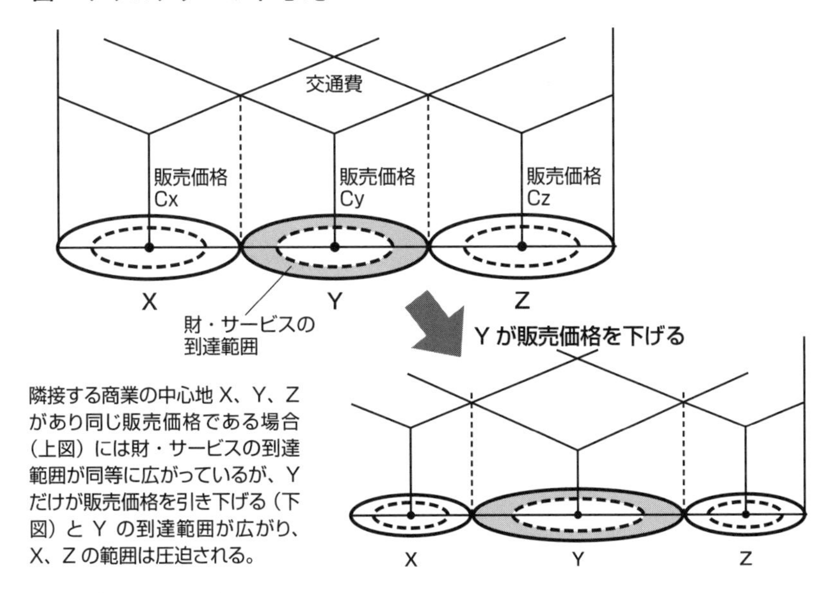
交通費
販売価格
Cx
販売価格
Cy
販売価格
Cz
X
Y
Z
財・サービスの
到達範囲
Y が販売価格を下げる
隣接する商業の中心地 X、Y、Z があり同じ販売価格である場合（上図）には財・サービスの到達範囲が同等に広がっているが、Y だけが販売価格を引き下げる（下図）と Y の到達範囲が広がり、X、Z の範囲は圧迫される。
X
Y
Z

※松原 宏『立地論入門』（古今書院）より作成

中心地Yに住む人は、交通費が高くなるので別の中心地X、Zにはいきません。つまり、この円の商圏は中心地Yが独占するわけです。ところがこの商圏の顧客は十分多くなく「とんとん」という商売になるとしましょう。それならば、円の外側からも顧客を集めなければなりません。全部の中心地の商品価格が同じなら、それぞれの商圏の人が最寄りの中心地で買い物するだけですから、何の動きも起こりません。

ところが、中心地Yの店が値引きをしたらどうでしょう。交通費が少し多くなっても得をする範囲が広がりますから、より遠くから人を集められるようになります。中心地Yだけが利益を拡大することができるかもしれません。

クリスタラーの考え方は商業の集積を紐解きながら、競合関係に光を当てます。交通費という形で、顧客との「距離」が抵抗として働く様子が示されていました。チューネン、ウェーバーでは企業側の運送費として反映された「距離」が、クリスタラーでは交通費という形でお客様が動く「距離」に替わっていますが、費用としての距離を測ってきたことには変わりがありません。

ウェブでもクリスタラーの競合状況があると考えるべきです。この図のように強豪との間で商圏を奪い合う関係を想定し、顧客との距離を解決することが必要です。その解決策としてポータルサイトからの動線や検索対策、広告、メールニュースなどが使われてきました。最近ではSNSを使ってお客様との出会いや頻繁な接触機会を作ることも多いですが、それも距離を越えるための手法の1つと考えることができます。

立地から競争優位を導くポーター

日本には「企業立地促進法」という法律があり、経済産業省のサイトにあがっている説明を読むと、この法律自体が集積に着目していることがわかります。

企業立地

一般に一定の地域に相互に関連性が深い企業が存在する産業集積内に立地すると、産業集積の外に立地する場合に比べ、効率的な分業が図られる、情報の収集が容易になる、などといった好影響を受け、技術力向上、生産性向上などのイノベーションが促進されるということが認識されています。

「企業立地の促進等による地域における産業集積の形成及び活性化に関する法律（企業立地促進法）」は、以上に述べたような産業集積が地域経済の活性化に果たす役割の重要性を踏まえて、「産業集積の形成及び活性化のために地方公共団体が行う主体的かつ計画的な取組を効果的に支援するための措置を講ずる」ことで地域の自律的な発展、ひいては国民経済の健全な発展に資することを目的としています。

※https://www.meti.go.jp/policy/chiikisinpou/

ここでは産業の集積は競争ではなく、協業、または分業と捉えられています。立地はおもに工業の立地であり、全国により効率的に工業団地を配置し地域経済を活性化するものとしています。チューネンやウェーバーが考えてきた消費地との距離や、クリスタラーのような証券との距離が抵抗として働くという考え方は重視されていません。日本は長く、「全国1日交通圏」に取り組んできましたから、消費地との距離ということは無視できるほどに小さいとも考えているのかもしれません。ただ、本当に距離を無視できるほどの利便性が確保され、企業はどの地方にでも自由に立地を選べるようになったのかと言えば少し心配になります。

産業集積を具体例を持って研究し、立地論に競争優位という考え方を持ち込んだのが、マイケル・ポーターです。ポーターは1992年に「ダイヤモンド・モデル」を提示しました。2018年の『競争戦略論II』（竹内弘高 監訳、DIAMONDハーバード・ビジネスレビュー編集部 訳／ダイヤモンド社／2018年）では次のように書いています。

▼図　ダイヤモンド・モデル

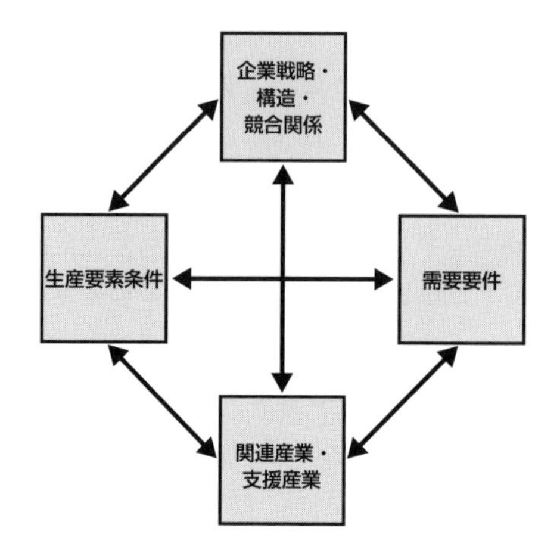

※マイケル E. ポーター『競争戦略論II』（ダイヤモンド社）より作成

ある国を本拠として活動するある企業が、常にイノベーションを誘発する能力を持っているとしたら、それはなぜだろうか。どうして彼らは、より高度な競争優位の源泉を求めて、たゆまず改善を続けるのか。なぜ彼らは、成功に伴って生じがちな、変革を阻む壁を克服できるのだろうか。

答えはその国の属性にある。

※マイケル E. ポーター『競争戦略論II』（ダイヤモンド社）より引用

この属性がダイヤモンド・モデルの4つの頂点となる、

①生産要素条件
②需要条件
③関連産業・支援産業
④企業戦略・構造・競合関係

だということになります。その中でポーターは③に含まれる関連産業の集積「クラスター」に着目し、

クラスターの存在は、競争優位のかなりの部分は企業の内部にではなく、それどころか業界の内部にでさえなく、その事業の「立地」に由来していることを示唆している

※マイケル E. ポーター『競争戦略論II』(ダイヤモンド社)より引用

と分析しています。

■場所が持つ3つのチカラ

『立地ウォーズ』(川端基夫 著/新評論/ 2008年)はこうしたポーターの考え方を採り入れたうえで、立地を次の3つの「チカラ」として説明しています。

(1) 費用節減のチカラ　その場所に立地する企業に対して、生産費用や流通費用の削減をもたらすチカラである。

(2) 収入増大のチカラ　その場所に立地する企業に対して、収入増大をもたらすチカラである。

(3) 付加価値増大のチカラ　その場所に立地する企業に対して、イノベーション力、リスク回避力、ブランド性などを与えるチカラである。

※川端基夫『立地ウォーズ』(新評論)より引用

▼図　場所が有する3つのチカラの関係

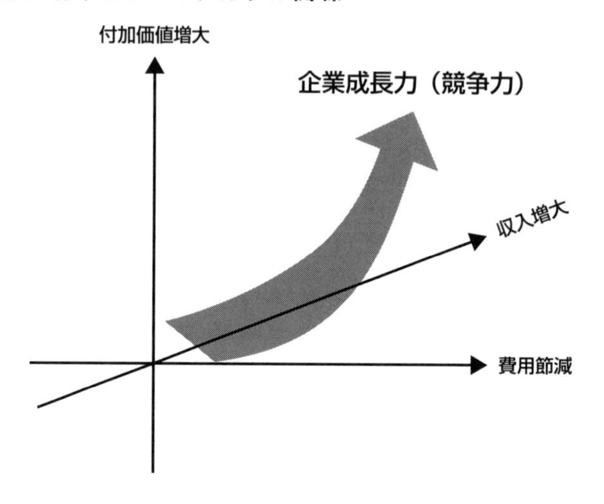

※川端基夫『立地ウォーズ』（新評論）より作成

これら3つの力は図のように関連しており、そのバランスが企業の成長力を押し上げます。

それゆえ、場所を選ぶにあたっては、この3つのチカラのバランスを考えて、どのようなバランスが自社に成長をもたらすのかが検討されなければならない。それこそが「立地戦略」なのである。その意味では、「立地戦略」は企業の「成長戦略」のなかに位置づけられることになる。

※川端基夫『立地ウォーズ』（新評論）より引用

ウェブでは⑴費用節減に最も力点が置かれてきました。すべての対象者とのコミュニケーション費用を引き下げることが容易だからです。

▼表　ウェブにおける「費用節減のチカラ」

見込み客	営業拠点を全国に持たなくても全国から見込み客を呼び寄せることができ、登録者に対しては電子メールなどを使って情報を伝達することができる。
既存顧客	電子メールやPDFなどのより詳しい情報媒体を使って情報を伝達することができる。
就職希望者	全国の大学・高校に連絡することができる。その在学生を呼び寄せ、募集要項を伝え、応募を得ることができる。全国の転職希望者を呼び寄せ、募集要項を伝え、応募を得ることができる。質疑応答や書類選考も電子的に行うことができる。
従業員	指示を与え、報告を得ることをネット上で行うことができる。教育をe-learningで行うことができる。情報を伝え、福利厚生などの制度利用を高めることができる。社員の能力や人事評価などを電子的に一覧し、最適な人材活用を検討することができる。コロナ禍ではリモートワークが盛んになり、都心のオフィスを解約するといった劇的な費用節減効果も生まれた。
投資家	全国の投資家候補を呼び寄せ、登録者には個別のコミュニケーションを行うことができる。
既存株主	情報や特典をネット上で与えることができ、長期的な株の保有につなげることができる。

それに続いてようやく(2)の収益増大にウェブが使える、ということが現実のものとして企業が考え始めています。

▼表　ウェブにおける「収益増大のチカラ」

見込み客	営業、販売の活動をネット上で行うことができ、登録者に対しては個別にオファーを送ることができる。決済もECサイト上で販売することができる。ECサイトというとB2Cだけのように思われがちだが、昨今はかなりB2Bの分野でもECによる取引が拡大してきた。
既存顧客	ネット上で個別にオファーを送ることができ、決済も行うことができる。印刷機とインクのように機械を納入してその消耗品を継続販売するビジネスモデルでは、機械が消耗品の減少をアラートし、そのまま購入につなげることも可能。

(3) の付加価値増大については、ウェブ立地によってどのように高められるのか。それはこれから考えていかなければならないことです。付加価値増大についてブランドイメージの強化向上の面から考えると、各対象者向けに次のような面を見出すことができます。

▼表　ウェブにおける「付加価値増大のチカラ」

見込み客	企業像や製品イメージを伝え、記憶に残るようにし、この会社や製品を選ぶべきだと考えさせることができる。
既存顧客	一人一人の既存顧客に対して情報やサービスを提供することで、別のブランドへの移行を防ぐことができる。
就職希望者	魅力を伝えてこの会社を選ぶべきと考えさせることができる。
従業員	情報やサービスを提供することで、能力向上・スキルアップを促し、離職を防ぐことができる。
協力会社等	ミーティングや作業をネット上で行うことで、この会社は仕事がしやすいと感じさせ、より良く長続きする取引関係を築くことができる。
投資家、既存株主	企業像や製品情報を伝えることでこの会社に投資すべきだと感じさせることができる。
地域社会	地域に貢献する姿を見せることで支持を得ることができる。参加性を持った活動をネット上から行うことで、支持を強化することができる。
市民社会	企業活動の良さを伝えることで支持を得ることができる。
業界	業界に貢献する姿を見せることで、業界内でポジションを得ることができる。

こうした側面は企業ウェブではまだまだこれからの取り組みということになるかもしれません。

特に、B2B企業にとっては既存顧客へのアプローチの重要度が高いと考えられますが、「ウェブとは新規訪問者を集めてお問い合わせを得るためのもの」という位置づけで作られることが多かったため、既存顧客向けには十分なコンテンツやサービスが準備されていません。

これは、制作会社がそのようにウェブを作る傾向が強いのが一因ですが、企業自身がどんな対象者に対してアプローチするのかを定義することが先に立たなければなりません。それなしで「お問い合わせが増えるホームページにしましょう」と言ってみても、本当の企業利益につながるウェブになるかは疑問です。

書店でウェブマーケティングの本棚に行くと、対象者を定めることを度外視して「とにかくたくさん集客しましょう」といった本が見受けられます。しかし、対象者（マーケット）を決めないマーケティングというものは存在しません。そうした本は集客の専門家が書いているので、「さあ集客しましょう」から始まるのは仕方がありません。集客を考える前に「だれを」対象とするのか、企業の全体的な戦略に沿った形で考えましょう。

距離で集客シェアを計算するハフモデル

アメリカの経済学者、デビッド・ハフが1963年に提唱した「ハフモデル」は、日本の商業にも取り入れられています。商圏にいる顧客は、店舗の魅力度に応じて複数の競合店から店を選んで来店しますが、住居地から遠い店には行きたがりません。ハフが考えた「店舗の魅力」とはもっぱら「店舗の売り場面積」でした。アメリカで大きくなっていた自動車社会を背景にして、広大な駐車場を持つ巨大な商業施設が広範な商圏からの来客を取り合った時代を感じさせます。

ハフモデルの特徴は、複数の住宅地に住む人口が、魅力度と距離の関係でどのように複数の商業施設でシェアを分け合うかを確からしく計算できるという点にあります。これまでの立地論でも、市場や労働者など、対象者との距離が重要となってきましたが、ハフモデルでは距離が計算の分母になり、完全に「抵抗」として働くことが示されています。

▼図　ハフモデル

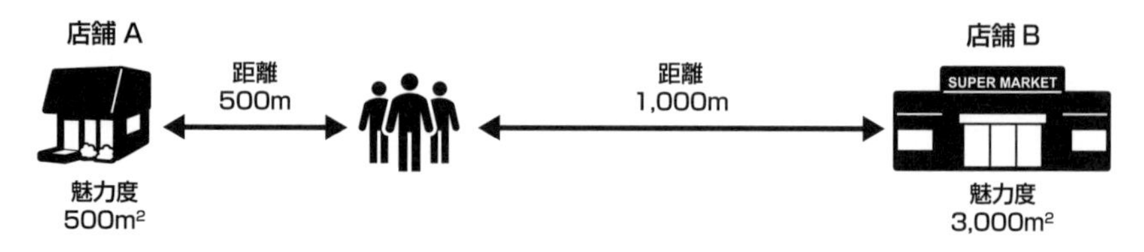

店舗 A のシェアの計算式

$$\frac{(\text{店舗 A の魅力度}(m^2) \div \text{店舗 A の距離}(m))}{(\text{店舗 A の魅力度} \div \text{店舗 A の距離}) + (\text{店舗 B の魅力度} \div \text{店舗 B の距離})} \times 100\ (\%)$$

ハフは、商業施設を訪れる人数は店舗の売り場面積に比例し、住居地から商業施設までの距離に反比例すると考えました。そこで図のように、中央に住宅地がありその両側に2つの店舗があるとして、中央の住民の何割ずつがそれぞれの店舗を選ぶか、というモデルが考えられます。

この図では、住民が10,000人住んでいる街Xを挟んで、500メートルの距離に売り場面積500㎡の店舗Aと、1,000メートルの距離に売り場面積3,000㎡と大きな店舗Bがあるという状況です。計算は次のようになります。

・店舗Aの吸引率（シェア）

$$\frac{500 \div 500}{(500 \div 500) + (3000 \div 1000)} \times 100 = 25\%$$

・店舗Bの吸引率（シェア）

$$\frac{3000 \div 1000}{(500 \div 500) + (3000 \div 1000)} \times 100 = 75\%$$

この計算から、店舗Aには街Xの住民10,000人のうち25％の2,500人が、店舗Bには7,500人が行くと割り出せます。

■修正ハフモデル

日本でも通産省（現経済産業省）が1973年に大店法（大規模小売店舗におけ

る小売業の事業活動の調整に関する法律）を制定しました。これは当時大型のスーパーマーケットが出店を加速させ、それにより地元商店街などの地域経済が脅かされたことに対して作られた法律でした。スーパーによって地元商店の顧客が全部取られてしまうというわけです。

そのため、審査基準として修正ハフモデルが導入され、店舗面積を調整することで地元商店を守るための売り場面積の規制が行われたのです。

修正ハフモデルでは、距離の抵抗が日本ではもっと大きいとして、距離を2乗することになっています。アメリカでは自動車で大きな買い物をしますが、日本では当時徒歩が多く、大きな買い物をするのは大変です。「近所で済ませたい」という気持ちは今よりもずっと大きかったかもしれません。

先ほどの例で距離を2乗すると、次のように変わります。

・店舗Aの吸引率（シェア）

$$\frac{500 \div 500^2}{(500 \div 500^2) + (3000 \div 1000^2)} \times 100 = 14.3\%$$

・店舗Bの吸引率（シェア）

$$\frac{3000 \div 1000^2}{(500 \div 500^2) + (3000 \div 1000^2)} \times 100 = 85.7\%$$

距離を2乗することで、先ほどの計算よりも大型店舗Bがとるシェアがかなり大きくなることがわかります。

距離をなぜ「2乗」するのかというと、あまり科学的な意味はない、と言われますが、大店法で地元の小規模店舗を保護するという趣旨には沿った考え方ということになるのでしょう。

大店法はアメリカのトイザらスの進出によって「既存の小売店が影響を受ける」という保護姿勢が国際的な批判を受けることになります。2000年に売り場面積を規制する考え方をなくした新しい「大規模小売店舗立地法」となり、いわゆる大店法は姿を消しました。「都市計画法」「中心市街地活性化法」とともに「まちづくり3法」と呼ばれています。

■ハフモデルの実用

ハフモデルのありがたいところは、対等な競合関係だけではなく、新しい大型店が出現した場合の影響がどれくらいあるか事前に算定できる点にあります。実際にもう少し複雑なモデルで修正ハフモデルによる計算を見てみましょう。

▼図　修正ハフモデルによる計算　店Nの進出にあたって

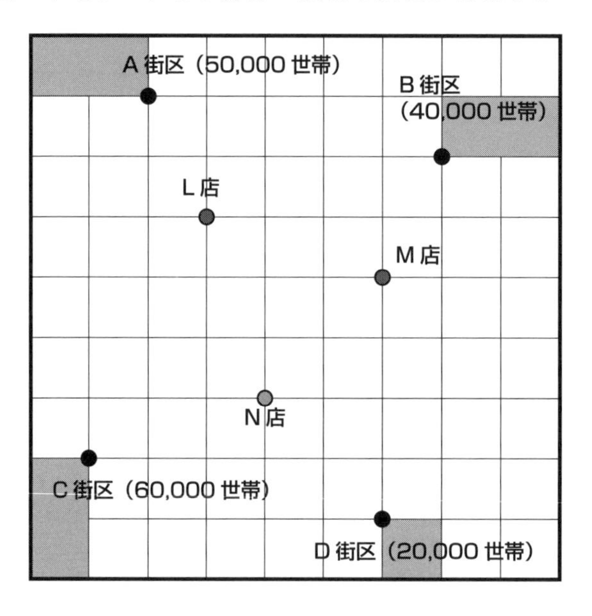

ここでは距離を2乗にした修正ハフモデルで計算します。A、B、C、Dの4つの街区があり、それぞれ5万世帯、4万世帯、6万世帯、2万世帯が住んでいます。その間にLとMという2つの店舗があります。それぞれの床面積は5千㎡と3千㎡です。

1目盛1kmの碁盤の目に沿って距離を測るとすれば、A街区からL店への距離は縦2、横1で3kmです。M店へは縦3、横4で7kmとなります。同様に各街区からの距離を測り、それを2乗して床面積と割り算をすれば、それぞれの街区からL店、M店への魅力度を算出できます。L店とM店の魅力度を合計し、そのシェアを計算すれば、A街区からL店へのシェアは90.1％、M店は9.9％となります。A街区は5万世帯でしたから、L店には45,037世帯、M店には4,963世帯が行くということになります。D街区からはM店が近く、2万世帯のうち70.6％の14,118世帯がM店を選ぶことになります。

これを全街区について計算すれば、

・L店　110,779世帯（65.2％）
・M店　 59,221世帯（34,8％）

となります。ほぼ2対1の割合で分け合っていたわけです。

ところが、ここに3つ目の店Nが10,000㎡の大きな床面積で出店することがわかりました。各街区からの距離の2乗を使って同様の計算を行えば、

・L店　56,721世帯（33.4％）
・M店　29,490世帯（17,3％）
・N店　83,789世帯（49.3％）

となります。全世帯の半分近くがN店にとられます。L店もN店もほぼ半分のシェアを失うという予測になりました。

■ハフモデルは有効か？

ハフモデルの意義は、このように現状の分析にも予測にも同じ計算で細かな数字が出せることです。しかも、店舗の床面積と居住地からの距離という要素だけなので、非常に簡単です。

ただ「店舗の魅力度」を床面積だけで考えているのが単純すぎると感じる人も多いでしょう。やはり立地はさまざまな因子に分解して多変量解析的に求めるほうが納得できるかもしれません。

修正ハフモデルについては「距離の2乗」が妥当なのか？ という点も気になります。これは商品の性質が関連します。

日本商工会議所の出している『販売士ハンドブック（発展編）』（日本商工会議所・全国商工会連合会 編／カリアック／2008年）によると、次のような商品の性質が考慮されます。

【最寄品】：購買頻度が高く、買い物費用をかけたくない商品である。
最も購買距離が短く、便利な場所で購入しようとする。

【買回品】：買い物に出かけるときは、どの商品を購入するかを決定しておらず、消費者が豊富な品揃えを見て歩いているうちに商品についての情報を獲得し、比較検討したうえで購入しようとする商品である。
買回品の場合、遠方まで買い物のコストをかけて行くことを厭わない。

【専門品】：消費者があるブランド、ある小売店の販売する商品に特別の、ほかの商品では代替できない愛顧を持っている商品である。そのため、それを購入しようとする消費者は、かなりの購買努力を払うことを厭わない商品である。

最寄品は専門品よりも距離の影響が大きくなります。スーパーより高いと思ってもコンビニエンスストアで買うのは最寄品だからです。

扱っている製品が、遠くまで買いに行くものか、近くで済ませるものかを加味して立地を考えることはウェブについても重要です。近くで済ませる製品やサービスであれば、ウェブで宣伝をしても、企業は近所の会社から購入してしまうかもしれません。それを乗り越える魅力度をどこに置くのかということを考える必要があります。

今、ある顧客がある企業サイトを見つけ、その製品を目にしたとします。専門品であれば、その顧客は「やっと見つけた」「このサイトで買えばまちがいない」と考えるかもしれません。

ウェブでは「何によって顧客と出会うか」だけではなく、「なぜそのサイトで製品を決めるべきだと顧客に思わせるか」という点が重要になります。「何によって顧客と出会うか」が集客のテーマです。手法としては検索や広告、SNSなどざまざまな方法があります。一方、「なぜそのサイトで製品を決めるべきだと顧客に思わせるか」は、訪れた人に対する説得の問題です。今のウェブでは集客には力を入れていますが、説得がうまくいっていません。

「何によって顧客と出会うか」と「なぜそのサイトで製品を決めるべきだと顧客に思わせるか」とをつなぎ合わせるのは、「その顧客はだれか」が定まっているかどうかだと言えます。

ウェブには「選ぶ理由」がなければなりません。ウェブを見てそれに気づくことができなければ、顧客はその会社や商品を選ぶことができません。自社のサイトを顧客の目で見て、選ぶ理由が表現されているかを評価するようにしましょう。

イメージしやすさを分解したリンチ「都市のイメージ」

なぜそのサイトを選ぶのか、距離を乗り越える魅力度を考えていくと、ケビン・リンチが70年に打ち出した『都市のイメージ』も見ておかなければなりません。いわゆる立地論ではありませんが、リンチは街の魅力に関わる要因を景観から整理しました。ウェブの魅力度を考えるうえで示唆の大きなものです。

リンチは被験者に記憶によって地図を描かせるなどの方法を用いて、多くの人が持つ街のイメージを浮かび上がらせました。街のイメージの中である要素は多くの人が共通して想起し、ある要素は多くの人が共通して忘れていました。

そうした中から、街のイメージは次の5つの要素から構成されると整理しました。

▼表　リンチの5つの要素

ランドマーク	タワーや大きな駅などの目印
パス	主要な道路など
ノード	道と道の交点や目的地になる地点
ディストリクト	広場などのゾーンを形成するもの
エッジ	川や高架鉄道・高速道路など街を区切る要素

この5つの要素が複合して作り出す街のイメージは、人の記憶に残り、街ごとのイメージしやすさ（イメージアビリティ、imagability）を形成します。イメージアビリティが高い街は記憶に残りやすく、愛着がわきやすいと考えられます。低い場合はイメージが定着しにくく、それは愛着や、移動しやすさに影響を与えます。

リンチはイメージアビリティについて、

これがあるためにその物体があらゆる観察者に強烈なイメージを呼びおこさせる可能性が高くなる、というものである。

:

ストラクチャーの明晰さとアイデンティティの鮮明さこそ、強力なシンボルを育てるための第一歩である。都市は目立った、しかもよくまとまった場所に見えることによってはじめて、これらの意味と連想を分類し、編制するための部隊となりうるのである。このような場所という感じそのものが、そこでおこなわれるすべての人間活動を活発にし、記憶にとどめられるものを増すのである。

※ケヴィン・リンチ『都市のイメージ』（岩波新書）より引用

と言っています。

ランドマークがあって、その周囲をさまざまな道と広場が取り巻き、いくつかのエリアを作り出している場所、その配置によって愛着を感じさせている場所として最も有名なものはおそらく「東京ディズニーランド」でしょう。

中央に不動のランドマークであるシンデレラ城がそびえます。その周囲に道があり、それぞれ特徴をもったアドベンチャーランド、ウェスタンランド、ファンタジーランド、そしてトゥモローランドへとつながっています。どのエリアにいても中央のシンデレラ城を見れば自分が今どこにいるかがわかり、シンデレラ城を通っていつでもほかの世界に移動することができます。

シンデレラ城を4つの「ランド」とワールドバザールが取り巻いているというシンプルな構造だった時代には、東京ディズニーランドは非常にイメージアビリティの高い場所でしたが、クリッターカントリーやトゥーンタウンなど、「ランド」と分類できない場所が増えていくことによって、ややイメージアビリティは下がってきているのではないかと思われます。

こうした配置の鉄則は一般の店舗の世界にも存在します。たとえばスーパーマーケットはその典型と言えるものでしょう。

▼図　スーパーマーケットの鉄則的配置

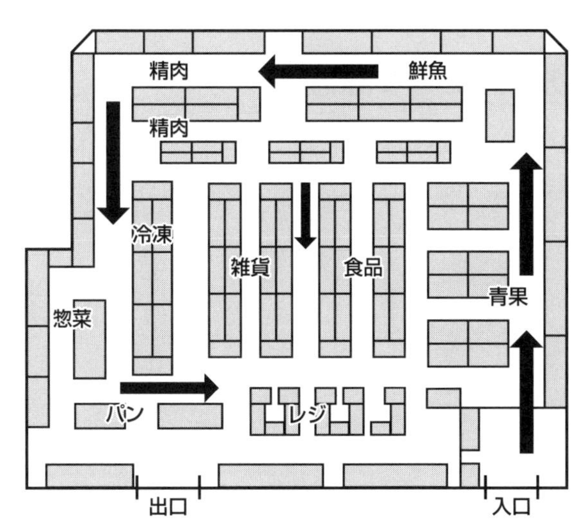

スーパーマーケットでは、入口を入ると必ず果物と野菜の売り場が顧客を出迎えます。これは新鮮でカラフルな、季節性の高い商品を入口に配置することで、店全体の勢いを増し、顧客の購入意欲を高めるものだと言われています。

そこから周囲の壁際を通る主導線に沿って、鮮魚、肉、乳製品、総菜、パンなどが順に配置され、1周すれば毎週購入する商品をもれなく見ることができるようになっています。

店舗中央の棚では調味料や菓子類など、毎回買うとは限らないものがあり、ここでは背の高い収納力の高い棚を使うので多くの品ぞろえを示すことができます。季節感のある商品や特集商品は棚の両端に置かれて、より目につきやすく演出されています。また、酒類やお米は重いのでレジに近いところに配置されます。

多くのスーパーマーケットで同様の配置が行われているおかげで、初めて入ったスーパーでもストレスなく買い物をすることができます。これは一種のパブリックイメージと呼べるものかもしれません。これに沿っていることが買い物のしやすさやイメージしやすさを形作っているとすれば、ウェブではどのようにすればよいでしょうか。

ウェブの鉄則的配置と魅力度

ウェブサイトでは、ページの上部にロゴマークとグローバルナビゲーションがあることがパブリックイメージを形作っていると言えそうです。

▼図　ウェブの鉄則的配置

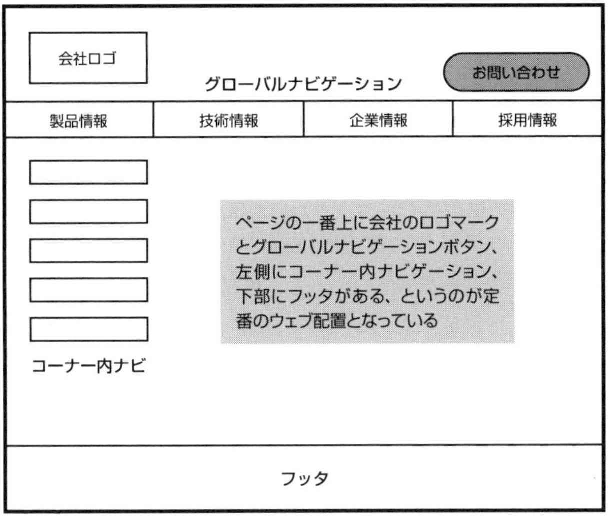

会社ロゴ
グローバルナビゲーション
お問い合わせ
製品情報　技術情報　企業情報　採用情報
ページの一番上に会社のロゴマークとグローバルナビゲーションボタン、左側にコーナー内ナビゲーション、下部にフッタがある、というのが定番のウェブ配置となっている
コーナー内ナビ
フッタ

「企業情報」や「採用情報」というボタンを押せばどんな内容が出てくるか、私たちはあらかじめイメージできます。だから、サイト内を移動するのにストレスが少なく、求める情報を探し出しやすいと言えます。

そう考えると、ECサイトなどではもっとパブリックイメージに沿った内容や機能の配置が行われてもよいのかもしれません。共通しているのはおそらく、右上にカートボタンが配置されていることですが、「会員登録」や「会社概要」がどこにあるかはサイトごとに独特で、お客様はそれを画面内で探し回らなければいけません。

注意が必要なのは、パブリックイメージはイメージのしやすさを生み出すが、魅力的とは限らないということです。そのサイトならではの個性が伝わり、イメージでき、記憶に残り、愛着を感じられるようにしなければ十分ではありません。

・パブリックイメージに沿ったナビゲーション：閲覧のストレスを引き下げる

・個性と魅力を伝える要素：記憶に残り愛着を感じさせ、もっと閲覧したいと感じさせる

この2つの要素がウェブに同居して初めて必要十分となります。

お客様の動線を把握する

リアル店舗では、お客様の動きの速度にも目を配っています。スーパーマーケットの顧客は慣れた様子でカートを押して多くの棚を素通りしますが、レジの列に並ぶと足が止まり、待つ間は手持ち無沙汰です。この時間はスーパーで最もよく目を働かせる場所で、必ずチューインガムや乾電池、テレビ番組表雑誌など、「ついでにちょっと買ってしまう」商品が待ち構えています。あと1品買わせるための工夫です。

スーパーの会員カードやポイント制についての告知もここで顧客に伝達され、レジを通ったあとでサービスカウンターに誘導する流れができています。店に入ってすぐは歩く速度が速いため、会員カードの案内をしてもなかなか目を留めることがありません。このメッセージはレジで出すのが最適ということになりそうです。

スーパーでうまくいっていない点があるとすれば、調理例やレシピを見せるカード類が展示される場所がレジの外側にあることが多い点です。支払いを終えてからそれを見て「こんな料理を作りたい」と思わせても手遅れです。

このように、「いつ、どの状態のお客様にどの情報を伝えるのか」ということをウェブでもよく吟味しなければなりません。

ウェブがリアル店舗と違って顧客動線を理解しづらいのは、店頭に立って実際の顧客の動きを観察することができないからです。お客様の動きを観察するのは店長さんの大切な仕事ですが、ウェブ担当者で訪問者の動線データを見ている人はあまりありません。

■ナビゲーション サマリーとサイト構成図による動線分析

Googleアナリティクスでは各ページのデータで「ナビゲーション サマリー」という文言をクリックすればページの前後の動線がわかるようになっています。しかし、「ナビゲーション サマリー」という言葉はあまりにも意味がわかりません。何度もクリックしないとたどり着かない画面なので、Googleアナリティクスによほど慣れていなければそれを見る人が少ないのは仕方ありません。

▼図　ナビゲーション サマリー

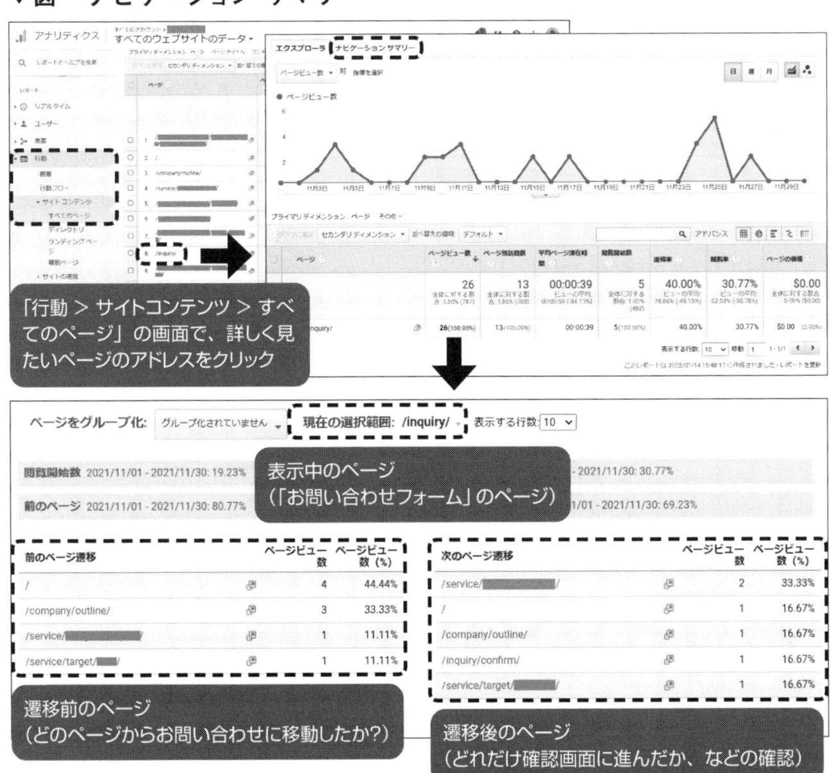

「ナビゲーション サマリー」の根本的な欠点は、ページ単位でその前後を見るしかないことです。サイト全体としてどの動線が太いのか、どこを

お客様がよく通っているのか、という全体的な見方ができません。リアル店舗なら、店頭に立てば、どの売り場に人が多いか、俯瞰できます。ナビゲーション サマリーではそれが見えないのです。

この点では扱いにくい部分もありますが、お客様の動きを把握しなければ、いつどのタイミングで重要な情報を伝えればよいか考えられないでしょう。その動きを知ることはウェブ担当者の大切な仕事です。それができないのでは、ウェブのどこにどの情報を配置すれば伝わるのかを決めることができません。つまりそれでは売れません。この現状は変える必要があります。

▼図　サイト構成図

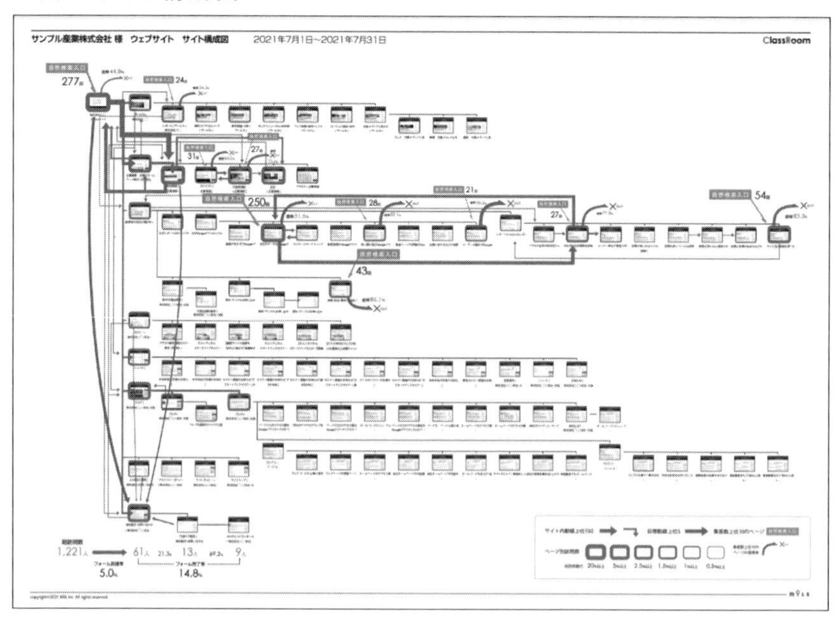

この図は私がいつもアクセス解析で使っている「サイト構成図」という図面です。ほぼすべてのページがキャプチャとタイトルで表記され、ウェブのサイト構成が再現されています。その上に、よく見られたページに赤い枠がつき、ページとページの間の動線が赤い矢印で表示されています。外部の動線も、検索で入口になったページとそこですぐに帰ってしまった

人の割合も表示されています。

こうした図を使えば、サイトの構造の中でどこに主要な動線ができているかが俯瞰できます。ウェブでは、トップページ以外のページが入口になるため、サイト運営側がまったく自覚しないところに太い動線ができていることが少なくありません。

店の玄関に立ってお客様を見ようと思っていたら、裏口から入ってくる人が多くて、変な売り場が混んでいた、ということが起こるのです。それを把握できれば、お客様が本当に見たいと思っている情報を把握することができるでしょう。

残念ながらウェブは会社側が考えているような動線を、お客様が通ってくれません。ホームページの運営の本を見ると「メインの導線を作りましょう」と書かれていますが、こちらが意識する道にはだれも通っておらず、予期せぬ道を通ってお客様が動いていた、ということが多いのです。

無理に誘導しようとする前に、「お客様はこんな道を通っているのか」ということを実感すべきだと言えます。

ほかの「売り場」が見えることで魅力が増えていく

見事な内部動線を持っているお店にパン屋さんがあります。パンの焼ける良い匂いで人をひきつけるのですが、まずは店先のワゴンで人の足を止めます。子どもの目の高さには楽しい動物パンが並べられて、すっかり子どもたちの足は止まってしまいます。「しょうがない、動物パンを買ってあげよう」と思って店内に入ると、「そういえば食パンが切れそうになっていたからついでに買っておきましょう」と明日の朝食が気になります。すると、食パンやバゲットは必ずと言ってよいほど店のいちばん奥に並んでおり、トレイを持ってさまざまな菓子パンの間を通って（その誘惑にかられながら）奥へ進みます。

必要なものをトレイに入れたらレジに向かうのですが、これですっかりお店を1周させられることになります。レジにたどり着いてもまだ油断なりません。そこには「ついでにどうですか」とばかりにラスクが待ち構えているのです。

集客策を持ち、店舗回遊策を持ち、さらに単価向上策まで持っている。パン屋さんは実によくできています。

ウェブは、とにかくトップページから枝分かれするような樹形図状のつくりであるため、パン屋さんのような、一本道の配置ができません。枝分かれをすると、ほかの枝がまったく見えないサイトがほとんどです。1つの売り場に行ったらほかの売り場がまったく目に入らないのですから、店舗回遊も単価向上も望むべくもありません。ECサイトでさえ、そうなのです。トップページにはクーポンやセールが大きく書かれているのに、1つの売り場に行ってしまうとそれが見えなくなってしまう。とすると、初来店の人の購入率は当然低いものになるでしょう。

ある家電ECサイトでは、冷蔵庫を見に来た人が、本当に冷蔵庫しか見ずに店を離れていました。トップページではなく検索から直接冷蔵庫のページに訪問するので、ほかの売り場がまったく目に入らないのです。訪問者はひとまず冷蔵庫が見られたので納得して帰りますが、テレビもパソコンもほかの商品は何も見ていきません。そんな家電店があるでしょうか。リアル家電店なら、レジのそばには不思議なお掃除グッズや電池が並んでいて、単価を上げるようになっていますが、それもありません。ウェブは商売のヘタな店だと言わなければなりません。

「目的主義」とでも言うべき単純さです。買いたいものを目指して買いに行くだけの構造であって、売り場をぶらぶら歩いているうちに知らなかった商品に出会ってついほしくなるという仕組みがありません。

雑貨店はぶらぶらと売り場を歩く楽しみを作り出します。東急ハンズやロフトが典型的です。まったく知らなかった商品と出会い、「こんなものがあるのか！」と感じます。衣料品店ではマネキンが全身のコーディネートを示すことで、コートを見に来た人にそれと合わせるパンツやマフラーまで幅広く関心を持たせることができます。ユニクロなどに見られるモデル写真も同様の役割を果たしています。

そうした問題に対処するため、アマゾンでは「レコメンド」を徹底しています。「この商品を見た人はこちらも見ています」というのが別の売り場への誘導にもなっているわけです。

これはECサイトだけの問題ではありません。検索からあるページにやってきた人には、別のページに何が書かれているのかが見えません。「せっかく来たのだからほかも見ていこう」という感覚にならないのです。「検索してたまたまこのサイトに来たが、なかなか良い会社を見つけたな」と感じる要素がなければ、Googleが紹介したページだけ見て帰ってしまうのです。

ケビン・リンチが指摘した「イメージアビリティ」は、企業にとって、ブランドイメージを形作るのに重要です。お客様が「良い会社を見つけたな」「良い製品を持っているな」と感じてくれることはブランドロイヤルティに関わります。サイト内のランドマークやパスの組み合わせによって、「良い会社」という企業イメージを伝えることができます。

たとえば、ユニクロのサイトや、店舗、SNSを見れば、

・カラフルな新商品
・人気スポーツ選手の姿
・古着を回収する企業姿勢

などがうまくコラージュされて掲載されています。そこで醸し出されるイメージが、別の服屋さんとユニクロを区別するのに貢献しています。

2-3 ウェブにおける立地と商圏、競合のとらえ方

トップにかっこいい写真を掲載しても企業の発信にはならない2つの理由

企業は「自社がどのように見えるべきか」を考えてウェブを設計することが大切です。多くの制作会社がトップページにかっこいいイメージ写真を載せることで「デザインできました」と考えていますが、それはまちがいです。

「自然に優しい会社」なら森や海の写真、「人に優しい会社」なら子どもやお年寄りの写真。そんなありきたりでは、その会社ならではの姿勢を示すことはできませんし、ロゴマークを差し替えればほかの会社のサイトにも使えるでしょう。しかもトップに来る人は会社概要や採用情報など見たいページが決まっていることが多く、そのボタンを一生懸命探しているので、イメージ写真をゆっくり見る人は少なく、滞在時間が短いことが一般的です。

もう1つの理由は、トップを訪れる人が減っていることです。今やトップページを見るのは訪問者全体の20％にすぎません。ひどいサイトでは0.1％しかトップを見ないこともあります。トップページというものが必要だということは変わりませんが、訪問者行動における比重は昔とはまったく違います。

B2Bサイトの担当者に話を聞くと、「うちは業界ではそこそこ知られているので、7割くらいがトップから来るのではないか」と答える人が多いのですが、実際に調べてみると、3割程度です。4割あったら今どきとしては多いほうだと思ってよいでしょう。

トップページを見る人の割合が少ないというのは、悪いことではありません。盛んにサイトを更新し、多くの人が訪れ、活発に情報を見ていくサ

イトほど、トップページ閲覧率は下がるのです。

逆に、不活性なサイトほどトップ閲覧率が高まります。それは「お客様」を集める力が弱く、関係者ばかりが訪れているからです。もちろん関係者が訪れることもウェブの役割ですから、それ自体は問題ではありませんが、「お客様になりやすい人」が来なければお問い合わせは発生しないし、売上にはつながらないでしょう。

常連顧客は指名検索（会社名で検索すること）が多いのでトップページ閲覧率の高さに寄与することが多いのですが、常連顧客が必ずトップページから来るとは限りません。

たとえばある建築関連の専門商社では、部材を10万型番と非常に多く扱っているため、型番で商品検索できるコーナーを持っていました。非常に便利なので、多くのリピート訪問者がその検索画面から何度も訪れていました。常連顧客にとっては決まった商品を型番で検索して発注できればそれでよいので、トップページはおろかほかのページも一切見る必要がありません。

そのため、このサイトのトップページ閲覧率は非常に低い状態となっていました。目的をもって常連顧客が訪れ、とても便利だと認識してくれているのですから、このこと自体は非常に良いことです。ただ、トップページで大きく打ち出している新製品の情報が、常連顧客にまったく伝わらない状態となっているということには注意が必要です。

では、常連顧客をトップページに連れていくほうがよいのでしょうか。型番検索のページにトップページへのリンクを入れても、言うことを聞いてくれるとは思えません。それよりは、型番検索のページに新製品の情報を掲載するほうが早いでしょう。だれに、何を見せたいのか、ということを考えることが必要です。

■裏口から入ってくるお客様が多いなら対策は明らか

トップページはいわばお店の正面入口です。私たちは正面入口に立って、お客様が来たら「いらっしゃいませ」と歓迎しようと立っていますが、8割のお客様は実はどこかわからないような裏口から入って、こちらが声をかけることもできないままに店内を見て、すぐに出ていってしまっているのです。

検索から紹介されたページに行くと、おもしろい本文があって興味深く読むのですが、ページのいちばん下まで行くと「< もどる」というリンクしかないことがよくあります。検索から来て、このページを見ただけですから、まだこの会社がどんな会社で、どんなすばらしい商品を持っているのかまったく伝わっていない状態です。「もどる」を押したらどこに行くのかわかりません。少なくとも、自分が読みたくて検索したことに関連する内容はこれで終わりだということがわかりますから、そのページだけ見て帰ってしまうのです。

お店の作り方をまちがっていると言うほかありません。トップはお客様を歓迎するために作られていますが、ほかのページは歓迎したり、会社を良く見せるつくりになっていないことが多いです。

どの入口から来た人でも、会社の特長や見せたい情報に気づいてもらえるようにサイトを作る必要があります。トップ閲覧率が低く、裏口からやってくるお客様が多ければ多いほど、この対策が重要になります。

リアルの店舗で考えれば、正面入口から入店した顧客が持つ関心と、裏口から入店した人の関心は異なります。裏口から入った人はそのほうが自分が見たい売り場に近いと知っていて、直接その売り場に直行して帰ってしまいます。正面入り口に飾られている大きなセールの看板に気づかずに帰っているのだとしたら、とてももったいないことです。

ウェブのアクセスを考えるときは、裏口から来るお客様のことを常に意識してください。これまではトップページからサイトを考え始めていましたが、これからは「だれを、どのページに来させるのか」を考え、それぞれに最適な入口を設けて集客します。もともと、ニーズが異なるすべての訪問者を、たった1つのトップページに集めて、そこから案内をする、ということに限界があったのです。

これからのウェブはトップページからは作らないようになります。「だれに、何を見せるか」という基本構想に基づき、だれをどのページに集客するか、そこから見せたい情報に誘導するという作り方になります。ウェブは対象者の数だけある「裏口」の集まり、といった様相になります。

▼図　ウェブは各対象者専用の「裏口」の集合体

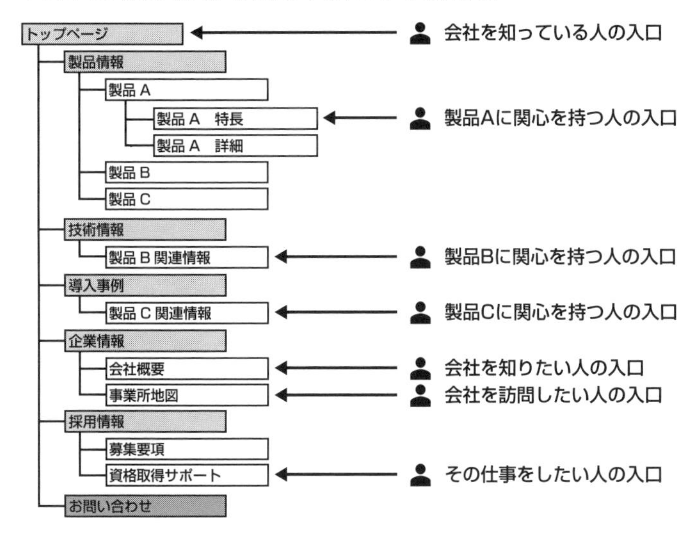

制作会社に依頼をする場合は、基本構想に描かれた対象者を示し、それぞれをどのページで集客するか、どの目標に誘導するのか、ということを提案してもらいます。

多くの制作会社の見積りでは、デザイン費を「トップページデザイン費」と「下層ページデザイン費」に分けて、トップデザインのほうが高いことになっています。これは顧客企業の多くがトップページを重視し、「ホームページはトップから見られるものだ」と考えていることを反映しています。

しかし、実態はこれとはかけ離れて、トップデザインだけ値段が高いというのは実際的とは言えません。制作会社の見積りも、動線設計を軸にしたものに変化していくことになるでしょう。

ウェブの商圏

企業が考える対象者で、どんなことを求めている人が何人いるか、ということがウェブの商圏だととらえることができます。たとえば、遊園地などの施設にとっては、

・家族で楽しい体験がしたい
・ストレスを発散したい

と思っている人が多数いれば、それは良い商圏です。「家族で楽しい体験」と考える人はたくさんいて、大きな住宅地のある商圏となっています。楽しい体験がないかと探す多くの人が、その住宅街から店の近くの通りを歩いているのです。

漠然と「家族で楽しい体験」と思っている人はまだ遊園地を思いついていません。最初からこの遊園地のサイトで情報収集しようとは考えていないのです。

「ストレスを発散したい」人も同様で、別の住宅街です。そこから近くの通りを歩いていますが、まだ遊園地がその答えになるとは思っていません。ストレス解消なら、カラオケで歌う、笑える映画を見る、辛い物を食べるなど、たくさんの答えがあります。その中で見つけてもらえるウェブにしなければ、「ストレス発散」通りに出店したとは言えません。

「家族で楽しい体験」通りと「ストレス発散」通りは違う道になりますが、同じ人が、あるときは「家族で楽しい体験」通りを歩き、また別のタイミングでは「ストレス発散」通りを歩くこともあります。企業はそれぞれの通りに面した入口を設けて、看板を掲げ、通る人に気づいてもらえるようにするのです。

▼図　同じ人が翌週には別の道からやってくる

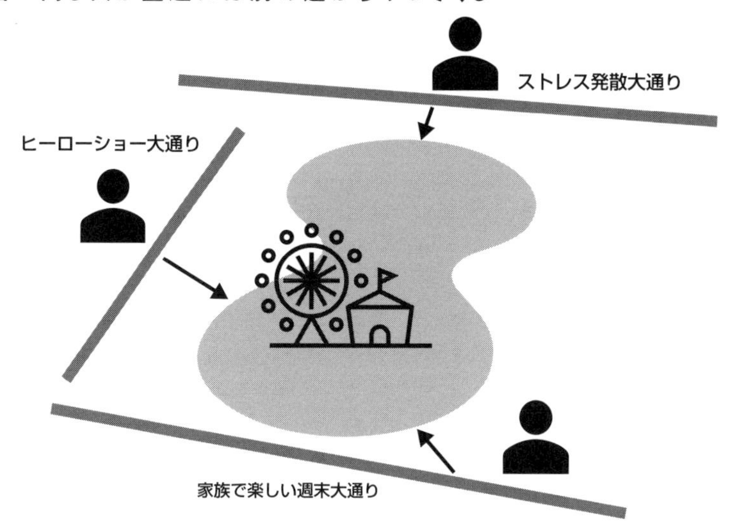

「家族で楽しい体験」通りには、遊園地の中で子どもたちが笑顔になるような施設が見えるようにするでしょう。「この週末、ヒーローがやってくる！」といったニュースが強調されるかもしれません。一方、「ストレス発散」通りには、絶叫マシンやお化け屋敷を魅力的に並べることになるでしょう。

発信する情報が、最適な顧客層をお店に導くための入口を作ります。「トップページを最初に見て、そこからアトラクション一覧に移動し、そこからアトラクションを選ぶ」というものではありません。トップから来た人にはそれでもよいのですが、「家族で楽しい体験」をしたい人には期待感が低く、「ストレス解消」派にはイメージが湧かないでしょう。

▼図　遊園地サイトの集客計画

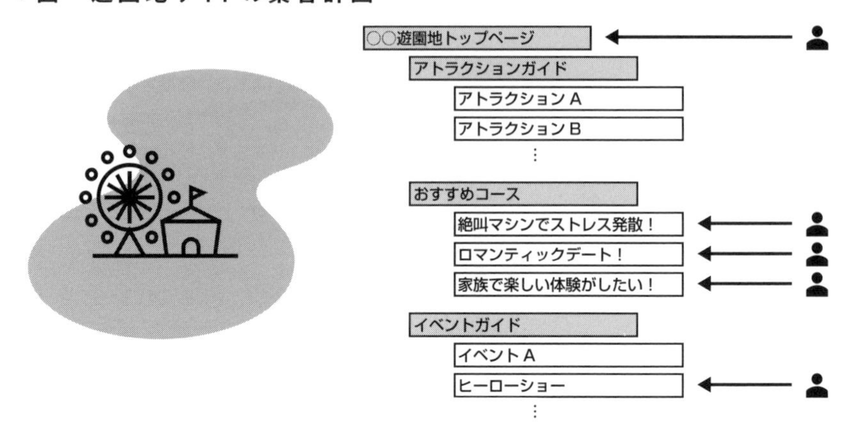

図のようなサイトは、トップから見ただけでは普通のウェブのように見えるかもしれません。トップページがあって、そこからアトラクション一覧やイベント情報に進めます。

その一方で、「テーマ別の楽しみ方」といったコーナーがあり、「家族で楽しい体験」「ストレス発散」「ロマンチックなデートコース」などのコンテンツが用意されています。トップから来た人はその目次を見て自分の要望にあったものを選ぶことができますが、これらのコンテンツは実はそれぞれ「家族で楽しい体験をしたい」「ストレスを発散したい」「ロマンチックなデートをしたい」と思って情報を探している人の入口になっています。

それぞれのコンテンツが、「家族で楽しい体験」通り、「ストレス発散」通り、「ロマンチックデート」通りに面して立地しているのです。多くのウェブがこうした「ニーズ専用入口」を持っていないために、サイトに来てほしい多くの人を取りこぼしているのです。

これらの専用コンテンツは、「だれを集めるのか」という構想に沿って、それぞれの道に面して立地するための作業です。どんな人のいる道を相手に商売をするのかを明らかにし、それぞれがどれくらいの数いるかを調査しましょう。これがウェブの商圏調査です。

もちろん、できるだけ多くの人が通っている道を見つけ、その道に面するようにサイトを作るほうが有利です。が、ただ人数だけが問題ではありません。ニーズの強さも考えなければなりません。

ニーズが強い人は、一生懸命情報を探しています。ところがなかなか見つかりません。いろいろな道を工夫して探すので、同じ道を歩いている人の数は少なくなります。しかし、自分が探していたのにぴったりの情報が見つかった！ と感じられれば喜んでサイトにやってきます。そこでお問い合わせや会員登録、商品購入といった目標行動を取る率が非常に高いのです。

通る人の数が少ない道は、競合もまだ気づいていません。そうした道を見つけられれば、同業他社はもはやライバルではなくなり、顧客を独占できるかもしれないのです。

ウェブの立地

立地とは商業や工業においてビジネスに最適な場所を選ぶことでした。リアルな店舗や工場では1ヶ所を選ばなければならず、同時に複数の場所に立地することはできません。ウェブはすべての商圏に近い場所を選んで入口を設けることができます。ウェブはすべての道に面して立地することができるのです。

さまざまな商品を持つ文具メーカーがあるとしましょう。ファイルやノート、ボールペンなど多くの商品がそろっています。「ファイルが欲しい」という人が多くいるなら、ファイル商品の優秀さをアピールすることが大切です。

一方、ファイルをまだ思いついていない潜在的な需要者がたくさんいます。「仕事上手になりたい」人や「家を整理したい」人など、さまざまです。これらの人が歩いている道に看板を出して、店に呼び込まなければなりません。

「家を整理したい」人向けの商品はファイルだけではありません。同じ文具メーカーのマガジンラックやラベルシールなど、多くの商品がそこに参加できます。「仕事上手になりたい」人に向けては、ファイルのほかに名刺ホルダーやカラーマーカー、付箋などが考えられます。多くの商品が参加して「仕事上手になるには」という情報を発信すれば、「仕事上手になりたい」人に発見されるチャンスはより拡大します。同じ商品が「家を整理したい」人向けとして登場しても、問題ありません。

一般に製品は、担当部門のページにカテゴリー分類されています。横断するテーマがあっても、それぞれの製品ページの説明文の中にばらばらに記載されているため、集客力（そのニーズを持った人を集める力）を持つことができません。

これはB2Bでも同様です。アルミニウム素材を扱っている会社は「アルミニウム」を探している人が基本的な対象者です。しかし、「製品の軽量化」を考えていて、アルミニウムとはまだ決めていない人も対象者となるでしょう。

■人や組織が立地の妨げとなることも

多くの製品が参加して大きな入口になるテーマは容易に発見できます。企業はもともと、そうしたテーマ（顧客のニーズ）に応えるために品揃えや機能を充実させてきたからです。文具メーカーはもともと、人を仕事上手にするための商品を作ってきたのであり、家を整理したい人のための商品を充実させてきたのです。

しかし、企業は担当部門に分かれ、製品も細かく分けられています。顧客のニーズに応じて連携することができません。理屈では「仕事上手になりたい人」「家を整理したい人」の商圏に対して立地していこうと考えても、ファイル部門とボールペンチームの仲が良くないから話が進まない、というのはよくあることです。

これまでのウェブは、サイト構成図を描くと、ほとんどそのまま会社の組織図になっていました。

▼図　従来のサイト構成は組織図に似ている

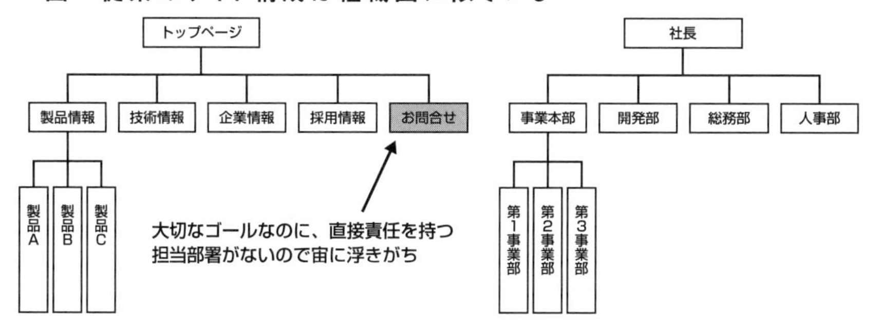

部門が違えば、互いの製品ページにリンクを張ることも許されません。部門同士が仲が悪いというより前に、「何を望む顧客がいるか」から出発していないので、リンクを張れば、その顧客の願いに応えられると思いついていないのです。

たとえば「赤い車」を欲しい人はたくさんいます。今、関連する言葉をキーワード調査サイト「ウーバーサジェスト」で調べてみると、

赤い車　月2,400回

とそれなりに多くの検索が行われています。では、自動車メーカーが自社の赤い車だけを網羅したページを作っているかというとそうではありません。Google検索の上位は中古車販売会社ばかりです。

「赤だけじゃなく、白や青、緑と、車の色はたくさんある。全部の色のページを作成しろと言うのか？」と思う人もあるかもしれません。全部同じようにやろうとすると手間ばかりかかって大変です。そこで、全車一覧から色で絞り込めるようにシステムで処理してしまいます。それはそれで便利な機能なのですが、「赤い車が欲しい人」を集めることはできません。その人たちが歩く道に立地できたとは言えません。

「赤い車のページだけ作ったら、赤のない車種に不公平だ」と言うでしょうか。その車種にはまた別の、立地すべき顧客ニーズとそれに応える

製品特長があるはずですから問題はありません。大切なことは、「赤い車を探している人が実際にたくさんいる」「その要望に応えるサイトにする」ということです。

ウェブの競合

一般的に競合というと、営業が客先で角をつき合わせている相手を思い出します。それも、同業種の上位10社を満遍なくではなく、だいたい同規模・同ビジネススタイルの会社を常に意識しています。業種によっては、同地域の企業だけを競合と考える場合もあるでしょう。

しかし、営業が真っ先に思いつく相手がウェブ上の競合とは限りません。普段競合と思っている相手がウェブ上では別の新規事業に力を入れていたり、ノーマークの意外な会社に顧客をさらわれているというのもよくあることです。

検索結果の上位に、自社の取引先である卸が出てくるということもあります。自社はメーカーで、その卸会社にはお世話になっているという関係です。メーカーと卸が顧客を奪い合う構図です。こうなると、何を競合と呼ぶのかわからなくなりそうです。

家電メーカーなどでも、先にアマゾンや価格.comが紹介されてお客様が行ってしまうのは歯がゆいことかもしれません。アマゾンではそのメーカーの製品も売られているのですが、こうしたポータルではより安いメーカーの製品が選ばれがちです。

取引先だけではありません。普段まったく知らない小さな専門会社が出てきて、そちらにお客様が行ってしまうことも少なくありません。洗濯機だけを作っている小さな専門メーカーは、「洗濯機」通りには大きな入口を持っていることでしょう。

そう考えると、総合家電メーカーは大変です。テレビではテレビ専業メーカーと、洗濯機では洗濯機専業と競わなければなりません。

大手家電メーカーがどうしてこんな小さな会社に負けるのか、とぼやきたくなるところですが、ウェブというのはそういう場所なのです。普段営業が角を突き合わせている直接の競合たちは全部弱く、小さな専業メーカーにひとり勝ちされているという場合もあるのです。

産業の垣根もほとんど関係ありません。先ほど見たように、遊園地は「遊園地に行きたい人」のほかに、

・家族で楽しい体験がしたい人
・ストレスを発散したい人

を集めるサイトです。同じ顧客を奪い合っているのは同業の遊園地ではありません。遊園地同士は地域で棲み分けされていて、かえって競合性が低い場合もあります。実際に遊園地が「家族で楽しい体験」商圏や「ストレス発散」商圏を奪い合っているのは、焼き肉食べ放題やカラオケなどかもしれません。

プレーヤーがあまりにも多い業界では、どこを「競合」と呼んでよいのかもわからなくなります。ウェブ制作業や不動産会社などはこの典型で、規模の小さな会社が地域ごとに多数あるという状況ですから、どの会社とどの会社が競合なのかすぐには挙げられません。

まず企業は自社の立地戦略を決め、その立地がかぶる相手を競合として再定義していくことが必要になります。

ウェブのTG（交通発生源）

駅やスーパーなどは、商圏に人の流れを生み出します。こうしたTG（トラフィックジェネレーター）という存在はウェブにも必要です。

真っ先に思い当たるのは検索エンジンでしょう。多くのサイトで、訪問者の64％、約3分の2が自然検索から訪れています。これをTGとしてそこからの集客を狙うのが検索対策です。

美容院などは「ホットペッパービューティー」などのポータルサイトに頼っている場合もあります。ツイッターから大量の集客を行っている会社もあります。ツイッターなどは自社のフォロワーでない多くの人が「ツ

イッター上をうろうろしていてこの会社を見つけた」という状態になります。ツイッターは投稿内のリンクを気軽にクリックする性質のある媒体なので、かなり良いTGになっている場合があります。

ある医療向けブランドのサイトでは、関連する学会が開かれるとその学会のサイトから多数の訪問があり、18%といった高い問合せ率（CVR）が発生していた、という実例もあります。

ほかにも、アフィリエイトサイトや業界団体のリンク集、地域のポータルサイトなど、大小さまざまなTGが存在します。検索エンジンや大手のポータルサイトに頼り切るのではなく、「対象者が集まるTG」を探し、組み合わせて活用することが重要だと言えます。

▼図　ウェブにもTGになるものがたくさんある

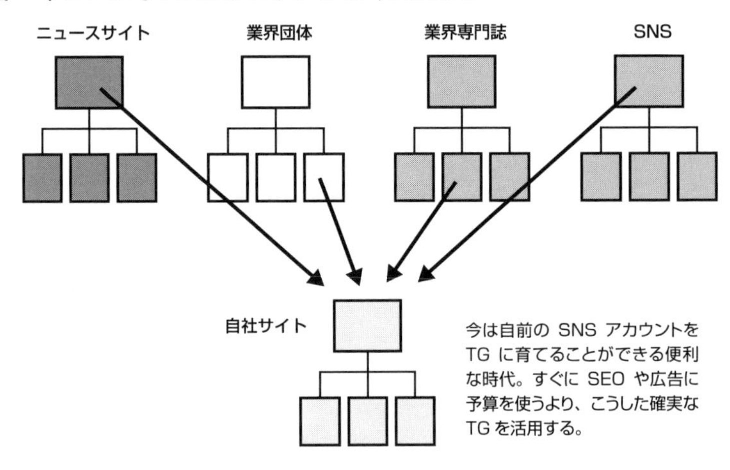
ニュースサイト
業界団体
業界専門誌
SNS
自社サイト
今は自前の SNS アカウントを TG に育てることができる便利な時代。すぐに SEO や広告に予算を使うより、こうした確実な TG を活用する。

リスティング広告やバナー広告を出すことは、独自に人の流れを確保することです。これも一種のTGだと言ってもよいでしょう。しかし、コストをかけずお客様のほうから望んでサイトにやってくるような動線を描くことを考えるほうが先決です。たとえばニュースリリースを配信することでも独自のTGを得られます。Yahoo!ニュースに取り上げられると瞬間的に莫大なアクセスを得られることはよく知られています。

ツイッターやユーチューブなどの、比較的誘導性の高いSNSも独自の集客ルートとなり得ます。フェイスブックは基本的にフォロワー限定のもので無数に集客をする力はありませんが、十分なフォロワーを確保しておけば投稿からサイトへの誘導を期待することができます。もちろん、SNS上でも広告を使って集客することも可能です。

たくさんのTGがあって、「とても手が回らない！」というウェブ担当者の声が聞こえてきそうです。TGの使い方としては、

・手間やコストはかかるが効果が高い
・効果は低いが手間やコストがかからない

という関係があります。業界団体のサイトからリンクしてもらうだけというのであれば、あまり手数はかかりません。そのことを思いついて依頼をするかどうかです。

無料のプレスリリース配信サイトを使うこともあまり手数はかかりません。リリースを作って投稿しなければなりませんが、自社のタイミングで発信することが可能です。無料のプレスリリースはなかなかメディア掲載にはつながりませんが、プレスリリースサイトには残り続けるので、少しずつ検索などでお客様に出会うチャンスを蓄積していくことができます。

このように、まずはいろいろなTGを使ってみて記録を残していくことです。その効果や手間を記録していけば、「どれが効果的か」「どれが手間ばかりかかって効果がないか」が明らかになるでしょう。外部サイトのリンクは維持に手間がかからない分、どこのサイトにリンクが掲載されているか忘れてしまいがちですから、記録をとることは欠かせません。リニューアルしてURLが変わったから業界団体のサイトからのリンクが切れてしまった、となったら、有力なTGを1つ失ったことになるかもしれません。もったいないことです。

ウェブ立地の構造

リアル店舗の商圏と立地は、次の図のようになっています。

▼図　リアル店舗と商圏・立地の関係

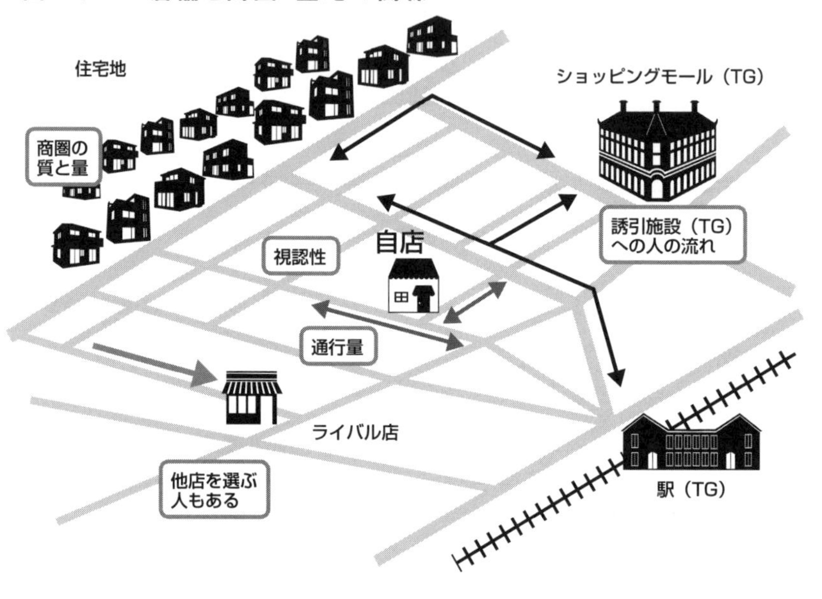

多くの人が住んでいる、あるいは通っている場所があります。住宅街もしくは勤務先です。大学近くの学生街などはその両方です。店を取り巻くこのエリアを商圏としてとらえます。

まずこの商圏の大きさが重要です。対象となる人が何人いるのかを調べましょう。もちろん、ただ人が多ければ自分の店に来るとは限りません。どれくらい自店の顧客になるのか、商圏の質を調べて、潜在顧客数をつかみます。

この商圏にいる人が、道を通って移動します。この移動を促進するのが、駅やオフィスビル、学校、さらには大型ショッピングセンターなどのTGです。店舗立地では、この流れをつかむことが肝心です。

この流れからはずれたところに店を出すと、店の個性を主張し、広く宣伝して「わざわざ来る」人を集めなければなりません。最近では裏通りや地下、ビルの上層階に出店して家賃を抑えるという戦略をとる飲食店も見られますが、これらはあくまで各店の攻め方であり、店の性質や狙う顧客層に応じて選択するものです。人の流れがどこにあるのかはわかっている必要があります。

通りに人がいるからといって、みんな店に入ってくるわけではありません。店が見つけやすい外観になっているか、看板が目に付くように出せるか、遠くから行きやすい駐車場があるか、といった環境も立地選びの大切なチェックポイントです。せっかく看板を出しても、道路標識に隠れてしまって通る人から気づかれにくいお店はたくさんありますね。

店が外観やショウウィンドウ、看板も含めて魅力的に見えることは人を呼び込むのに不可欠です。鰻屋さんや焼き鳥屋さんは、その煙と香りで魅力を広げています。こうした見え方を全部含めてお店の「魅力度」です。何を売っているか、どれだけ専門的な品ぞろえで「この店しかない」と思わせられるか……。

ハフモデルでは魅力度が売り場面積に限定されていましたが、具体的な商店立地としては魅力度の要素は複合的なものだと言えます。要因を多数検討して、自店をどういう店だとアピールするのかが勝負の分かれ目です。

TGが近くにあれば多くの通行量が発生し、店舗には良い条件になりますが、ショッピングセンターに来て帰る人が「こっちのお店にも寄っておこう」と思い出してくれるとは限りません。TGからの動線がどうなっているかが重要な要素です。横断歩道との位置関係だけでも立ち寄りやすさは変わってきます。

「どれだけお客様がいるか」「どれくらい魅力度があるか」というプラス要因に対して、抵抗として働くのが「距離」です。徒歩であれば距離は大きな障害になります。重いものを買ってから歩いて帰るのは大変です。自動車であれば遠距離からの来店も期待できますが、「あの店にはたくさん駐車場がある」とイメージしてもらう必要があります。駐車スペースはあるけど1台分だけ、ということでは有利になるとは限りません。

■ウェブにおける商圏・立地の構造

一般的なお店の立地選びは以上見てきたようなものとなっています。さて、ウェブではどのような商圏や立地の構造になっているか整理していきましょう。

ウェブでは一般に商圏が巨大です。日本中から、あるいは世界中から集客することが可能です。あまりにも範囲が広すぎて見えにくくなっている面もあります。

お客様にならない人がいくらたくさん来ても商売にはつながりません。まず自社の「対象者」となる人がだれで、何人いるのかをつかむことです。それがウェブにとっての商圏だと言えるでしょう。

B2Cサイトでは、商品ごとにどんなターゲットで、その人が日本に何人いるかといったデータを集めているでしょう。ウェブ担当者も自社商品についてそうしたデータを持っておくべきです。

B2Bサイトではそうしたデータがあることは少ないのですが、対象とする顧客業界が何社あるかをつかむことは可能です。ヒントになるのは業界の展示会の来場者数が何人か、業界必携の専門誌の発行部数がどれくらいあるか、などの数字です。そうしたことから集客数を検討できます。

対象者が決まったらそれが商圏です。問題は商圏からどのように人の流れが発生しているかです。人は、自分が求める情報を探して、さまざまにネット上の道を歩いています。人気ポータルサイトで探す人もあるでしょう。また、インスタグラムでハッシュタグ検索しているかもしれません。

SEOとかリスティング広告しか集客策を思いつかないという人もありますが、お客様がみんなGoogleで検索しているわけではありませんから、さまざまなTGを検討してください。そこから自社へ動線を引くことは重要です。

リアル店舗では道を通る人からお店が見えるか、という「視認性」が重要でした。ウェブでも同様の「見つけやすさ」があって、それが「ファインダビリティ」でした。検索で上位になることもその1つです。また、ニュースをどんどん発信して、ニュースサイトに取り上げられることも、ファインダビリティを高める方法です。

■小さな会社ほどブランドイメージが大切

ハフモデルでは、売り場面積が店舗の魅力度となっていました。ウェブでももちろん魅力度は大切です。ページ数が多く、網羅する情報量が多いことはハフモデルにおける売り場面積に該当するでしょう。会社の良さ、品揃え、製品の特長なども魅力度として働きます。

一方、抵抗として働くのが「距離」でした。ファインダビリティの低さがそのまま距離のようなものですが、距離が遠いどころか店があることにも気づいてもらえないかもしれません。ファインダビリティが低いというのはそういうことです。

お店では、「魅力的だが遠いから行かない」という状態があります。遠くの大型店なら品ぞろえも良いだろうけど、近所の店でも間に合うからです。ただ、これは視点を変えると、ブランド力が低いので魅力度が距離に負けているとも言えるのです。

ウェブでも、せっかく検索結果順位で上位に紹介されても、「なんだか知らない会社が出てきた」「立派な会社ではないかもしれない」と感じられたらだれもクリックしてくれません。仮にサイトを訪れても、ブランド力が低ければ「ほかで買おう」となってしまうでしょう。

お問い合わせで見込み客を増やすということと、ブランドイメージを高めるということとは別の目標として語られることが多いです。が、自社の目的が「お問い合わせを獲得すること」だからといって、ブランド発信をしないことは不利なことです。むしろ、見込み客を獲得するためにこそ、こちらが良い会社で信頼できる製品を提供していると感じさせることは効果的だと言えます。

ブランドというと、小規模な会社や無名な会社には縁のないことだと考えている人もありますが、逆です。「初めて知ったけど良さそうな会社だな」と思わせることは、無名な会社にとってこそ、対象者との距離をつめるのに必要なことなのです。

こうした要因を整理して、リアル店舗と同じように図示すると、次のようになります。

▼図　商圏と立地の関係（上：リアル店舗、下：ウェブ）

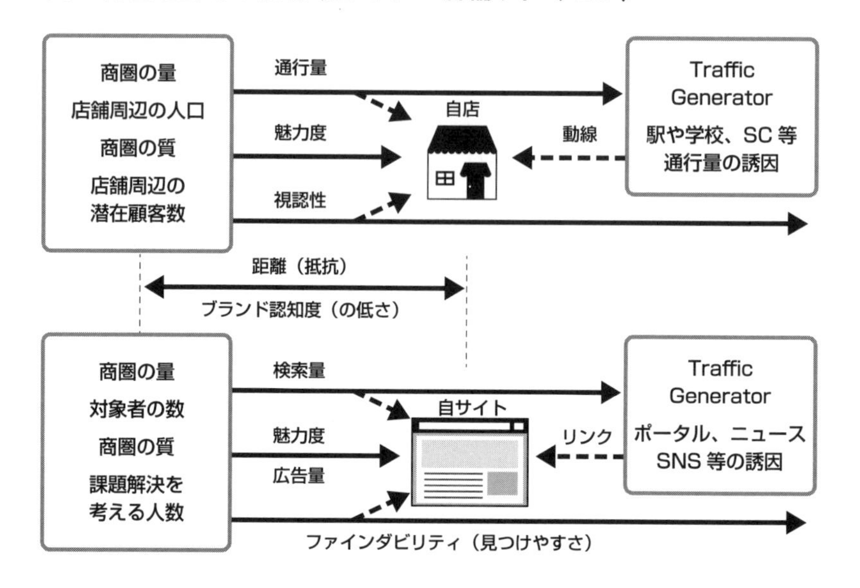

ウェブでは商圏との間に、それぞれの対象者に向けてぴったりの道を敷きます。人の動きを生み出す、あるいは特定の対象者の動きを集中させる要因として、検索エンジンやポータルサイトなどのTGがあります。

TGをうまく活用できれば、効率良く対象者と出会うことができるでしょう。道を多く、太くすることで、見つけられやすさ（ファインダビリティ）を高めることができます。

これに対して抵抗として働くのはブランド力の低さです。見つけられやすくなったけれども、「だれだ、これ？」となってしまったのではみんなすぐ帰ってしまいます。

見つけてくれた人が「このサイトをもっと見てみよう」と思うには、このサイトが信頼できる、おもしろそう、良い情報がありそう、と出会った瞬間に感じさせる必要があります。そう感じさせられる力の源泉がブランド力なのです。

さまざまな方法でより見つけられやすいウェブにし、来た人に「この会社を選ぶ理由」を伝えることで、ウェブの価値は高まっていきます。

商圏との間に敷く「道」

同じ人がさまざまなニーズで探し物をしています。あるときは「洗剤を買わなくちゃ」と探しているし、同じ人が別のときには「おいしいものを食べたい」と考えています。どんな要望が自社に当てはまるか、製品の特長に合致するか、ということが顧客と出会うための答えです。

▼図　Googleアナリティクスのチャネル

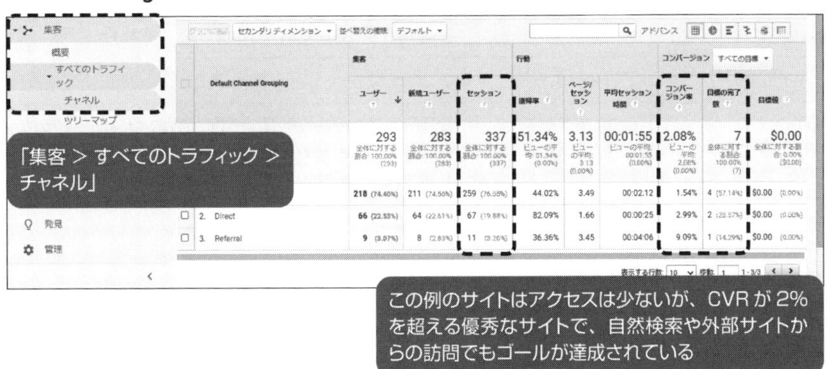

図はGoogleアナリティクスの「集客 > すべてのトラフィック > チャネル」です。馴染みのない言葉が並んでしまいますが、これらはウェブ訪問者が「どこ」から来たかを調べるための項目です。この項目のリストはほとんどのサイトで10件以内に限られています。ここだけ全部英語で表記されてしまうのでわかりにくいですが、数が少ないので覚えてしまってください。

▼表　Default Channel Groupingの内容

項目名	日本語	内容
Organic Search	自然検索	Googleなどでキーワードを入れて検索して紹介された人
Reffer	外部サイト	ほかのウェブでリンクを押して飛んできた人
Paid Search	リスティング広告	Googleなどで検索したときに表示される広告で見つけてくれた人
Display	バナー広告	人気サイトなどに出したバナー広告から来た人
Social	ソーシャル	SNSの投稿から来た人（自社が運営するアカウントから来るとは限らない）
Mail	メール	こちらが発信したメールから来てくれた人
Affiliate	アフィリエート	アフィリエートサイトから来た人
Direct	直接アクセス	上記のどの方法も使わずに訪れた人。ブラウザーのアドレス欄にURLを入力するほか、お気に入りや、ブラウザーの履歴（キャッシュ）などがある

これらは、対象者が歩いている大通りを示しています。その大通りに有効な看板を出し、入口を作ってサイトに招くことができたということがこのチャネルのデータに反映されています。

問題は、せっかく入ってきた人がサイト内で有効に動いてくれているかどうかです。そのカギを握るのは、その人が入ってきたページです。Googleアナリティクスでは、ある人の閲覧開始ページのことを「ランディングページ」と呼んでいます。不適切なランディングページが出迎えてしまったら、せっかく来てくれたのに読みもしないですぐに出ていってしまうかもしれません。逆に、そのページを見て「良い会社を見つけた！」と思った人はほかのページへ移動してより詳しい情報を得たり、お問い合わせフォームに移動して住所氏名を送ってくれるでしょう。

このランディングページは、お客様を迎え入れる重要な玄関です。つまり、ウェブ運営では、ランディングページを評価して、お客様を逃がしてしまっているページを改善することが欠かせません。この評価方法は第8

章で具体的に学んでいきましょう。

ウェブ立地とサイトの価値向上

ここまでウェブの立地について、リアルな店舗を出店するまでの事例などを交えながら見てきました。この「ウェブ立地論」に基づいてウェブサイトを制作することがサイトの価値を高めることにつながります。制作プロセスの骨組みとなるのは次の流れです。

①対象者を決める
②対象者の数と目標を決める
③対象者の要望をつかむ
④要望に応えるランディングページを作る
⑤ランディングページからお問い合わせなどのゴールへサイト内動線を作る

対象者を決めることが、飲食店の開業スケジュールで見た「基本構想」にあたります。

対象者を何人集めるべきかがサイトの集客数となります。そこから何件のお問い合わせなどの目標を発生させるか、ということがウェブの「事業計画」です。たとえば、対象者を毎月2,000人集客して、0.5%のお問い合わせ率を出せば、毎月10件のお問い合わせを獲得することができます。

この会社でお問い合わせから契約に至る確率が5%あり（B2B企業ではもっと高い確率の会社も多いですが）、1件あたりの新規契約額が100万円だとすると、このウェブサイトの月々の「売上価値」は、次のように計算できます。

集客数2,000人×お問い合わせ率0.5%＝お問い合わせ数10件
お問い合わせ件数10件×成約率5%＝月契約数0.5件
月契約数0.5件×契約単価1,000,000円＝ウェブの売上価値500,000円

月の売上価値が50万円なら、年間600万円です。ウェブ担当者1人の直接人件費は出ているといったところでしょうか。

ウェブの価値は「売上価値」だけではなく、店舗に足を運ばせる「行動価値」や、ブランド認知の向上につながる「閲覧価値」などがありますが、特にB2Bサイトではまず売上価値を高めることが「効果のあるウェブ」の実現として優先されるでしょう。

上の計算式にある数字（下記）をそれぞれ高めることが、サイトの価値を伸ばす方法となります。

・集客数を増やす
・お問い合わせ率を高める
・お問い合わせ数を増やす
・成約率を高める
・契約単価を高める

多くのサイトで「お問い合わせ件数を増やす」ために、「集客数を増やす」ことが行われています。いちばんわかりやすい努力だと言えるでしょう。そして、集客を増やす方法として、SEOや広告が選ばれることが多くなっています。

しかし、お問い合わせ率の計算式を思い出してみてください。

お問い合わせ件数÷集客数×100＝お問い合わせ率

つまり、集客数はお問い合わせ率の分母です。お問い合わせ率を高めたいのに、分母を増やすのは合理的とは言えません。集客ばかりがんばって、お問い合わせ率を下げてしまっているサイトが多いです。

ウェブ立地論とは、集客の質を求める考え方です。お問い合わせしそうな人を限定して増やせば、集客数を200人増やし、お問い合わせ率を0.1％伸ばすだけで、

集客数2,200人×お問い合わせ率0.6%＝お問い合わせ数13件
お問い合わせ件数13件×成約率5%＝月契約数0.65件
月契約数0.65件×契約単価1,000,000円＝ウェブの売上価値650,000円

と伸ばすことができます。成約率や単価は変わらないのですが、売上価値は130%と大きく伸びています。増えた200人について考えると、

3件÷200人×100＝1.5%
10件÷2,000人×100＝0.5%

と従来よりも非常に高いお問い合わせ率になっています。「お問い合わせしそうな人だけ選んで集客する」ということが重要なのです。この考え方をとれば、

・低いコストで短期間で集客することができる
・その結果、成果を出すための期間が短い

となります。
　ウェブ立地論の考え方を多くの企業にお勧めするのはここのところです。では、次の章から、ウェブ立地論に基づいたウェブ設計と運営の実務に入っていくことにしましょう。

第3章

立地に基づく基本構想と事業計画の進め方

3-1 どんなサイトにするか、「基本構想」を考える

リニューアルなどでウェブを作ることになった場合、どこから仕事を進めればよいか、具体的に取り組むことができる手順をまとめていきましょう。この手順があれば、ウェブのノウハウがまったくない初心者の方でも実行できます。

肝心なのは「制作会社を呼ぶ前に、会社として今回のウェブ構築に求めること」をいかにしてまとめるか、です。具体的には、

基本構想 → 事業計画 → 立地調査

という3つのステップです。ここまでできていれば、制作会社を呼んで大丈夫です。制作会社のほうでも何を提案すればよいか、つかむことができるはずです。

基本構想とは、「どんなホームページにするか」ということになりますが、これはとてもあいまいです。何を考えたらよいかわからないので、「あの競合と同じようなサイトに」「デザインが今風の、かっこいいサイトに」としか浮かんでこないのが普通です。

飲食店で言うと「どんなお店にするか」です。根本は何屋さんか、ということですが、フランス料理店にするか、ラーメン屋さんかを迷う人はいないでしょう。問題は、どんなフランス料理を出すのか、どんな雰囲気でどんな個性で記憶に残る店になるのか、席数は多いのか、値段は高いのか安いのか。これを決めなければテナント物件選びにも行けないでしょう。

企業ウェブであれば、「うちは何の会社か」はあらかじめ決まっています。しかし、どんな個性や特長を打ち出して反応を得るのかは決まっていないサイトがほとんどです。

その理由ははっきりしています。「だれに向かって」打ち出すのかが決

まっていないから、考えようがないのです。

企業にとってウェブとは何をするものだったか

会社はさまざまな目的のためにウェブを利用しています。新規のお客様に来てもらってお問い合わせを獲得し、契約につなげたい。既存のお客様とのコミュニケーションを深めて再購入、クロスセル、アップセルにつなげたい。

契約や販売だけでなく、名刺交換した相手がサイトを見に来て「良い会社だな」と思ってもらえたら良い、というのも立派な目的です。ときどき、取引銀行の担当者から「おたくのサイトはぜんぜん更新していませんね」と皮肉を言われるなんて声もありますが、そうした相手にも「良い会社だ」と思わせたいですね。

ウェブの効用は営業だけではありません。採用に力を入れたい、投資家に情報発信したい、最近は地域貢献や環境保護活動など企業の取り組みをアピールしたいというニーズも高まっています。

B2Cの会社なら、より多くのターゲット顧客を集めて製品・サービスを知らしめ、興味を持ってもらうことが重要です。ECサイトであれば、まず一度買ってもらい、リピート購入してもらい、最終的には常連客になってもらうことが欠かせません。幅広い目的に活用できるのがウェブの良さです。

幅が広すぎてかえってぼんやりしてしまい、ウェブの目的がわからなくなっている会社も少なくありません。「ウェブの目的」と言うからわかりにくいので、「会社の目的」と置き換えて考えましょう。

「目的がいろいろあり過ぎるとあぶはち取らずなサイトになるので、1つに絞ってサイトを作りましょう」と書いてある本もありますが、そんなことはありません。ウェブはたくさんのページを作ることができ、「製品情報」や「採用情報」といったいくつかのコーナーにまとめられます。「製品情報」は製品を見せたい人のためにあり、「採用情報」は採用したい人のためにあります。別の対象者には、別のページが応対するだけのことです。目的を1つに絞り込んでほかを捨てるのはまちがった考え方です。
ただ、対象者はそれぞれ個別に応対できるページが必要です。対象者が多ければそれだけ多くのページが必要になるので、一般的に言えば作成に時間や費用がかかります。だから優先順位をつけて順番にという発想は大切です。
1つの目的を達成すれば、ウェブ担当者には良い経験が残ります。その良い経験を生かしてほかの目的達成を考えることができるので、2番目以降の目的達成は手早く、より確実性が高くなります。
上に挙げたウェブの目的は、すべて「だれと出会うか」でした。だれに何人出会って何を見せてどう感じさせるか、どんな行動をとらせるか。単純に言えばウェブとはこれにつきます。

■ウェブにできることはシンプル

ウェブは情報が書かれたページの集まりです。ページを公開するとだれかが見にきます。不思議ですね。「半年前にサイトを公開したが1人も見に来ない」ということは起こりません。だれが見にくるのでしょう？
これまではウェブの「基本構想」が会社になかったので、だれが見にくるかは偶然でした。そこが偶然なので、載せる情報もぼんやりしています。だれが「良い」と感じるように製品を説明するのかが決まっていません。だから非常に多くの会社の製品情報が、

・写真1点
・製品名
・型番
・おもなスペック
・説明文は2～3行

といった説明不足なものになっていました。企業の担当者さんから「うちのサイトを見てどうでしたか」と聞かれると、「無口なサイトですね」とお答えすることが多いです。

営業スタッフがこんな無口では絶対に売れません。営業は毎日、そのお客様が何を求めているか考え、相手がほしがるようにあの手この手で話します。

「興味を持ってもらって、問い合わせさえしてもらえたら詳しく説明するのだから、ウェブにはあまり詳しいことは載せたくない」という考え方もあります。実際に多くの会社で言われてきました。これは順序が逆です。ウェブが無口では興味を持てないので、お問い合わせはきません。そもそも、お問い合わせをしそうな人がサイトを訪れるチャンスもありません。

無口なサイトを訪れているのは、今の取引先が電話番号や住所を調べたくて見に来ているか、その会社に売り込みたいほかの営業スタッフが見に来ているか、です。自社の社員ばかりが見ていたという事例もあります。社内からのアクセスを除外してみたら、訪問数が半減したのです。営業スタッフが客先に行くときに製品情報のページをプリントアウトして出かけていたとわかったそうです。

▼図　ウェブとは何をするものだったか？

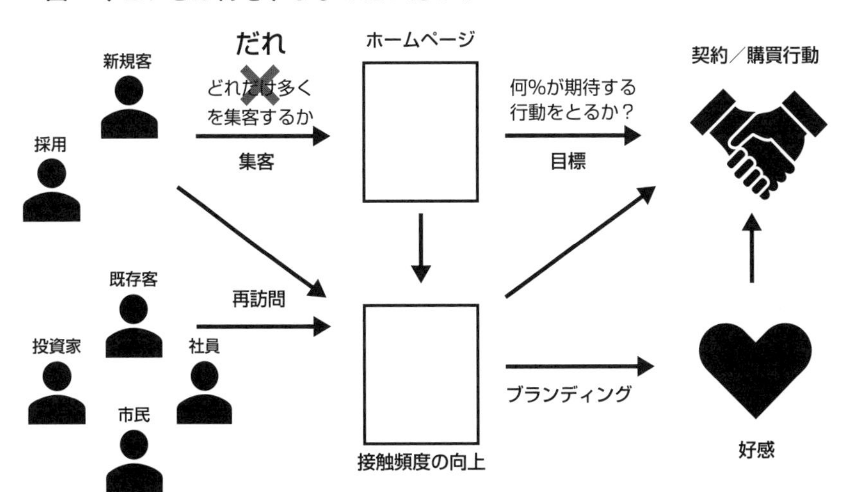

図で見るように、ウェブに求められているのは、対象者が訪問し、お問い合わせなどの目標行動をするか、好感を持つかどちらかです。

ときには初めて訪れて、「やっと良いものを見つけた！」とその場でお問い合わせをする人もあるでしょう。一度ではお問い合わせには至らず、何度か再訪するうちに「この会社は覚えた」という状態になり、やっと住所氏名を書いてお問い合わせする気になる場合もあります。

これは採用の対象者でも同じです。初めてではエントリーしなくても、何度も訪れ、ほかの会社とも比較をして、やっとエントリーする。ECで購入するのも、初回訪問では購入に至らず、「お得情報メールマガジン」だけ登録した人が、何度目かのセールのお知らせで訪問してやっと買ってくれた……。

1回で説得するか、接触回数を増やして次第に説得するか、どの対象者にも同じようなプロセスがあります。ウェブができることは実にシンプルです。

・対象者を集めること
・情報を見せること
・望ましい行動を取らせること

そのために準備するべきものも決まっていますから、迷うことはありません。肝心なことは「だれを」サイトに集めるか、です。

だれに来てほしいのか、ウェブ担当者は意外に知らない

実際にウェブ担当者に聞くと、「だれ」を集客するかを意外にも知らないことが多いです。ウェブ担当者は、広報や総務、情報システムなど内勤部門が多く、営業でお客様に会う機会がない場合も少なくありません。

あなたが経営者でウェブ担当者を決める立場であれば、「若くてパソコンを知っている人がよい」と考えてはいけません。それよりも、「うちのお客様を知っている人がよい」と考えてください。

ただ、ベテランでかなりお客様を知っている人であっても、すべての事業部の最新のニーズはわからないのが普通です。第1事業部の製品Aは主力製品で、既存顧客にオプション機器や消耗品を売るのが重要かもしれません。同じ事業部でも製品Bのほうは発売直後で新規顧客の開拓が急務になっています。第2事業部はまた違うでしょう。各部門のニーズは時間とともに移り変わっていきます。

「うちは業界ではシェアが高く、ウェブでも新規顧客は必要ありません」と言われた会社で営業部に回って聞くと、必死で新規開拓をやっていたこともあります。このすれ違いは残念なことです。

採用でも、中途採用となると年に数回しか行わない会社も多いことでしょう。このため、多くの期間、ウェブの採用情報には「今、中途採用は行っておりません」とだけ書かれていて、年に数回だけ「●●職を募集」と記載されます。しかし、そのタイミングでたまたま就職希望者がサイトを訪れてエントリーすることは少ないでしょう。普段、採用情報を見る人があまりにも少ないのです。

年に数回中途採用するなら、普段から採用情報を見る人を増やしておいて、いざ「●●職を募集」の情報を出すタイミングで多くの人がそれに気づくようにしなければ役に立ちません。

ウェブの対象者は部門によって異なり、またタイミングで変わってくるものです。ウェブ担当者がそれを常に全部わかっているのは難しいです。

ヒアリングして全部門の対象者をリストアップ

少なくともリニューアルといった大きな節目のタイミングでは、各部門が「今どんな人に来てもらいたいか」をヒアリングする必要があります。

第1事業部	製品A	まだまだ新規顧客は欲しい
		既存顧客には消耗品を売りたい
	製品B	新規顧客を開拓したい
第2事業部	製品C	新規顧客を開拓したい

	製品D	新規顧客を開拓したい
人事部	新卒採用	○○大学などの卒業予定者が欲しい
	中途採用	春先に○○職を募集したい
経営企画室	地域貢献	地元住民に見てもらいたい

といった状況をヒアリングして一覧表にしましょう。

部門によっては「ウェブで情報発信」という意識がない部署もあります。ウェブのためにヒアリングをと言うと、「うちはいいや」とすげない返事になりやすいので、断られないように「全部確認しろと言われているので」など、うまく依頼する工夫も必要です。

あまりウェブで情報発信しないタイプの部門の代表例として総務部があります。でもヒアリングしてみると、毎月会社の周囲を清掃していたりして、ウェブから見ると地域貢献をアピールする非常に良い情報を持っている、ということもあります。実際、企業が行っている地味だけどすばらしい社会貢献活動が、ウェブにほとんど掲載されていないのはもったいなくて仕方ありません。

ヒアリングシートを作って部署を回る

すべての部門がウェブで出会いたい対象者を抱えています。中にはあまりウェブに関心のない、効用を知らない部門もありますが、出会えるなら出会ったほうが良いことはまちがいありません。ウェブ担当者は、関心の薄い部門の対象者も拾い上げて、ウェブで出会いを実現します。そのためにはだれと出会いたいか、詳細に聞くほかありません。

なお、便宜上「出会う」と表記していますが、その形はさまざまです。たとえば、製品の問い合わせ対応を総務がやっている会社があります。問い合わせ内容は8割がた似たような質問で、それだけで担当者は忙殺されています。ウェブに詳細なQ&Aを掲載することでその作業負荷を軽減できます。さらに、ウェブならどのQ&Aが多く見られたかも計測できるので、営業や開発にフィードバックして新たな武器とすることができます。

お問い合わせをする人と出会い、いつも聞かれるような質問はあらかじめサイトに掲載したQ&Aを見せるというのも立派なウェブの効用です。ウェブで大切に考えるべき「対象者」なのです。

しかし、これにうまく対応するには、総務がお問い合わせ対応に追われている、とウェブ担当が把握することが欠かせません。しっかりヒアリングシートを作って、できるだけ多くの部門を回りましょう。

ヒアリングシートはA4判の紙1枚に、次のような項目を入れます。

記入者の部門・氏名
回答者の部門・氏名
ヒアリング実施日時

部門で担当している商品や仕事内容
いま力を入れている商品や仕事内容
中心で売れている商品と、これから売らなければならない商品
それらの商品の顧客（対象者）の属性
アプローチに苦心している顧客（対象者）の属性
それらの対象者から、商品や会社がどの点で評価されているか
今使っている資料や外部媒体（業界誌、展示会、セミナーなど）
おもな競合企業と競合社の数
販売のプロセス（デモやプレゼンなどのステップ、決済までの時間）
必要な対象者の性質（部門、役職など）と数
ここを伝えると相手の反応が良いと感じるポイント
商品や顧客対象が複数ある場合の優先順位
新商品のタイミングや業務の年間サイクル、イベントなど

これを先に相手に渡しておけば、お互いに時間の節約になります。ヒアリング時にこれを回答者との間に置いておけば、聞き洩らしを減らせます。

▼図　ヒアリングシートの例

ヒアリングシート

記載日：　　年　　月　　日
記入者：

回答者：　部署
　　　　　氏名

担当内容	
現在の力点	

	製品名	特長・アピールポイント	対象者
中心製品			
今後製品			

販売プロセス					

	苦心	優先順位	想定ニーズ	現状の評価ポイント
対象者細分				

現資料	
現外部媒体	

	社名	URL
競合企業		http//
		http//
		http//
		http//
		http//
		http//

年間活動	1							
	2							
	3							
	4							
	5							
	6							
	7							
	8							
	9							
	10							
	11							
	12							

詳しく聞いていけばA4判1枚には収まりませんから、別途ノートも用意します。ヒアリングシートを左ページに貼って、その右ページから書き始めればよいのです。

組織図や総合カタログもテーブルに置いて、相手にも見えるようにしてヒアリングに臨みます。製品の写真を指差しながら話せば勘違いも起こりません。

各部門、各製品にはそれぞれの専門用語があるものです。聞いたことがないアルファベットや漢語もあります。製品の型番・品番は一度聞いただけでは絶対に覚えられません。こうした専門用語や「○○課の山下さんに聞いてください」といった人名はいい加減にメモを取るとあとで必ずまちがいが起こるので、その場で意識的にゆっくりメモをとって、相手に文字づかいを確認させるようにします。

1日に2人ずつヒアリングすれば、月に40人ほど回ることができます。ヒアリングは1ヶ月から2ヶ月くらいかけるものだと考え、焦らずゆっくり取り組んでください。

多くのウェブ担当者にこの作業をお伝えすると、「忙しくてそんな時間はとれない」という反応が返ってきます。忙しいのはまちがいありませんが、ウェブとは「来てほしい対象者が訪れ、見せたい情報を見せ、望ましい行動をとらせる」もの。来てほしい対象者がわかっていることはウェブ担当者の仕事の1丁目1番地です。

ウェブで成果が必要なら、この作業をはしょってはいけません。この作業をせずに作ったら、来てほしい人が来るサイトにはなりません。あとから広告やSEOにお金をかけても、その対象者が求める情報が掲載されていないので、お問い合わせ率は非常に低いのが実態です。

対象者をさらに細分化する

いったん一覧表を作成したら、次はその対象者を1つひとつ、具体的に検討します。製品Aの「新規顧客」とはどんな人か。製品Bはどうか。新卒でエントリーを得たい大学は○○大学のほか、どこがあるのか。何を勉強した学生か、などです。

それぞれ、正解が1つとも限りません。たとえば製品Aは、

・これまで○○業界で売れてきたし、この業界でまだまだ売りたい
・これからは□□業界と△△業界を開拓したい

などの状況があるでしょう。となると、この製品は、○○業界、□□業界、△△業界の人が見にくる必要があります。こうした項目は、ヒアリングシートの下記の項目に含めておきます。

・それらの商品の顧客（対象者）の属性
・アプローチに苦心している顧客（対象者）の属性
・今使っている資料や外部媒体（業界誌、展示会、セミナーなど）
・おもな競合企業と競合社の数
・必要な対象者の性質（部門、役職など）と数

相手は特定の業界とは限りません。たとえば「精密な金属加工機を必要とする人」であればどの業界でもかまわないでしょう。どんな性能や特長があるからこの機械が売れているのかを聞いてみると、

・非常に精密な加工ができる
・熟練者でなくても使用できる
・稼働までの日数が短い

といった点が挙がってくるでしょう。こうした特長に反応する人の中には、初めから

・「これまでより精密な加工ができる機械が必要だ」
・「熟練工ではない若いスタッフが扱える機械はないものか」
・「時間がない、急ぎ稼働できる機械を探さなければ」

と考えて探している人もあるのです。こうした人がサイトに集まってくれば、よりお問い合わせに至る確率は高くなります。

単に、「安い金属加工機を見つけたい」と考えている人は、この製品に関心を持たないかもしれません。

「これまでより精密な加工ができる機械が必要だ」と思う人は、同じように考えて探している人たちといわば同じ道を歩いていると言えます。この人たちが気づくように看板を掲げ、サイトに訪れやすくすることが成果を高めるために重要です。

「これまでより精密な加工ができる機械が必要だ」と願っている人が「精密な加工ができる機械」に出会うのですから願ったりかなったりというやつで、お問合せ率が高くなるのは自然なことです。

こうしたポイントは、ヒアリングシートの

・それらの対象者から、商品や会社がどの点で評価されているか
・ここを伝えると相手の反応が良いと感じるポイント

などの項目で聞いておきます。

ここまでで、製品Aの見込み客を集めたいという中でも、

第1事業部　製品A
・○○業界で売れてきたし、この業界でまだまだ売りたい
・これからは□□業界と△△業界を開拓
・「これまでより精密な加工ができる機械が必要だ」と考えている人
・「熟練工ではない若いスタッフが扱える機械はないものか」と考えている人
・「時間がない、急ぎ稼働できる機械を探さなければ」と考えている人

に該当する人を集めれば効率的であることが明らかになります。ビジネス

の方向性、製品の特長から、集めるべき対象者が絞り込まれるのです。

ヒアリングからExcelファイルへのまとめ

1ヶ月から2ヶ月をかけてヒアリングをして、それをExcelファイルで整理すれば、全社でだれを集めなければならないかが明らかになります。Excelのワークシートは次の4つです。

- 対象者
- 競合
- 部門別の販売プロセス・媒体
- 活動の年間カレンダー

■対象者ワークシート

まずは「対象者」ワークシートです。図のようにシートをまとめ、すべての対象者に通し番号をつけていきます。

▼図　対象者ワークシート

対象者シート

No.	担当	製品	対象者		備考
1	第1事業部	製品A	○○業界	企画・設計担当者	
2				決裁者	
3			□□業界	企画・設計担当者	
4				決裁者	
5			△△業界	企画・設計担当者	この業界にはまだアプローチできていない
6				決裁者	
7		製品B	○○業界	企画・設計担当者	新製品なのでまずは担当者に覚えてもらいたい
8	第2事業部	製品C	□□業界	企画・設計担当者	
9				決裁者	
10		製品D	□□業界	企画・設計担当者	
11	第3事業部	製品D	××業界	企画・設計担当者	
12				決裁者	
13			◎◎業界	開発者	
14		製品E	××業界	企画・設計担当者	
15			◎◎業界	企画・設計担当者	
16	総務部		銀行	融資担当者	更新が少ないと言われる
17	人事部	採用	転職希望者	事務職	近くの大学出身者が希望
18				技術職	資格が取りたい人が多い
19	広報部		近隣住民		自然を大切にする会社だと知らせたい
20			教育関係者	工場見学希望	工場見学の申込がほしい

対象者 | 競合 | 部門別の販売プロセス・媒体 | 活動の年間カレンダー

対象者数はけっこうな数になるので作業は大変ですが、行数を節約してはいけません。20人に聞き取りして、3製品×5対象者あったとしてもわずか300行。Excelの行数としてはわずかなものです。

こうして対象者が決まりました。

第1事業部	製品A	○○業界
		□□業界
		△△業界
	製品B	○○業界
第2事業部	製品C	□□業界

ワークシートを見ると、同じ対象者を集めたい複数の部門や製品があると気づくでしょう。そうした対象者は、個別で集客の苦労をしています。事業部ごとに別々の展示会に出たり、ウェブでも別々に広告を出していたり、大変効率が悪いです。まとめてウェブが集客して、各部門に配るのが理想的です。

であれば、ある業界の人たちが見たくなる狙い撃ちのコンテンツを作って集めるべきでしょう。たとえば「ホテル業界のための季節催事アイデア集」といったコンテンツで、対象業界の人を集め、それぞれの記事から関連製品に気づかせるようにします。

「対象者が明らかになっていれば、作るサイトが変わってくる」とはこのことを言うのです。もし、こうしたコンテンツなしで、広告を出して製品Aのページに人を集めたらどうでしょう。製品Aのページはホテル業界専用のつくりにはなっていないのでお問い合わせは少ないでしょう。

■競合ワークシート

「競合」ワークシートには、文字通り競合相手の情報を書き込みます。これも部門単位、製品単位になるでしょう。会社名とURL、備考の欄を設けます。今どきはSNSアカウントなども別途欄を設けて、「ツイッター」「フェイスブック」「インスタグラム」「ユーチューブ」など、見つけましょう。備考欄には「ここが強敵」などの優先順位を入れておくと、サイトやSNSを点検するにも考えやすいでしょう。

競合については繰り返しになりますが注意が必要です。営業が答えるライバル会社は規模や地域が近いものが多いですが、ネット上では重要なキーワードで検索しても広告を探してもそのライバルが現れないことが多いです。ただ、重要なキーワードで上位にいる限り、そこがネット上での本当の競合であることはまちがいありません。

ウェブ担当者は次の手順で、この競合シートに厚みを持たせます。

・まずヒアリング結果から、名前の挙がった競合社でワークシートを作る
・各社のURLやSNSアカウントを見つけて内容を確認する
・備考欄に各社が重視している情報内容を記載する
・いくつかの重要キーワードで検索し、出てくる広告や上位サイトをチェックする
　→必要に応じてワークシートに加える

■部門別の販売プロセス・媒体ワークシート

販売プロセスや媒体を書き込むワークシートです。特にB2Bではデモンストレーションを必要とする機械やサービスは少なくありません。そうした販売プロセスに対して、サイトに「デモ依頼」ボタンをつける、デモンストレーションを魅力的に見せるなど対応することが重要です。

多くのサイトは「お問い合わせ」「資料請求」と全製品共通のボタンが用意されていますが、営業はそんなシンプルではありません。「お問い合わせ」のボタンがあるから、と待っているだけのウェブでは、営業には軽んじられてしまうでしょう。

なお、媒体とは、展示会や内見会、業界専門誌などのことです。新製品発売時にいつも使っているリリース配信先などがわかると役に立ちます。

■活動の年間カレンダーワークシート

最後が「活動の年間カレンダー」ワークシートです。多くのB2Bサイトではカレンダーがなく、「うちの会社にはそんなニュースなんてありませんから」と言われます。実際には社内には多くのニュースがあり、情報発信タイミングはたくさんあります。それを全部逃してしまっているのが今のウェブの状況です。

各部門では、新製品発表や展示会など、年間の活動が決まっている部分があります。展示会などは、部署によって違う展示会に、年間複数回出ているかもしれません。

展示会は、

・出展決定
・展示内容決定
・直前（来場促進）
・当日
・終了報告（直後）
・事後報告（まとめ）

と、1つの展示会で5、6回情報発信が可能です。各部門の展示会時期を確認するだけで年中情報発信すべきタイミングがあるわけです。

ほかにも、人事部は年間さまざまなタイミングで情報発信が必要です。総務では、年末年始やゴールデンウィーク、お盆時期の営業日のお知らせもあります。新年に社長メッセージを更新するのもよいでしょう。地域貢献として社屋周辺の清掃活動を行っている会社も多いですが、実施報告を出すだけでもずいぶん活発なウェブサイトになるはずです。

地味に思えるかもしれませんが、こうした企業活動を遅滞なく情報発信することは、ウェブが人からも検索エンジンからも重視される基礎となります。ウェブは集客が必要です。そのためには更新が絶対に欠かせません。各部門にヒアリングしたタイミングでこうしたカレンダーを整備しておくことは、ウェブ担当者の活動を助けることになります。

カレンダーには会社の動きだけでなく、一般的な年中行事も入れておきましょう。新年、成人式、バレンタインデー……。業界によってはあまりそうした行事は関係がないかもしれませんが、ウェブは外部と会話する仕事ですから、世の中の動きを意識できるようにしておきたいものです。

次の図は、ある会社がウェブのリニューアルに向けて実際に対象者リストを作成したものです。まだ途中段階のものなので人数などは荒っぽい感じがするかもしれませんが、ひとまずこんな人に来てもらいたいという全社の考えがまとめられています。

▼図　対象者リスト

産業	要望	立場/役職	人数
■■業界(弊社展示会来場者)	弊社■■技術		70人(B評価以上)
■■■	■■技術	開発	100人/月
■■■■■■■■■■	■■技術	企画開発・デザイナー	5,000人
製造業以外の人	自社の製品と■■のコラボできないか	営業・開発	100/月
■■業以外の人	自社の製品を■■に変えられないか	営業・開発	100/月
■■■■■■■■■	長尺の■■■ができないか	開発・設計・技術	100/月
■■素材業界	■■、■■、■■■■、■■	営業	100人/年
■■・■■	■■品技術	開発・設計・技術(施工資材メーカー)	1000人
■■■	■■技術・既存素材との置き換え	企画開発	10人/月
■■、■■	■■技術	開発・設計・技術	10000人
■■・■■	■■技術	開発・設計・技術	100人
■■業界	■■技術	開発・設計・技術	100人
■■関係	■■技術	営業・開発	10人/月
■■■	■■技術	開発・設計・技術	10人/月
■■■、■■、■■■関係等	目新しいものを作りたい	企画・開発・デザイナー	10人/月
■■■■	■■、■■、■■	開発・設計	10人/月
■■	■■技術	開発・設計	10人/月

企業が実際に作成した対象者リストの途中の状態です。「要望」欄には自社の同じ技術名が並び、培った技術をさまざまな産業に展開していきたいという気持ちが感じられます。
一方、集客すべき人数を見ると、非常に少ないものも見られます。冷静に考えていくと、「ウェブでただ多くの人を集める」必要はないのです。

集客を考えるなら、「だれでもいいからできるだけ多く集客」と考えるのではなく、「だれを何人集めるのか」と考えましょう。

それぞれの対象者の数を記入する

対象者が定まれば、その人に向かってメッセージを発信できます。ウェブとは対象者に向かってメッセージを発信することなのです。それをすれば、対象者がサイトに訪れ、お問い合わせなどの目標行動が発生します。

問題は、いったいその対象者が何人いるのかがわからないことです。ある対象者が日本中で100人しかいないことだって、ごく普通に起こります。100人しかいないなら、月に10人集客すれば年間で全員と出会えます。ウェブはなんとなく、「やみくもに訪問数がたくさんあればいい」と思われがちですが、それは集客活動の無駄を生みます。対象者が100人なのに月に1,000人集客したとしたら、大半は対象者以外の「サイトに来なくてもいい人」だったわけです。対象者以外の人はお問い合わせすることはありません。そのために広告費用をかけていては大変もったいないです。

対象者が決まったら、その人数を仮定します。B2Bなら対象業界の会社数や業界専門誌の発行部数などから類推できるでしょう。B2Cなら、年齢性別地域で統計データを探すことも可能です。

対象者をニーズでとらえた場合、その数を決めるのはやや難しくなります。「これまでより精密な加工ができる機械が必要だ」と考えている人が何人いるか、確かなことはだれにも言えないでしょう。

ただ、さまざまなキーワードで検索回数を調べることで、「これくらいの数の人がこのニーズで毎月情報を探しているのではないか」と類推することは可能です。実際にはこのあと立地調査を行って数を細かく調べていきますが、ここはまだ基本構想の段階ですから、あくまで推定の人数で「えいや」と記入していきましょう。

Excelで対象者数の合計をとれば、毎月集客すべき人数が出ます。対象者が100種類ありそれが100人ずついたとして10,000人です。それ以上集客する必要はないということを忘れないでください。このサイトが10万人の訪問者を集めたとしたら、それは立派な集客ですが、お問い合わせにはまったくつながりません。

訪問者10,000人でお問い合わせ10件　→　CVR 0.1%
訪問者100,000人でお問い合わせ10件　→　CVR 0.01%

お問い合わせをする可能性があるのは適切に集めた10,000人だけでほかの90,000人は初めからお問い合わせをしない人ですから、10万人来てもお問い合わせは10件です。過剰な集客は率を落とすだけなのです。

Excelの対象者の右列に「月集客数」という欄を設けて数を記入しましょう。計画段階では大きな数字を出すほうが会社受けは良くなるので、つい大きな数字を書きたくなってしまいますが、無理な集客計画はウェブ担当者の手間と予算を食うばかりで、効果が薄くなるので要注意です。

対象者に何をさせるか、目標を決める

月集客数の右列には目標とその到達数を記入します。

対象者	月集客数	目標	目標数
「精密な加工ができる機械」を探す人	100	お問い合わせ	1

という要領です。

一般に、お問い合わせや資料請求、採用のエントリーのようにフォームの送信を伴う目標であれば、フォームの完了率は5～10%です。つまり、1件のお問い合わせがあるためには、フォーム到達数が10～20人となっているはずです。

集客数100人 → フォーム到達10人 → お問い合わせ1件

という関係です。100人のうちの10人もフォームに行ってくれるか？ 心配になります。それでもこの関係を計算すると、

お問い合わせ1件÷集客数100人×100＝CVR 1%

となります。驚くような数字ではありませんね。よく考えて目標欄を埋めてください。

狙った対象者が求めている情報を掲載し、その人が魅力的に思える目標を提示すれば、ある対象者についてCVR1％は夢物語ではありません。

最終的にはお問い合わせをしてほしい、でもいきなりお問い合わせをしてもらうのは大変なので、まずメールアドレスだけ登録してもらってメールを送ろう。何度もメールを送るうちに会社や製品に親しんでもらえばお問い合わせに近づくだろう。このように、目標は段階を踏んで登っていくものです。

ECサイトでも同様です。いきなり主力製品を買わせるのは大変なので、初回はセール品を買ってもらうでしょう。会員登録だけかもしれません。そうして何度目かの訪問時にようやく主力製品が売れるのです。

B2Bサイトでも、お問い合わせのような高いハードルの目標に導く前に、もっとハードルの低い目標に誘導する方法はないか考えるべきです。そこで母集団を形成し、そこにどんどん情報を発信して、最終的にはよりハードルの高い目標へ導くのです。徐々に上の段にはしごをかけるようなイメージです。一気に高いところへ登らせるのは大変なので、少しずつ上へ上へと追い上げていきましょう。

▼図　高い目標へ、登っていくためのはしごを用意する

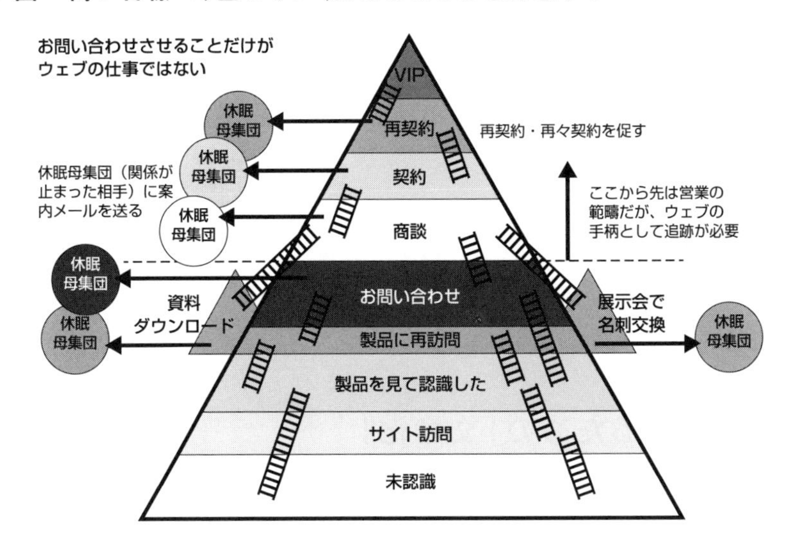

対象者	月集客数	目標	目標数
「精密な加工ができる機械」を探す人	100	資料ダウンロード	5
		お問い合わせ	1

徐々に高い目標を設定するようにすると、このように、1つの対象者に対して複数の目標ができるでしょう。資料ダウンロードではメールアドレスを記入するだけでよい資料をもらうことができます。そのため、より手軽にメールアドレスを獲得できると見込めます。ここで母集団が形成され、そこに情報を定期的に発信していくことで、登録者から良い反応を引き出すことができるでしょう。

資料ダウンロードには資料を準備しなければなりません。たいてい営業スタッフが持っていますから聞いてみましょう。なければ作る必要があります。

メールアドレスも徐々に集まってきます。何を発信するか、これも手間のかかる仕事です。しかし、このプロセスにはほぼ1円もかかっていません。広告を出して「費用がかかる割にはお問い合わせが来ないなあ」と言っているよりはるかに良いと考えてください。

ここまでで、部門や製品特長と結びつく形で、対象者の種類が明らかになり、集客すべき数が決まりました。その人たちにとってほしい目標行動とその数も決めることができました。これで、ウェブの「基本構想」はできあがりです。

ずいぶん手間がかかると思うかもしれませんが、ていねいに基本構想をまとめれば、制作会社への依頼が的確になります。見積りをとっても、この構想に合致する提案になっているかどうか、照らし合わせて見積りの妥当性を判断できるでしょう。

社内に伝えるための「文章化」

基本構想ができあがれば、サイトを作るのに悩む必要はなくなります。

対象者が集まるように内容を考えればいいし、競合との違いを打ち出し、競合よりも見つけてもらいやすいようにするだけです。

この基本構想ができた段階では、ワークシート4つのExcelがあるだけです。しかも対象者のシートは何百行といったやや大きな表です。

制作会社はこのExcelを読むことができるはずです。が、社内に説明するのは難しいです。社長にExcelを渡して「これが基本構想です」と言っても絶対に読み込んでもらえないでしょう。

そこで、この基本構想を文章化します。文章化はあくまで伝達のためで、Excelに書かれたことをすべて盛り込む必要はありません。要点をかいつまんで、日頃ウェブに携わっていない社員に伝わるようにします。

・製品Aに○○業界の人が訪れるようにするなど、全部で2,000人のターゲット顧客を集客
・資料ダウンロードで月30件のメールアドレスを取得、月10件のお問合せを獲得

といった形です。

抽象的な「想い」や「作戦」を書くより、具体的な数字を挙げて、手短に書いてください。もちろんこの文章の背後には何行もあるExcelがあります。ウェブ担当者はそれを忘れてはいけません。制作会社にはこの文章を見てもらい、その明細としてExcelを渡して、「このように対象者を集められるサイトづくりを提案してほしい」と伝えてください。

3-2 サイトからの利益を見積もる「事業計画」

基本構想ができたら、続いてウェブの事業計画を立案しましょう。基本構想で「だれを何人集めるのか」「どんな目標を目指すのか」が決まっていますから、事業計画にするのは簡単です。ウェブからの「売上」をお金に換算して、コストと見合うように検討します。

新規契約数と単価で「売上価値」を算出する

売上といっても、ECサイトでなければ直接的な売上が上がるわけではありません。お問い合わせがあれば、そのうちの何パーセントかは契約に至ります。それを売上として換算するのです。

たとえばお問合せが10件発生し、そこから営業すれば5%が契約に至るとしましょう。

月お問合せ件数 10件×契約率 5%＝月契約件数 0.5件

つまり、2ヶ月で1件の新規契約がとれるということです。なお、契約率5%としましたが、実際にはB2B会社ではもっと高いパーセンテージの営業効率が見られます。50%と非常に高い率だったこともありますが、ウェブと営業の連携が悪い会社もあります。

「ウェブと営業の連携」は重要です。せっかくウェブからお問合せが来ても、営業が本気で動いてくれない会社はたくさんあります。従来の営業部の仕事の進め方と違うので、最初は受け入れられないことのほうが多いかもしれません。これまで多くのウェブ担当者から泣きつかれてきました。

中にはウェブに掲載した電話番号から問合せが入ったものを、営業部が電話を受けて、そのまま営業の手柄にしてしまう会社もあります。とてもたくさんあるというのが実情です。ウェブ担当者は営業部より立場が弱いことも多く、泣き寝入りしてしまうところです。しかし、それでは担当者の給料も上がらず、会社にとっても良いことは何もありません。ウェブに掲載する電話番号は着信記録を残し、営業進捗を後追いできるようにすべきです。経営者は、ウェブをリニューアルする判断をするなら、そこからの問合せでどれだけ売上が上がっているのか計測できるようにする社内体制を整備する必要があります。

さて、月に0.5件の新規契約でいくらの売上になるでしょう。これは新規契約の平均単価で計算します。

月契約件数 0.5件×契約単価 1,000,000円＝月売上価値 500,000円

契約単価は会社や製品によって大きな幅があります。1台売れたら何千万円になる機械もあれば、月5万円の消耗品販売もあるでしょう。「ウェブからいちばん問合せが来る製品の単価」といった形で決めてください。単純に1つの値で計算するのは乱暴なのですが、ウェブの売上価値を算出するにはこうした目安が必要になります。

月50万円の売上価値は、悪い数字ではありません。年間600万円の価値を持っているのですから、ウェブ担当者1人分の直接人件費は出ていると言ってよいでしょう。この売上価値が実現すれば、ウェブ担当者は他業務との兼任ではなく、ウェブ専任にしたいところです。

会社からすれば年間600万円くらいで「儲かっている」と言われても困る、ということかもしれません。ウェブ担当者はさらに良い売上価値を出すために、サイトを改善し続けることが必要です。まずはリニューアルの段階で、売上価値と費用のバランスをとる「事業計画」を作って会社の了承を得ることにしましょう。

売上価値算定に関わる計算式をおさらいすると、次のとおりです。

月訪問者数 2,000人×お問合せ率（CVR）0.5%＝月お問合せ件数 10件
月お問合せ件数 10件×契約率 5%＝月契約件数 0.5件

月契約件数 0.5件×契約単価 1,000,000円＝月売上価値 500,000円

売上価値の算定では月のお問合せ件数だけが問われるので、次のような仮定では同じ価値となりますが、訪問者数に5倍の開きがあるので、集客コストは大きく違うでしょう。

月訪問者数 2,000人×お問合せ率（CVR）0.5％＝月お問合せ件数 10件
月訪問者数10,000人×お問合せ率（CVR）0.1％＝月お問合せ件数 10件

できるだけCVRを高め、より少ない集客で必要なお問合せ件数を稼ぐべきです。もっとも、上の例では良いほうのCVRも0.5％で特段に高いわけではありません。今はリニューアル前の計画のために仮説しているのですから、1.0％などもっと高い率を置いてもかまいません。

売上価値が計算できたら、次は費用を考えます。売上価値があることで費用を回収することができ、適切な期間で利益が出るようにしなければなりません。それが事業計画です。

もちろん、ウェブでは実際にリニューアルオープンして、計画どおりの訪問数やCVRがとれるとは限りません。訪問数が計画よりも少なければ増やす作業が必要です。もちろんやみくもに集客するのではなく、対象者のうち「だれが来ていてだれが来ていないか」を計測し、来ていない対象者だけを増やすようにします。

CVRが低いなら、高まるように、

・CVRの高い訪問者層を特定してそれを増やす
・CVRの低い集客ページを特定してそれを直す
・お問合せをもっと魅力的にする
・ボタンを変更してお問合せへの誘導を強化する

などの策を打ってCVRを高めます。

制作会社の見積りも売上価値から判断する

売上価値は、リニューアルの予算にも関わってきます。ウェブリニューアルの「事業計画」では、売上価値はお問合せなどの目標獲得から計算しますが、一方の費用は制作会社の見積りで決まるのが一般的です。毎月50万円売上が上がるなら、制作にいくら使っても採算がとれるか、という計算をするのです。リニューアル予算は「初期費用」で、リニューアル後には「月々の費用」がかかるでしょう。それも含めて時系列で考えると次のようになります。

	初期費用	月額費用	累積費用	累積売上価値
リニューアル時	2,000,000円	0円	2,000,000円	0円
1ヶ月目		100,000円	2,100,000円	500,000円
2ヶ月目		100,000円	2,200,000円	1,000,000円
3ヶ月目		100,000円	2,300,000円	1,500,000円
4ヶ月目		100,000円	2,400,000円	2,000,000円
5ヶ月目		100,000円	2,500,000円	2,500,000円
6ヶ月目		100,000円	2,600,000円	3,000,000円

5ヶ月で累積の費用に累積の売上価値が並び、元を取った状態になります。翌月からは利益が出るのです。5ヶ月で回収できるなら、それだけの費用をかけても問題ないと判断できるでしょう。

日本の会社の99.7％は中小企業です。中小企業にとってウェブのリニューアル費用200万円、月額費用10万円というのは決して安い金額ではありません。しかし、絶対的な金額として安いか高いかと考えてもあまり意味はありません。企業にとって費用とは、それより多く稼げるかどうか、回収にどれくらいの期間がかかるかです。売上に貢献する設備投資であれば何億円という工場も建てるし、高い産業ロボットも導入するでしょう。ウェブも同じです。「どれだけ稼げるか」から費用を決めるべきです。

リニューアル時に多い状況として、3社の制作会社が見積りがそろった、というタイミングがあります。比較してどれが妥当か考えなければなりません。

プランがまったく同じなら、当然いちばん安い提案がいちばんコストパフォーマンスが高いはずです。

	リニューアル費用	月額費用	売上価値
A社	2,000,000円	100,000円	500,000円（0.5契約×100万円）
B社	1,000,000円	50,000円	100,000円（0.1契約×100万円）
C社	300,000円	50,000円	50,000円（0.05契約×100万円）

売上価値を考えなければC社がずいぶん安いですね。でも、C社の案では月額費用と売上価値が同じで、リニューアル費用は永遠に回収できません。

一方、B社の案では20ヶ月後に累積費用が200万円、売上価値も200万円となってようやく追いつきます。しかし、20ヶ月もたてば会社の方向性も変わり、ウェブは次のリニューアルを考える時期です。投資回収期間としては長すぎます。

なお、制作会社自身は売上価値を提案できません。営業の契約率と契約単価がわからないからです。制作会社には「月に何件のお問合せがあるか」を提案してもらって、自社の基準で売上価値に換算します。

制作会社に「このプランでは月10件のお問合せがありますか？」と聞くのは酷と思う向きもあるかもしれません。その数を約束させて、結果が出なければリニューアル費用を払わないとなると問題です。リニューアルは制作会社だけの作業ではなく、顧客企業側にも責任があるのです。結果が悪ければ、一緒に原因を分析して改善すればよいだけのことです。

もしECサイトなら、売上目標を考えない会社はないでしょう。制作会社にもその目標を達成できるプランを依頼します。同じように、企業サイトでも売上価値の目標を立てて、制作会社にはそれを達成できるプランを依頼するのです。

こうして評価していけば、見積りの妥当性も客観的に判断できるでしょう。もちろん、制作会社のサポート姿勢などほかの要因もあります。できればほかの要因も金額換算をして、売上価値に算入して比較しましょう。

こうして、費用と売上のバランスがとれ、比較的短期間に費用が回収できる事業計画を描くことができました。

売上価値以外のウェブの価値とは

ここまでは、ウェブの「基本構想」をまとめ、それを実現するための費用と売上を考え「事業計画」を立てるという流れでお話をしてきました。お問合せなど顧客が住所氏名を送信することに基づく「売上価値」がこれまで重視されてきたウェブの価値なので、それに絞り込んで話をしてきましたが、ウェブの価値はそれだけではありません。

▼図　ウェブの3つの価値

■行動価値を計算する

住所氏名の送信を伴わないゴール到達も考えられます。代表的なものは、店舗検索をして実際に来店するというものでしょう。この価値をいくらと計算するかは実際にはなかなか難しいです。ウェブを見て店を見つけて来店したことを計測する仕組みがないからです。店頭で来店客にアンケートを行うか、ウェブで検索した人にクーポンなどをダウンロードさせ、それを店頭で回収するといった方法で、ウェブの影響が何パーセントあるかを調査します。

これは手間のかかる作業で、正確に測るのは難しいです。店舗への誘導が重要な会社では、店頭での調査を行って、店舗検索からの来店率を出し、

ウェブからの来店数÷店舗詳細ページの閲覧者数×100＝来店率（%）

として来店率を算出します。そのあとには、

店舗詳細ページの閲覧者数×来店率＝ウェブからの来店数の推計

として推計値を出すというのが合理的です。頻繁に調査を行うのは大変ですから、年に一度程度の調査によって、来店率を更新します。店舗検索システムを変更した際には、

・店舗詳細ページの閲覧者数が伸びたか
・来店率が高まったか

を調査し、評価します。

来店誘導については、来店者の平均客単価という比較的安定した指標があり、売上貢献の算出は簡単です。

来店数の推計×平均客単価＝来店による売上価値

となります。

お問合せなどの住所氏名を送信するタイプの目標による「売上価値」と区分して、このような価値を「行動価値」と言うことがあります。どちらも売上貢献として計算できるなら、店舗誘導を売上価値として合算してもよいでしょう。

工場見学や主催イベントへの参加など、売上として測るのが難しい価値については、1人あたりの価値を仮定して、1人獲得当たり1万円の「行動価値」を得た、という基準を自社で作ることになります。

基準となる金額をいくらと考えればよいかを質問されることが多いのですが、これは会社がその「行動価値」をどれくらい重視しているかによってまったく違うと言うほかありません。「1万円くらいかな」「いや、それは過大評価だろう」といった議論で、落ち着く基準金額を定めてください。

■閲覧価値を計算する

第1章で触れましたが、

ウェブを作る　→　だれかが何度も見にくる　→　その人がファンになる

のようにウェブはブランディング面でも大きな価値があります。ウェブはたくさんページが見られるだけで価値があるのです。この価値についても計測して金額換算し、ウェブ全体の価値として算入する必要があります。これを「閲覧価値」と呼びます。

閲覧価値は、ページが何度表示されたか（ページビュー数）に基づいて、それに単価をかけて計算します。

100万ページビュー×単価10円＝閲覧価値 1000万円
10万ページビュー×単価10円＝閲覧価値 100万円
1万ページビュー×単価10円＝閲覧価値 10万円

といった計算になります。1ページが1回見られるだけで単価10円の価値があるかどうかも、社内で議論が必要です。が、考え方の目安としては1ページビューあたり10円というのが妥当な線ではないかと考えています。

広報の世界では、新聞や雑誌に取り上げられたら、その記事の面積に基づいて「1行いくら」という計算をして価値を算出しています。テレビなどでは秒数です。

その背景には、その媒体の広告費があって、新聞なら1行いくら、1段いくらという単価が決まっています。テレビは時間帯などで変動が大きいですが、15秒CM1回の料金が決まっていますから、それに比して「今回は何秒放送されたから何円の価値がある」と計算することができるのです。

ウェブでも表示課金（インプレッション）型のバナー広告の料金が目安となるでしょう。バナー広告では1,000回表示されたら100円から300円といった金額となります。計算上1回の表示では0.1 ～ 0.3円となるわけですが、他社のサイトに広告が表示されただけで気づかなかった人もたくさんいます。1回表示の価格はもっと高いと考えなければなりません。

それにバナーのスペースは限られており、盛り込める内容にも限度があります。一方、閲覧価値の元となるページビューは、自社で自由に作ったページが見られたのですから、伝えられる情報量ははるかに多いでしょう。

こうしたことから、私は1ページビューの基本単価が10円程度であると考えています。各社のデータでこの単価を導入していますが、あまり問題は発生していないようです。

B2B企業が月10件のお問合せを得たいと考えたとします。10件のお問合せを得るためには、CVR 0.5％であれば、月2,000人の訪問が必要です。

月問合せ件数 10件 ÷ CVR 0.5％ ＝ 月訪問数 2,000人

閲覧価値の計算では、訪問者がどれだけ見たかが重要です。1人が1回アクセスするたびに平均3ページ見たのであれば、

月訪問数 2,000人 × 平均3ページ閲覧 ＝ 6,000ページビュー

となります。単価10円なら、月6万円の閲覧価値となります。

6,000ページビュー×単価 10円＝閲覧価値 60,000円

月6万円の価値ではあまりにも小さいと思われるでしょう。しかし、これが2倍の12,000ページビューになれば12万円、10倍になれば60万円です。ウェブ担当者の努力のし甲斐があるのが閲覧価値なのです。

しかし、この計算はあまりにも単純です。第1に、ページビューとは「あるページをブラウザに表示した」という意味しかなく、ちゃんと最後まで読んだかどうかが含まれていません。

■最後まで読んだかどうかを計測する「精読率」

最後まで読んだかどうか、を測るには「精読率」という考え方をとります。ページが何パーセントの位置までスクロールされたか（スクロール深度）を計測し、75%までスクロールしていたら「精読」、それ以下なら「非精読」と判定するといった定義を行います。

第2に、ページの重要度も考える必要があります。読ませたいページが読まれたなら高い単価をつけたいですが、プライバシーポリシーやサイトマップのような、「読んでもらうことでブランディング的価値があった」とは言いにくいページには低い単価をつけるのが妥当です。

まず、サイトのすべてのページを表にして、それぞれに基本の単価を設定します。そのページの精読率を計測して、精読にはより高い単価を、非精読には低い単価を与えます。

ある重要なページが月に1,000ページビューされ、その精読率が10%だったとすると、

1,000ページビュー×10%＝100ページビューが精読
1,000ページビュー×90%＝900ページビューが非精読
100ページビュー×単価 15円＋900ページビュー×単価 10円＝2,400円

という形で各ページの閲覧価値を計算することができるわけです。

これを全ページについて合計することで、サイト全体の閲覧価値を算出することができます。こうして3つの価値を計算すれば、

・売上価値：500,000円＝お問合せ 10件× 成約率 0.5％×単価 1,000,000円
・行動価値：50,000円＝工場見学 5人×単価 10,000円
・閲覧価値：60,000円＝6,000ページビュー×単価 10円

このサイトの価値は全体で月610,000円であると算出できます。

それぞれの単価の付け方には社内で十分な議論を行って、多くの人が納得できるようにする必要がありますが、どこまで議論しても1回の価値計算だけでは十分ではありません。同じ基準で計算した価値の値が伸びていることが重要です。

	2022年3月	→	2022年6月	
売上価値	500,000円	→	550,000円	110.0％
行動価値	50,000円	→	60,000円	120.0％
閲覧価値	60,000円	→	100,000円	166.7％
合計	610,000円	→	710,000円	116.0％

この例では、売上価値の伸びは小さいですが、閲覧価値が166％と大きく伸びています。ウェブ担当者の努力のおかげで、それだけより多くの情報を発信できるようになったとわかります。ウェブ担当者は、これらの価値の伸びによって評価されます。伸びが弱い分野があれば、そのデータに戻って手を打つことができます。

閲覧価値の計算は非常に複雑に見えますが、「サイト構成表」という全ページ一覧表を使えば、簡単に計算できます。サイト構成表のつくり方は第6章で、閲覧価値の計算方法については第8章で詳しく見ていくことにしましょう。

第4章

ウェブ立地とサイト構造

4-1 ウェブ立地に成果をもたらすための要件

ウェブとは、来てほしい人を定め、その人が歩いている道を見つけてそこに看板を出してサイトに招くものでした。来てほしい人それぞれに対して看板を出すことができるので、顧客が歩いているすべての道に面して立地することができます。

対象者は探していた情報がやっと見つかったのですから、喜んでサイトを訪れます。企業や製品の情報を詳しく得て、好感を持ち、またお問合せをするなどの目標行動を取る確率が高くなります。

対象者は課題の解決方法を探している

対象者は自分の課題の解決方法を探しています。課題というと大層に聞こえますが、「この週末、家族でどう過ごそう」なども立派な課題です。お出かけ場所の良い候補が見つかればそれで課題は解決します。遊園地のサイトにとってはこれはチャンスですが、対象者は「遊園地が解決策になる」とはまだ気づいていません。「アウトレットも人気だ」「郊外でおしゃれなカフェでも探す？」と幅広く考えています。

この対象者は遊園地を探しているのではなく、「週末をどう過ごすか」大通りを歩いているのです。遊園地サイトはこの大通りに立地しなければなりません。ほかの遊園地が競合なだけではなく、週末を家族が楽しく過ごすすべてと競合しています。厳しい闘いですが、逆に「遊園地を探していない人」にも遊園地を提案できるチャンスがあるとも考えられます。

それはたとえば、

・ストレスを発散したい人
・彼女との初めてのデート場所を迷っている人

・子どもがアクションヒーローが好きな人

などさまざまです。それぞれがそれぞれの大通りを歩いています。もしほかの遊園地がこの大通りに気づいていなければ、独り占めできる可能性があります。もちろん、

・遊園地を探している人

も大切な対象者です。実は、遊園地のサイトに「遊園地」という言葉が使われていないことが多いのです。テーマパークという言葉を使っていたり、常に「当園」と書いていたり。遊園地を探している人が訪れない状態を自ら作っています。今の自社サイトがそんな状態になっていないか、見直してみてください。

こうした大通りへの立地とは、いわゆるSEOのことではありません。アクションヒーローショーを探す人はGoogleよりユーチューブで探すかもしれません。デート場所を検討する人は、インスタグラムでハッシュタグを使う場合もあるでしょう。

多くのウェブ担当者が「うちもSEO対策をしなければ」と手法を先に決めていますが、それは得策ではありません。あくまで対象者がどこにいるかを調べてそこに看板を出すという順序で考えるべきです。「SEOをしなければ」「SNSマーケティングが流行っているらしい」と媒体を先に決めるのはマーケティングとしては誤りです。対象者がどこにいるか、調べるのが先決です。

リアル店舗では周囲の道に面してしか立地できませんが、ウェブはいくらでもページを作ることができ、外部に広告やリンクなどを設置するのも簡単です。すべての対象者が通る道に面して立地することができます。こんな有利な「出店」はありません。

看板を出すというとバナー広告のことと思われがちですが、業界専門誌にプレスリリースを送り、そこに自社サイトへのリンクを入れておく、というのも立派な看板です。対象者がユーチューブにいるなら、動画を作っ

てアップすることが看板になります。

看板を出すだけではない立地の要素

出会いのチャンスを作っただけでは良い出会いは生まれません。看板は対象者を一度はサイトに招き入れるかもしれません。しかし、そのチャンスに「良い情報を見つけた！」と説得できなければ良い出会いにならないのです。

集客施策を考えている人は「うちのサイトはそもそも集客が少なすぎる。サイトの改善よりもまずは集客だ」とよく口にします。気持ちはわかりますが、これも危険な考え方です。この順序だと「集客にコストをかけたのにゴールが生まれない」状態になりがちです。

実際、SEOや広告出稿する人が、自社のサイトに書かれていないキーワードで順位を上げようとしたり、広告を出そうとすることが少なくありません。

Googleなどの広告媒体は「CTR」（Click Through Rate。クリック率。広告の表示回数に対するクリック回数の割合）を高めましょう、と言います。広告媒体側はクリックが増えれば広告収入が増えるのでこう言うのは当然です。が、広告主側から見ればCTRが高いだけではいたずらに広告費がかかるだけです。

広告表示 10,000回 → クリック数 100回（CTR 1.0%）→
目標到達 1回（CVR 1.0%）
広告表示 10,000回 → クリック数 300回（CTR 3.0%）→
目標到達 1回（CVR 0.3%）

クリック数が100回から300回になると広告予算も3倍になることに注意が必要です。CTRだけを高めても、目標到達率が下がって「費用対効果が薄まるだけ」となりがちです。広告出稿担当者からは「そうは言ってもこの目標到達数を失うわけにいかないので、いまさら広告をやめられないんです」という言葉をよく聞きます。

やめなくてもよいのですが、いったん費用を下げて出血を止め、その間に目標到達に効率の良い広告はどれかを調べましょう。それが特定できたらその広告に予算を集中して出稿を増やし、目標到達の増加を確認してからCTRを高める。いわゆる「選択と集中」の流れです。

いずれにしても、広告やSEO、さまざまなSNS、プレスリリースなど、出会いの機会を作る「立地方法」は選択肢が広がり、単価が低く作業が楽な方法が増えました。企業にとっては良い時代です。生み出した出会いのチャンスを生かすために、サイトが対象者たちを目標まで案内できる状態になっているかどうかを先に検証してから集客するほうが予算効率は良いのです。

▼図　ウェブが成果を出すために必要な3つの要素

ウェブで成果を出すためには、「お客になりやすい人」を集め、その人に「良い会社だ、良い製品だ」と思わせ説得し、その人をお問い合わせや商談希望などの目標に向かわせ、名前やメールアドレスを取得することが肝心である。

ウェブでは適切に対象者を集める「集客」が必要です。そのために対象者の歩いている道を探して看板を出すようにします。すると対象者がサイトにやってくるようになります。

ところが、多くのウェブサイトが「説明不足」です。製品写真に製品名、型番と説明が30文字程度。このブロックを製品の数だけ縦積みにした製品情報ページが大半です。

▼図　「無口」な製品情報ページ

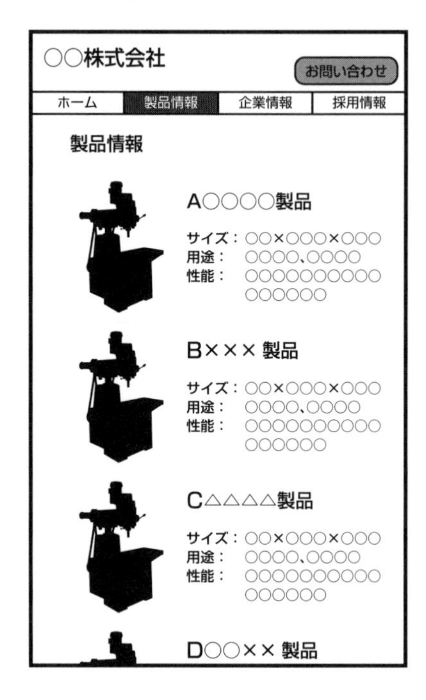

製品が並んでいるが、初めて見る人には違いがわからない。そのため、どの製品が自分の課題を解決してくれるのかもわからない。

それ以前に、このページに人がやってくる理由がない。
このページに来るのはすでに会社のことを知っている人が多いと考えられ、新規顧客の獲得に結びつくのは難しそう。

図のように製品はA、B、C…… と並んでいます。看板を見てやってきた対象者はこのページしか見ていません。製品Aの特長を求めていた人はこの製品情報を見て、「製品Aが自分が探していた製品だ」と気づくことができるでしょうか？　製品Eの特長を求めていた人も同じページに来るでしょう。かなりスクロールしなければ、製品Eを目にすることさえ難しいかもしれません。

サイトを訪れる対象者は、自分の課題を解決するために探し物をしていました。そこに御社の看板が出ていたので「お、これは解決策になるかもしれない」と興味を持って訪れたのです。

出迎えるページは当然、「良い解決策を見つけた！」と感じさせる内容でなければなりません。期待してクリックしただけがっかりされてしまえば、二度と同じ看板に反応しなくなるでしょう。

訪問者の7割が自社のことを知らない

もう1点、サイトを訪れる大半の人はこの会社のことを知らないということに気づきましょう。

B2Bの会社では「うちは業界ではそれなりに知られているから」とよく言われます。しかし、それなりに知っている人たちはすでに顧客や取引先であって、サイトに来てくれても問合せなどの目標には到達しません。営業に電話したほうが早いことを知っていますから。

客観的な事実として、大半のウェブサイトでは全訪問者の3分の2が自然検索から訪れています。実際には自社サイトのデータで確認していただかなければいけませんが、ここでは66%としましょう。多くのサイトで目にする数字です。

▼図　ウェブサイトの集客チャネルごとのシェア

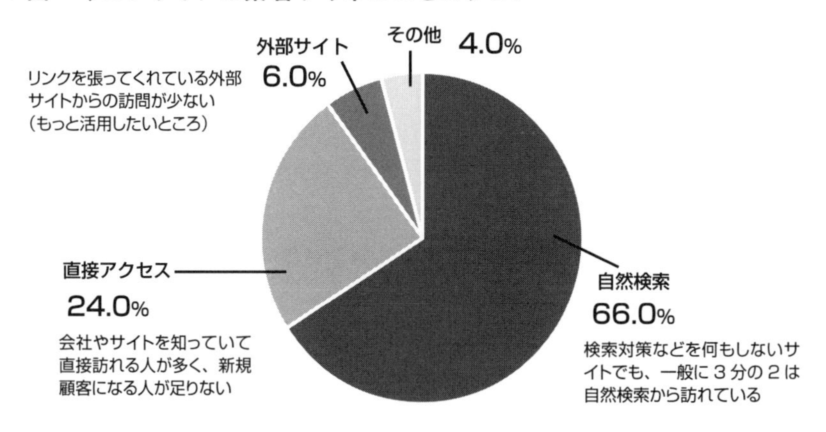

外部サイト
6.0%
リンクを張ってくれている外部サイトからの訪問が少ない（もっと活用したいところ）
その他
4.0%
直接アクセス
24.0%
会社やサイトを知っていて直接訪れる人が多く、新規顧客になる人が足りない
自然検索
66.0%
検索対策などを何もしないサイトでも、一般に３分の２は自然検索から訪れている

66%のうち、最も多い検索キーワードは会社名です。特にB2B企業では会社名の割合が高く、10%前後になります。掛け合わせると、訪問者全体の6.6%となります。

サイト訪問者の25%程度は直接アクセスで訪れます。直接アクセスとは広告や検索ではなく、外部サイトのリンクをクリックしたのでもなく訪れたのです。これは、もともとこの会社やサイトのことを知っていた人と考えるのが自然です。ブラウザの一時記憶から来たのか、お気に入り登録からでしょう。よく知っている人は、直接ブラウザのアドレス欄にこちらのサイトのアドレスを打ち込んで来てくれたのかもしれません。

■直接アクセスの内容を確認する

Googleアナリティクスでは、チャネルが判別できなかったものを全部「直接アクセス」に入れて集計してしまうため、どうしても直接アクセスの率が増える傾向があります。それでも比較的多くの人が直接アクセスで来ており、それらの人の中にもともと会社のことを知っていた人が多いことはまちがいありません。

仮に、

会社名検索の訪問者+直接アクセスの訪問者

が「もともと会社のことを知っていた人」だとすれば、3割程度となります。

Googleアナリティクスで「集客 > すべてのトラフィック > チャネル」の画面を開き、「Direct」という項目を見つけてください。これが「直接アクセス」のことです。Directは青文字になっていて、クリックすることができます。クリックすると、「ランディングページ」の表に進みます（右ページ図）。

この画面は直接アクセスの人がやってきた入口ページを示しています。このデータを確認すれば、「うちの会社を知っている人はどこから来てくれているのか」がわかります。

おそらく表のいちばん上にはトップページがあるでしょう。上位には企業情報や製品情報の目次ページが見られるはずです。

上の図は実際のサイトのデータです。URLは隠していますが、数字は

▼図　Googleアナリティクスのチャネル、Directのランディングページ

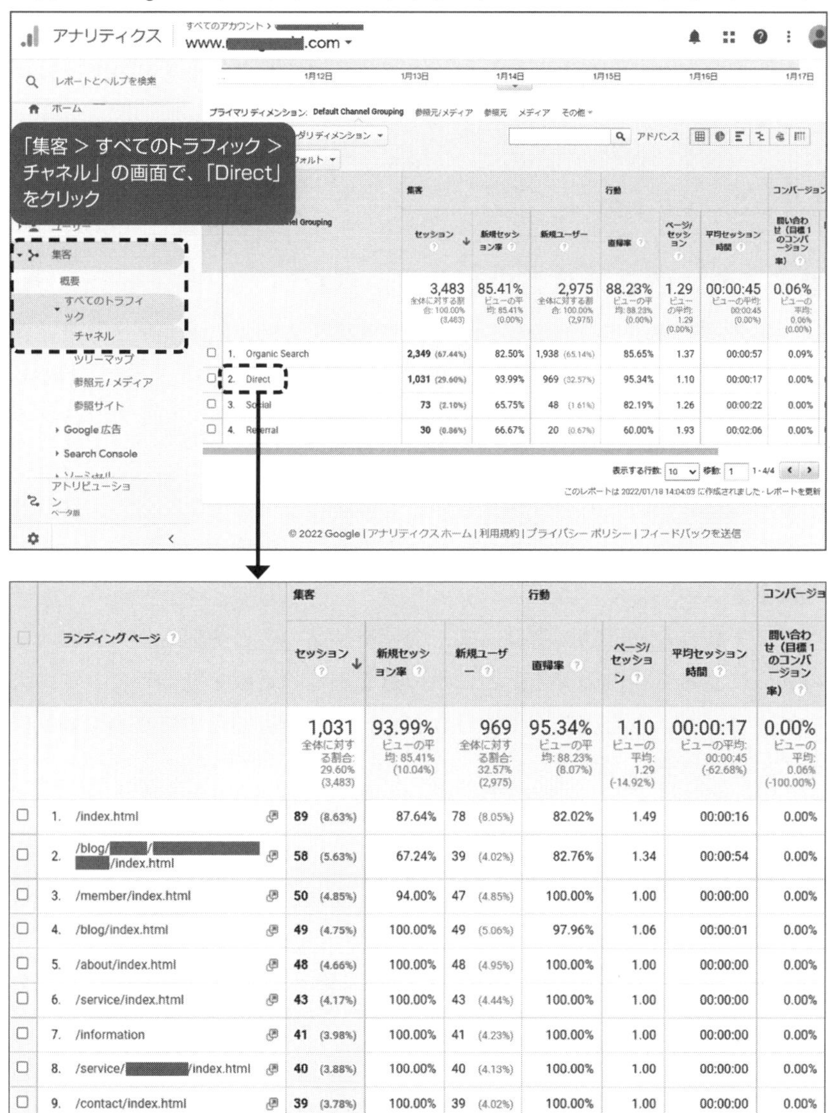

直接アクセスで人がやってきたページのデータが一覧される。自社のことを知ってくれていた人がやってくる集客点は、トップページだけとは限らない。

そのままです。「/contact/index.html」とお問合せフォームが上位（9番目）になっているのがうれしいところです。何度かこのサイトを見て「今日はいよいよお問合せをしよう」と思って再訪してくれたのかもしれません。

ところで、サイトを訪れた人の3割は会社のことを知っていて、トップページや企業情報から訪れることが多い一方、残り7割の人はどこから訪れているのでしょう。

■多くの訪問者は見たい情報しか見ない

新規ユーザーがどのページから入ってきているか、Googleアナリティクスで見てみると、なんだか階層の深いページからやってきているとわかります。ウェブ担当者でさえ、「このページ、何だっけ？」とすぐにはピンと来ないかもしれませんね。

多くの会社が、お問合せが欲しいと思っています。それなら、お問合せをしそうな人と出会っているのは、こうした深い階層のページだということにまず気づいてください。

ここを訪れた初回訪問者は、まだ会社や製品のことを何も知らずに、この入口に立っているのです。どこかの道で御社の看板を見つけて、この入口に来ました。少し興味があるけれども、まだ何も知らずにこわごわ入口から中を覗き込んでいます。

この人は何か知りたいことがあって情報を探していたのです。だから、この入口のページに探していた情報があるかどうかがいちばん大切です。先ほどの製品情報ページのようにほとんど情報がないページに来てしまったのでは、「欲しい情報はないな」と帰ってしまいます。

一方、技術情報などで文字数の多い読み物ページだった場合はどうでしょう。この人にとってはまさに探していた情報が掲載されています。すると、この人はページをスクロールして内容を詳しく読みます。一般に1ページは表示されてから移動されるまで30秒程度の閲覧時間ですが、1分以上このページを読むかもしれません。

読み終わったとき、どうするでしょうか。訪問者にとっては探していた情報が見つかって、それを読めたのですから、このページを読み終わった時点で目標達成です。この会社がどんな会社か、どんな製品を持っているのかはまだ知りません。普通に言えば、読み終わったらサイトを離脱するのが自然です。ほかのサイトを探して、もっと情報を得ようとするでしょう。

多くのウェブ担当者がこの点をピンと来ていないようなのですが、求めていた情報を見つけて下層のページに訪れた人は、掲載されていた情報に興味を持っただけであって、会社の名前には注目していません。「全部のページに会社のロゴマークが載っているから」と言う人もありますが、大半の人は読み飛ばして本文に入ってしまいます。ロゴの社名を読んで記憶にとどめようとはしません。かなりの有名企業でも同じです。

人が画面のどこを見ているかを計測できる「アイカメラ」を使った実験を見ると、被験者の視線はウェブページのイメージ写真か大きな見出し文字に引き寄せられます。「見たい情報」があって探し物をしていた人は、出てきたページに探していた情報が載っているかどうかをすばやく判断したいですから、見出しに注目します。見出しを見てそのページにだいたい何が書いてあるか把握して、「自分の求めた情報に近そうだ」と思えばそこから下へ視線を動かし、本文を読み始めます。

もし見出しから「求めていた情報がなさそうだ」と感じたらすぐに出ていってしまいます。実にすばやく、的確な判断です。本文を読むか、すぐに帰るか。どちらにしても、大切なのは見出しであって、会社名ではありません。

内容に引かれてサイトを初回訪問した人は、ページの内容を見ても、会社名やその製品情報にはまだ関心を持っていません。ページの上のほうにはグローバルナビゲーションと呼ばれるボタン群があって、「製品情報」「企業情報」といったボタンを押すことが可能ですが、まだ関心がないので企業情報のボタンを押そうとは思いません。

だから多くの新規訪問者が、ほかのページを見ることなく1ページだけで離脱します。求めていた情報が掲載されているページを見つけて読んで、目的が達せられたのですから帰るのです。

対象者が1ページで帰らないサイトには何がある?

多くのサイトで47.5%もの訪問者が1ページだけを見て帰ってしまっています。これは平均値ですから、50～60%がすぐに帰るサイトだって珍しくありません。

残りの半数弱は、すぐに帰らないでほかのページを見ていきます。大変ありがたいことですが、このページからお問合せに引っ張っていくためには何が必要なのでしょうか。理由は次のいずれかと考えられます。

①ほかにももっと興味深い関連情報があることに気づいたから
②自分の課題を解決してくれる製品やサービスが紹介されていたから
③この会社が優れた会社と気づき、メリットがありそうと感じたから

今のウェブページには、3つのうちどの要素もないものが多いです。サイト全体をリニューアルするより先に、この3つの要素を載せるようにしましょう。

■①ほかにももっと興味深い関連情報があることに気づいたから

①は、サイト内の別のページへのリンクです。

仮に対象者が「高精度の金属加工が必要なのだがいつもの加工会社に断られた」という悩みを抱えていたとしましょう。そこで高精度な金属加工についての情報を探していました。見つけたのがこの会社の技術情報のあるページで、自分に役立ちそうな金属加工技術についての記述がありました。

「これは良い情報だ。こうした高精度な加工は不可能ではないのだな」と思ったら、ページの下のほうに「→ さらに加工精度を高めるための方法とは?」なんてリンクがあったらどうでしょうか。すぐにこのサイトを離れるよりも、次のページも読んでおいたほうが良さそうだと感じてリンクをクリックするでしょう。

この1クリックがとても大切なのです。情報を探している人は、1つのサイトで答えを見つけたら、ほかのサイトへ行って答え合わせをしたいのです。ネットの情報はとかく信ぴょう性が不確かですが、複数のサイトに同じ答えがあれば信じられます。だからどうしても1ページで帰る人が多くなります。

しかし、1回クリックしてサイト内の別のページに移動すれば、戻ってほかのサイトを見る気持ちが減ります。このサイト内でもっと詳しく見ていこうという気持ちが強まります。だから、1ページで帰る人が60%いるサイトでも、帰らなかった人は平均5ページ以上見ているということが少なくないのです。

仮に訪問者が1万人、平均3ページ見られているサイトがあったとすると、

・全体：
　訪問者10,000人×平均3ページ＝30,000ページビュー
・1ページで帰った人：
　60％ →6,000人×平均1ページ＝6,000ページビュー
・2ページ以上見た人：
　40％ →4,000人×平均6ページ＝24,000ページビュー

となり、1ページで帰らなかった人たちは平均6ページも見てくれていることがわかります。これが閲覧の実態です。全体では平均3ページしかないし、すぐ帰る人が60%もいると言うとさんざんな成績のサイトのように聞こえますが、実際には、興味を持った人は6ページも見てくれています。サイトのつくりが悪いわけではなさそうです。

同じような状況でも、1ページで帰った人が3割しかいなかったと仮定すると、

・全体：
　訪問者10,000人×平均3ページ＝30,000ページビュー

・1ページで帰った人：
　30％ → 3,000人×平均1ページ＝3,000ページビュー
・2ページ以上見た人：
　70％ → 7,000人×平均3.9ページ＝27,000ページビュー

計算した結果、2ページ以上見た人も結局3.9ページしか見ていないとなると、このサイトは十分に訪問者の興味を引き出せていないと感じるかもしれません。簡単な計算ですから一度自社サイトで、2ページ以上見た人が平均何ページ見たのか確認してみるとよいでしょう。

ウェブページの下のほうには、今のページの内容に関心を持った人が「もう1ページ見てみたい」と感じる関連情報へのリンクがなければなりません。

■②自分の課題を解決してくれる製品やサービスが紹介されていたから

関連情報は、同じような読み物でなくてもかまいません。②の「自分の課題を解決してくれる製品やサービスが紹介されていたから」というリンクも有効です。サイトを訪れた対象者は実際に自分の解決策を見つけたいのです。製品やサービスはもともと、対象者の課題を解決するために作られています。だから、ある情報を探してサイトを訪れた人に、「その課題はこの製品で解決できますよ」と伝えることは、宣伝ではなく、対象者の課題解決の提案なのです。

ここが勘所ですが、そのページの内容に関係なく、ただ製品を見せるバナーが掲載されているだけでは宣伝としか受け取れません。宣伝ではクリックされません。製品宣伝バナーではなく、「あなたのこの課題を解決するためにこの製品がある」ということをページの内容と関連付けて伝えることです。そうすれば「自分の長年の課題を解決する良い製品が見つかった！」となります。次のページへのリンクとは、宣伝を掲載するのではなく、対象者への提案なのです。

■③この会社が優れた会社と気づき、メリットがありそうと感じたから

③が最も重要です。求める情報を探してあるページにやってきた時点では、訪問者は会社のロゴも見ないし、どこの会社のページに来たのかも興味がありません。業界では知らぬ者がない一流企業でも、この時点の訪問者にとっては「ぜんぜん知らない会社」です。ぜんぜん知らない会社は、良い製品を持っているはずがありません。優れた技術を持っているとも思えません。

この感覚のままでは、絶対にお問合せをしようとは思いません。どこの馬の骨ともわからない、というのは言い過ぎかもしれませんが、知らない会社に住所氏名を明かすのははばかられます。ひどい売り込みをかけられるかもしれません。

まだ最初の1ページを見ただけです。そこから企業情報に移動して詳しく見てくれれば、良い会社だと気づいてくれるかもしれませんが、まだ興味のない会社ですから、企業情報には移動しません。

しかし、その最初の1ページに「創業元禄5年」と書いてあったらどうでしょうか。この一言だけで「え、そんな歴史のある会社なのか！」と思うかもしれません。そこで初めて、最初の1ページの内容への関心から、その会社への関心につながるのです。会社の良さを示すのは歴史だけではありません。「金賞受賞」「認証取得」「日本の名工」「シェア70%」「売上3倍増」から「あのイベントのスポンサー」まで、さまざまに会社の自慢があるはずです。「あの有名製品に部品を供給」というのも技術力や評価を伝えるのに有効でしょう。

▼図　入口ページが持っているべき要素

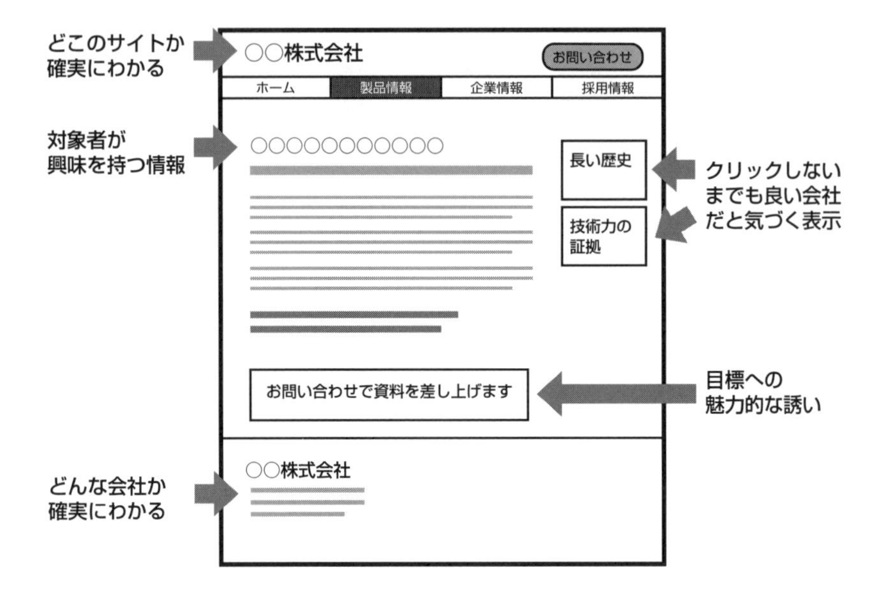

訪問者は自分の関心に従って見出しから本文を読みだし、ページを下にスクロールしていきます。その途中、もしくはページの下のほうでこうした自慢に触れると、「この会社は良い会社かもしれない」と感じます。図のように、ページの右側におすすめページへのリンクバナーを加えてみましょう。このバナーはクリックされてもよいのですが、クリックされないまでも訪問者に会社の良さに気づかせられたらそれでよいのです。

これまで知らなかったけど良い会社を見つけた、と考えたら、コミュニケーションしたくなります。営業の名刺くらいもらってもいいかなと思うでしょう。何か資料があるなら、住所氏名を書いてでももらっておこう。そう思わせる力が「会社自慢バナー」にはあるのです。

ページの上部にはボタンがたくさんあり、スペースが混み合っています。ここには会社自慢をはさむ余裕があまりないでしょう。ページの下部であればいくらでも情報を増やせるのですから、うまく自慢を配置してください。

ページの左右にナビゲーションがある場合には、ナビゲーションの下が大きな空き地になりがちです。ナビ下の空間はブランディング情報を入れる非常に良い場所です。

会社自慢はいわゆるバナーにするだけでなく、「○月○日、△△山に社員が植樹しました。」といったニュースを加える方法もあります。自然に優しい製品の横に、環境活動を実践するニュースが掲載されていたら、その製品が嘘ではないと伝えることができます。ニュースはナビ下の空き地を有効利用するのに良い題材です。

バナーにしてもニュースにしても、クリックすれば移動して、その自慢情報が詳しく読めるページが出てくるはずです。企業情報や技術情報、ニュースなどのコーナーを活用してそうしたページを作成し、そこへのリンク文を工夫することで入口ページに立っている訪問者に会社の良さを伝えるのです。

こうした「この会社は良い」と気づかせる根拠（エビデンス）が入口ページで表現されていることが、訪問者を呼び止め、「この会社の情報をもう少し見ていこう」「お問合せしよう」と感じさせることにつながります。

B2Bサイトだけでなく、ECサイトでもこうした会社自慢は不可欠です。ECサイトこそ事業者数が多く、同じ商品を売っていても個人なのかしっかりした会社なのかわかりません。「このサイトで買い物して大丈夫だろうか」と心配になります。

ところが非常に多くのECサイトが、ページのいちばん下、フッタ部分に小さな文字で「会社概要」と書かれているだけです。見に行っても、その会社が良いと思えるエビデンスが何も示されていない、単なる会社概要の表示が載っているだけです。これでは売れません。

4-2 顧客の役に立つ「コンテンツ」を作る

対象者は、自分の課題を解決するために情報を探しています。企業はその人が探して歩いている道（検索エンジン、ポータルサイト、ニュースサイト、業界紙、展示会サイト、SNSなど）に、「その解決策はこちらにあります」と看板を掲げ、気づかせます。

入口になるページにはその人の課題解決になる情報が掲載されており、対象者はそのページを読みます。ページには、興味深い関連情報がほかにもあるとリンクがあり、また課題を解決してくれる製品・サービスが紹介されています。

バナーやテキストでこの会社の良さのエビデンスが示されており、それに背中を押されて、対象者はほかのページへ移動し、たくさんの情報に触れます。何ページも見るうちにさらにこの会社への信頼感は増していきます。これがお問合せや会員登録、資料ダウンロードなどの目標到達を実現するのです。

これを図式化すると、次のようになります。

▼図　入口から目標に至るサイト構造

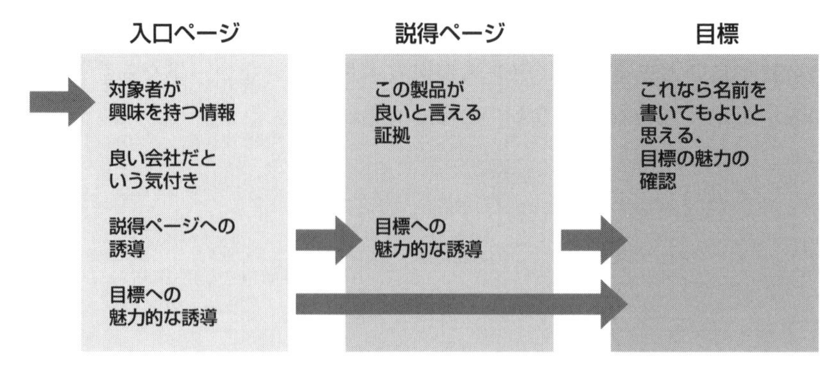

コンテンツとはなにか

サイトには、複数のページで「対象者の関心を引く情報」が掲載されています。こうした一連のテーマで複数ページが集まっているものを「コンテンツ」と呼んでいます。コンテンツとは「中身」やそれを並べた「目次」を表す言葉ですが、ひとかたまりの情報セットのこともコンテンツと呼びます。

製品情報や会社に関する言葉が少なく、関心の持ちようがないサイトに決定的に欠けているものがこうしたコンテンツです。

コンテンツは検索エンジン対策のためだと思い込んでいる人がいますが、そうではありません。コンテンツがないウェブサイトでは、検索どころか、対象者と出会うこともできません。

コンテンツについては、まちがった定義を書いているサイトが山のようにあります。検索して調べようとすると、残念ながら検索結果上位に嘘ばかり出てきますので注意してください。いちばん多く見られるのは「コンテンツとは情報の中身のこと」というものです。これでは何のことかわかりません。

中には「商品の販売につなげるだけの自己中心的な内容はだめである」と書かれている記事も見られます。確かに自己中心的なのは褒められたものではありませんが、商品情報がだめと言われては企業は困ります。商品はもともとお客様の役に立つように機能を整えたものであって、商品を売ることで企業は社会に貢献しているのです。商品の情報をていねいに掲載することは十分「良いコンテンツ」となり得るものです。商品を隠して何かおもしろ情報コーナーを作らなければならない、と考えてはいけません。

また、「コンテンツとは教養または娯楽を提供する著作物です」と書いているサイトもあります。これもピント外れも甚だしい“定義”です。商品情報は教養または娯楽に該当しないのでコンテンツではないそうです。また著作物とは創造的活動で生み出されたものであって、企業が出す情報はそもそもコンテンツではないと言いたげです。

これを書いている人がまちがっているのは、「コンテンツ法」の条文に引っ張られているためです。この法律の「第二条（定義）」には、次のように書かれています。

第二条　この法律において「コンテンツ」とは、映画、音楽、演劇、文芸、写真、漫画、アニメーション、コンピュータゲームその他の文字、図形、色彩、音声、動作若しくは映像若しくはこれらを組み合わせたもの又はこれらに係る情報を電子計算機を介して提供するためのプログラム（電子計算機に対する指令であって、一の結果を得ることができるように組み合わせたものをいう。）であって、人間の創造的活動により生み出されるもののうち、教養又は娯楽の範囲に属するものをいう。

※「コンテンツの創造、保護及び活用の促進に関する法律」より引用

これがすべての「コンテンツ」の定義だと思ったら大まちがいです。あくまで「この法律において」なのです。コンテンツ法は「クールジャパンコンテンツビジネス」の著作権のために作られた法律で、企業が提供するウェブのコンテンツを規定するものではありません。

正しいコンテンツの定義はもっと簡単で、「対象者の役に立つ情報」です。製品情報を基にしていようが、お客様の役に立つ情報であればよいのです。

人の目に留まるコンテンツとは

対象者の役に立つ情報と言いましたが、ただ、この「役に立つ」の部分がちゃんと作られていないサイトが多すぎるというのが問題なのです。多くのサイトで、製品情報は製品パンフレットから書き写したものです。製品はもともとお客様の役に立つように考えられていますから、製品パンフレットから書き写してもお客様の役に立つ情報になりそうなものですが、

パンフレットはそうなっていません。

なぜならパンフレットは一般にスペースに限りがあるからです。裏表のチラシや2つ折り4ページ、多くても8ページ程度の中に製品の良さを詰め込まなければなりません。

特長1：精密な加工ができる機械
特長2：だれでも簡単に扱えるユーザーインターフェイス
特長3：導入がすばやい
特長4：価格が安い
特長5：メンテが簡単でランニングコストが安い

などの特長が順番に説明されているものです。しかし、これは全部が「同じ人」の役に立つ情報ではありません。価格が高くても精密な加工ができる機械を求めている人と、だれでも簡単に扱える機械を探している人では、探し方が違い、重視するポイントも異なります。

いくつかの特長をただ箇条書きで並べただけでは、どのポイントを重視する人もこのサイトに訪れません。それぞれの特長を求める人の目に留まるコンテンツとして、特長を個別のページにしていくことが大切です。

1ページ目：加工機械はどこまで精密な加工が可能なのか？
2ページ目：加工機械に求められる新人社員でも扱える簡単さ
3ページ目：加工機械購入決定から導入までわずか○日？
4ページ目：これだけ精密な加工ができる機械でこの価格の秘密とは
5ページ目：機械は導入後のランニング、メンテナンスコストが重要

このような形で、それぞれのポイントにしっかりと焦点を当てた記事にし、それぞれのページがそれぞれの特長を求める人の入口ページになるよ

うにするのです。

おすすめなのが営業へのヒアリングで、その製品を選んだ人が重視することが多かったポイントを聞き、それに基づいてページを考えるとよいでしょう。特に重視する人が多いポイントは2ページ、3ページを割り当ててたっぷりアピールします。

▼図　コンテンツページが、それぞれを重視する人の入口になる

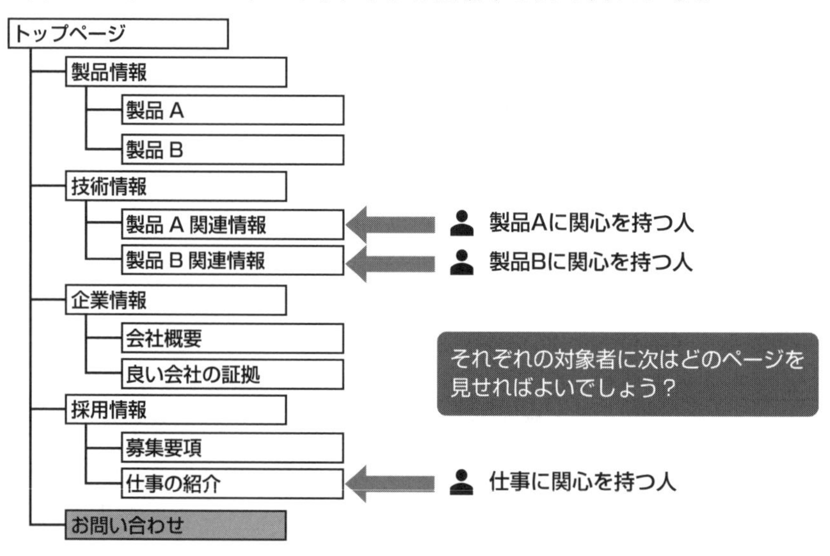

これらのページは一般的には、この製品のページの下にぶら下げる形で掲載します。この方法なら、今ある箇条書きの製品特長ページにリンクを挿入するだけですから、変更に手間がかかりません。

重要なことは、これらのページはそれぞれが、互いに「関連情報」となることです。重要な特長で2ページ書いたなら、1ページを読んだあとでもう1ページをおすすめするリンクを入れることがごく自然にできるでしょう。もともと関心のあった訪問者ですから、このリンクは多くの人がクリックするでしょう。また、「精密」を読んだ人は、「安い」にも関心を持つかもしれません。「安い」を読んだ人は「ランニングコスト」にも関心

を持つと考えられます。

このように互いに「関連情報」を持つコンテンツは、1ページだけでの離脱を防ぐ力があります。

■コンテンツづくりにかけられる予算

こうしたコンテンツをこれまで作ったことがない会社も多いのです。そうすると、ページをたくさん作ることに予算的な理解を得られなかったり、社内でなんとなく抵抗感が出てきます。「ホームページでそこまでしなくていいよ」とよくわからない理由で反対されます。

予算については、さきほどの例のように1製品につき5ページ作成するとなると、製品が50あればそれだけで250ページになりますから確かに大変です。しかし、これは商売です。全製品を平等に扱う必要などありません。事業部が重視している製品、会社として打ち出したい製品など優先順位を決めてコンテンツにしていくだけのことです。

たとえば、リニューアルのタイミングで少数の重要製品だけをえこひいきします。2製品に10ページを単価3万円で作成すれば、30万円です。この投資で、「製品AとBだけ問合せが増えた！」という状態を作ればよいのです。

お問合せ 10件×契約率 5%×単価 100万円＝売上価値 50万円

↓

お問合せ 15件×契約率 5.2%×単価 100万円＝売上価値 78万円（156.0%）

このように大きく向上させることができます。契約率も、もともと関心の高い対象者が訪れることで少しだけですが向上させています。毎月78万円の売上価値があるなら、年間で936万円。1000万円の大台が見えてくれば、「次はあと10製品50ページ、全部で150万円の追加投資をしよう」という判断もしやすくなるでしょう。

サイト構造に落とし込む

先ほどの図で「入口から目標に至るサイト構造」(198ページ)を見ましたが、当然、これらのコンテンツからは製品情報へのリンクがなければいけません。また、「今お問合せをすればこの特長についてのデータ資料がもらえる!」などの形で、魅力的に目標への誘導を行いましょう。

データ資料というのは普通に営業が持っているExcelの資料のPDF化でかまいません。「資料をプレゼントといってもうちにはそんなに印刷物はないし」というウェブ担当者が多いですが、顧客にとって資料が立派な印刷物である必要などまったくありません。興味深いデータなら体裁などどうでもよいのです。むしろ立派な印刷物だとかっこうばかり良くて、宣伝文句ばかりで役に立つことなど何も書かれていないことは、ほかの会社の資料でいつも体験していることではありませんか。

もちろん、目標や製品といった誘導先へ、訪問者の背中を押すのは、「この会社が良い」というエビデンスです。

サイト構成図で見たように、これらのコンテンツはやや階層が深く、図ではいちばん下に描かれることが多い「末端」のページです。基本的に、末端のページは元いたはずの目次に「戻る」というリンクしか入っていないことが多いです。会社の良さを伝える要素もまったくありません。

これら末端のページは、今や検索やSNS、外部リンク、広告などから直接訪問者の入口となることが多いため、必ずしも目次からクリックして来たわけではないのです。

**▼図　上層のページから目次をクリックして移動した人と
ランディングした人の見え方の違い**

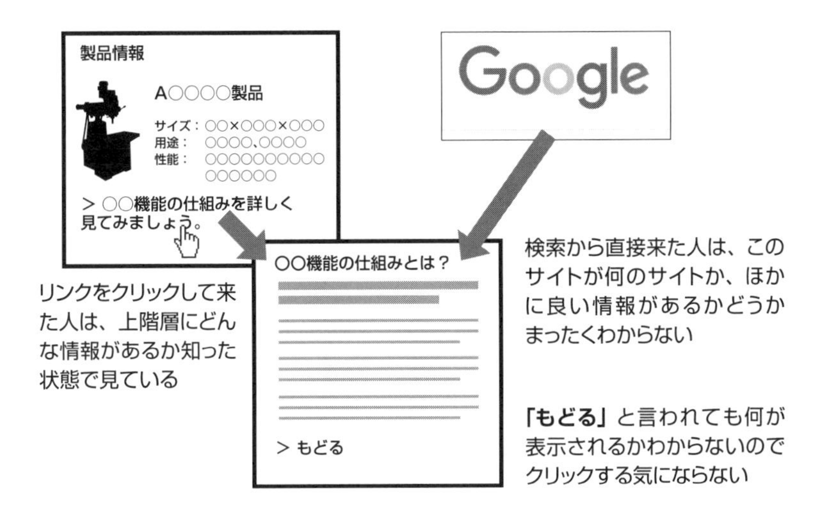

外から来ていきなりこのページに着陸（ランディング）した人は、目次のほうをまだ見たことがないので「戻る」と言われても魅力を感じません。訪問者は戻りたいのではなく、自分の関心に沿って先に進みたいだけです。

ウェブ立地の考え方に立てば、訪問者の多くは末端のページから入ってきて、進む先を探します。それが見つからなければ多くの人がすぐに帰ってしまいます。

ウェブは、対象者が歩いているすべての大通りに面して立地することができます。外部に看板を掲げます。看板になるのは、外部リンク、広告、検索、リリース、SNSなどさまざまあるので、対象者によって選びます。

看板を出して存在に気づかせ、自社のコンテンツに招き入れます。この入口で会社の良さに気づかせ、関連情報や製品情報、目標に向かって誘導します。

これを全サイトでさまざまな対象者に対して行っていけば、サイトは次のような構成になります。

▼図　アリ地獄型ウェブサイト

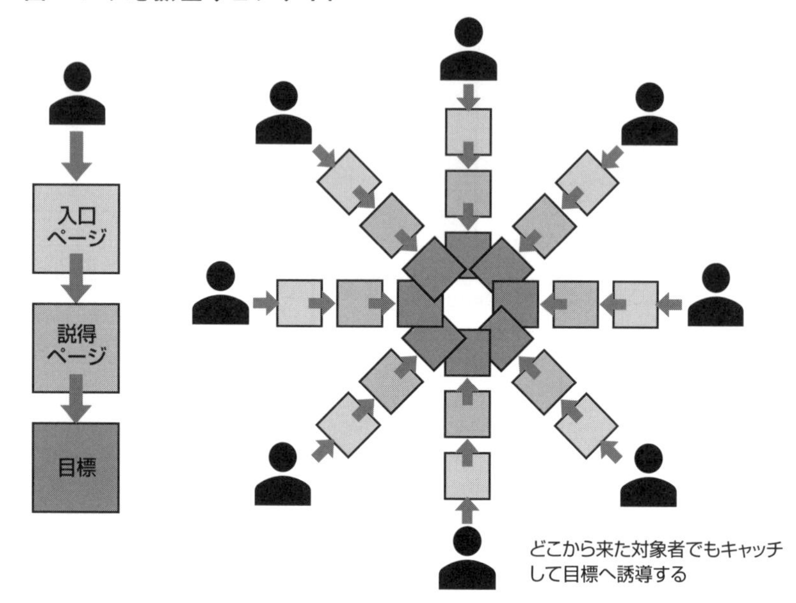
入口
ページ
説得
ページ
目標
どこから来た対象者でもキャッチして目標へ誘導する

一般的なサイト構成図とは大きく異なりますが、効果が出るウェブは必ずこのようにたくさんの入口を持ち、目標に移動したくなる動線を持っています。周囲から対象者がやってきて、全部が中央の目標に落とし込まれていくため、これを「アリ地獄型ウェブサイト」と呼んでいます。

アリ地獄型の構成は特殊なように見えますが、実は普通のサイト構成図として整理が可能です。

▼図　一般的なサイト構成図

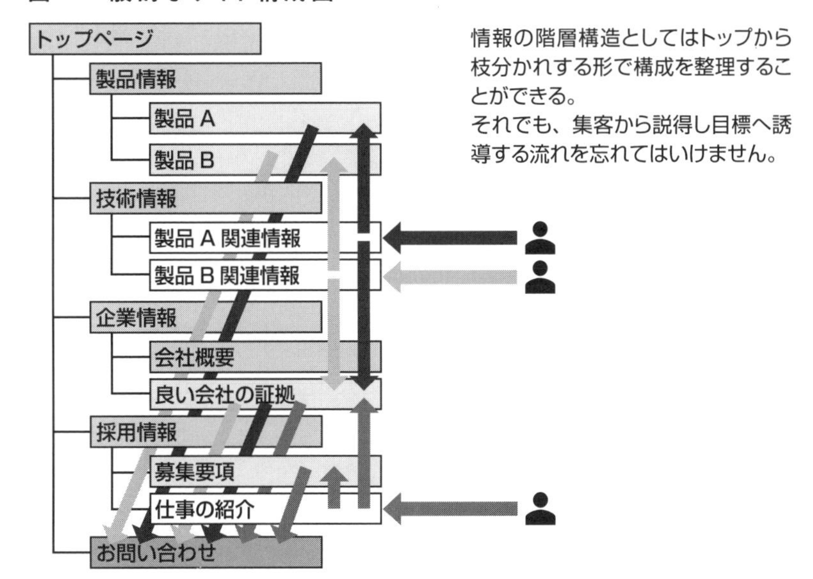

ウェブは、普通のパソコンのデータと同じように「フォルダーの中にフォルダーを作ってファイルを入れていく」階層構造なので、すべてのページはどこかのフォルダーに収めていく必要があります。ですので、アリ地獄型の形で考えたページ群を、一般的な階層構造の形で整理する、という順序で進めれば良いのです。

これでウェブ立地に基づいてサイト構造を考えることができるようになりました。あとはどんな対象者が実際にいるか、どれだけの数を集客できるのか、いよいよ次章から、実践的に調査していくことにしましょう。

第5章

立地調査の進め方

5-1 自分の手で「概略調査」を始める

対象者がリストアップできたら、いよいよ調査にかかります。どの大通りをどれだけの対象者が歩いているか調べ、どんなコンテンツを持ったサイトにすべきか検討していきましょう。

どんな情報を探す人が何人いるかは、検索エンジンの検索回数に反映されます。これはいわゆるSEOのためではなく、あくまで調査をし、対象者が何を求めているかを知るためです。

自社製品にニーズの合致する人が調べていそうなキーワードをリストアップして、一つ一つ、関連キーワードの検索回数を調べていけばよいのです。期待したキーワードがぜんぜん検索されていないこともありますが、それがわかるだけでも収穫ですから、一喜一憂せずに調べ、世の関心の実態に応じた形でサイトづくりを進めます。

2章でも紹介しましたが、リアル店舗の開業指南書において、次のように書かれていました。

その物件から地図を片手に自転車で、東西南北のあらゆる方向に向けて3分～5分ぐらい走ってみましょう。

※入江直之『お客が殺到する飲食店の始め方と運営』（成美堂出版）より引用

ここで行うウェブの最初の調査は、自転車で走り回るのに似ています。確定的なキーワードを決める前に、ざっくりと見渡していくとよいでしょう。

まずは自社の業種から調査を開始

最初に、どんなキーワードを調べるかをリストアップしていきます。ところで、実はこの作業が難しいとの声も聞こえます。私は顧客企業から100語のキーワードリストを預かって調査するサービスをやってきましたが、大半の会社が100語思いつくことができていません。足りない分はこちらで調べて補うのですが、私がどうやって調べて言葉を補っているのかお伝えすべきと思います。

調べる手がかりは、3つあります。

①自社の業種や製品のカテゴリー名から関連用語を見つける
②競合他社サイトで大切にされている言葉を読み取る
③業界誌やSNSなどによく出る言葉で自社に関連するものを見る

■①自社の業種や製品のカテゴリー名から関連用語を見つける

まずは自社関連の言葉を漏らさず調べていきます。たとえば自社が「長野県の金属加工の会社」であれば、まずGoogleで「金属加工 長野」といった言葉を検索し、どんな言葉を使ったサイトが上位に出てくるかを確認します。

▼図　「長野県 金属加工」のGoogle検索結果

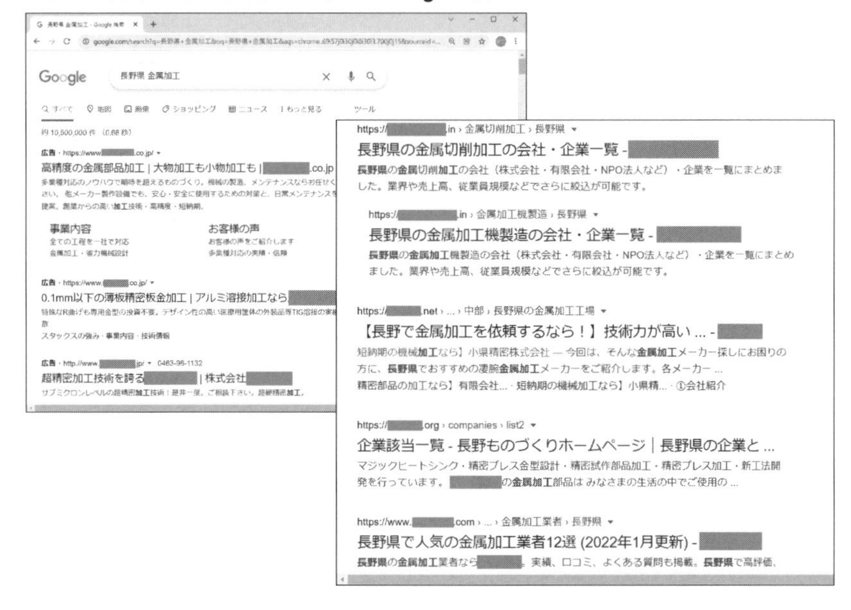

どんな会社が広告を出しているかも重要です。広告主の会社には申し訳ないですが、いくつかクリックしてみて、どんなランディングページが出てくるかを見てみましょう。

ここでも、そのページに書かれている文言はその会社が「広告から訪れた人が関心を持つ」と位置付けていますから、そのうちのいくつかは自分の会社でも対象者に見せたい言葉かもしれません。

ウェブページには見えない場所にも文字情報があります。ページを表示した状態で、ページ上にカーソルを置いて右クリックすると、メニューが表示されますから、その中から「ページのソースを表示」を選びます。

すると、今見ていたページのHTMLの記述が表示されます。その上部に、こんな箇所がないか探してみてください。

```
<title>金属 機械 部品 加工｜（株）○○</title>
<meta name="description" content="金属加工、部品製作の見積り最短45分。少量多品種、多様なニーズに対応。産業機械・FA装置・機械設備など各部品の試作や追加工・部品調達なら㈱○○がオススメ。全国へスピーディーに発送。小ロットOK"/>
<meta name="keywords" content="金属加工,部品製作,少量多品種,産業機械" />
```

これは実際にこの検索で見つけたサイトの記述です（会社名がわからないように加工してあります）。この会社がどんな言葉を大切にしているかがコンパクトに詰め込まれています。いくつかのサイトでこのように調べていけば、多数の重要キーワードが見つかるでしょう。

このHTML記述の内容については、このあとでもう少し詳しく見ていきます。

■②競合他社サイトで大切にされている言葉を読み取る

競合他社サイトも確認し、同じように調べていきましょう。競合ですから、先ほどのようにたまたま出てきたサイトよりも自社に重なる部分が多いはずです。

見つけたキーワードは、Excelで順不同に箇条書きしていきます。キーワードはあとから増やせますから、この段階で無理やり多くの言葉を書き留めなくても大丈夫です。自社に関連しそうな言葉、という基準は外さないでください。

出発点は業種だけではありません。製品の特長などからも調べていきましょう。「加工が精密」「導入が簡単」「ランニングコストが安い」などの特長があるなら、その関連用語を集めることは重要です。

■③業界誌やSNSなどによく出る言葉で自社に関連するものを見る

最後の「業界誌などで見出しによく出る言葉」は、やや応用編です。①と②で関連サイトを見て回るだけでも、調査すべきキーワードはたっぷり収集できたでしょう。ただ、同業者は自社と同じような思考になっているため、同じ見落としをしている可能性があります。そのため、もう少し俯瞰した視点からもキーワードの収集を試みます。

業界誌などは、やや客観的にトレンドや顧客側が重視している言葉を入れ込んで見出しを書いています。逆に、業界誌の見出しになったことで関連用語の検索が増えるということもあります。

トレンドを調べるという点では、SNSは有力です。ハッシュタグで調べれば近い関心の人の発言をずらりと見ることができます。同業他社のSNSアカウントがあれば、そこで投稿されている内容は見ておく必要があります。B2Bサイトでは、競合社のユーチューブを見れば重視していることがよく理解できます。

■検索結果から調査ワードを見つけて収集する

注目度の高い言葉で調べると、もっとわかることが広がります。自社が遊園地の運営会社だとすると、「遊園地」から調べ始めるでしょう。

▼図　「遊園地」のGoogle検索結果

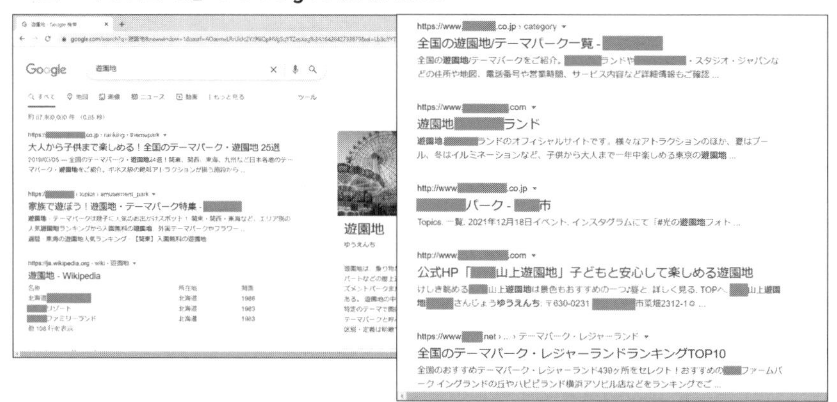

いちばん上には、「約 57,800,000 件」と出てきました。これだけ多くのサイトで「遊園地」について取り上げているのですから、それだけ世の関心が高いことがわかります。

結果の右上にはウィキペディアからの抜き出し文が表示されています。こうした辞書サイトは多くのキーワードを含んでいるので大切にしましょう。

遊園地は、乗り物などの遊具を設けた施設。また、デパートなどの屋上遊園地を指すこともある。アミューズメントパークまたはレジャーランドという呼び方もある。
遊園地の中でも、ディズニーランドのように特定のテーマで園内の世界観が統一されているものをテーマパークと呼ぶことがある。ただし、この二つの区別・定義は明瞭ではない。

※『ウィキペディア日本語版』「遊園地」(2022年3月3日取得)より引用

これだけで非常に多くの「対象者ニーズ」が含まれています。「遊園地」ではなく、「アミューズメントパーク」「レジャーランド」「テーマパーク」で検索する人もありそうです。それぞれ調べてみなければなりません。

いちばん上に表示されている「楽天トラベル」の文面も見てみましょう。

大人から子供まで楽しめる！全国のテーマパーク・遊園地 25選
全国のテーマパーク・遊園地24選！関東、関西、東海、九州など日本各地のテーマパーク・遊園地をご紹介。ギネス級の絶叫アトラクションが揃う施設から ...

「関東や関西といった大きな地方の名前で探す人もいるかもしれない」と気づきます。自動車で出かけるのだから、同じ県の施設だけとは限りません。大阪の遊園地は、サイトにどう書いておけば兵庫県の人に見つけてもらえるでしょうか。「絶叫アトラクション」といった言葉も見逃せません。このように考えていけば、100語くらいのキーワードはすぐに集まってきそうです。

下記は、実際の遊園地サイトのGoogle検索結果の例です。

遊園地 | 東武動物公園
... 系まで多彩なアトラクションで飽きることなく一日中楽しめる！遊園地、動物園、プールや乗馬クラブの融合した埼玉県のハイブリッドレジャーランド東武動物公園.

遊園地よみうりランド
遊園地よみうりランドのオフィシャルサイトです。様々なアトラクションのほか、夏はプール、冬はイルミネーションなど、子供から大人まで一年中楽しめる東京の遊園地 ...

ひらかたパーク
インスタグラムにて「#光の遊園地フォトキャンペーン」を開催！ 2021年7月12日イベント.「鋼の錬金術師展 RETURNS」2022年春開催決定！ 2021年5月31日お知らせ.

他社が大切にしている言葉が、すべて自社に当てはまるわけではありませんが、「だったらうちはどうだろう」と次から次へと言葉が思い浮かぶのではないでしょうか。さらにポジショニングの近い競合サイトへは実際に見に行って、「ソースを見る」などしながら、サイトで重視されている言葉を探します。

■選んだ言葉は顧客に届いているのか

ここでピックアップした言葉は、業界人が重要と思っている言葉です。顧客が重要と思っているか、関心を持っているかは別です。ぜんぜん検索されていない可能性もありますが、それは本調査で調べてみればわかることです。

たとえばかつて、液晶やプラズマなどの薄くて大きなテレビのことを家電業界では「薄型テレビ」と呼んでいました。サイトでも「薄型テレビ」と表記していました。ところが一般家庭にはこの言葉がなかなか広まっていませんでした。調べてみると、かなり多くの人が「壁掛けテレビ」という言葉で探していたことが判明しました。なお、今では薄型テレビを指す意味で「壁掛けテレビ」と検索している人は多くなく、実際に壁掛けにしたいと考えている人が検索しているものと思われます。

その後も「薄型テレビ」の検索数はあまり増えていないようです。だとすると、家電メーカー側がいまでも薄型テレビと呼んでいるとすると大きなすれ違いが起こっているかもしれません。調べてみると、良かった、上位にソニーが出てきました。しかし、今では全部が薄型テレビになってしまったので、今後は検索者が増えることはないかもしれません。

本当にテレビを壁掛けにしたいと考えている人があるなら、それに対応したコンテンツをつくることが大切です。

わが家で実現！憧れの壁掛けテレビ | テレビ ブラビア - ソニー ...
ソニー テレビ ブラビア公式ウェブサイト。テレビを壁掛けにするメリットや実際の壁掛けを実現したお客様のご自宅の写真や感想、よくある質問に加え、壁掛けにおすすめ ...

ちゃんとこうしたコンテンツを持っていることが、顧客の歩いている大通りに面して立地する、ということなのです。

他社サイトを見るときに大切なパーツ

他社のサイトが重視する言葉を見つけたいとき、「ページのソースを表示」して特に注目したいのは次の記述です。

・title
・description
・keywords
・h1

ソースを表示して検索（Ctrl+F）してこうした記述を見つけたら、それに続いて出てくる言葉をチェックしてください。これらは、ページの内容や大切にしている言葉を示すものです。

titleは、文字通りそのページのタイトルです。

keywordsというのはそのページに出てくる言葉の中で、重視するキーワードを検索エンジンなどのプログラムに教えるためのものですが、まったく人の目に触れない場所に記載するものなので、怪しい記載をするサイトが多く、Googleでは重視されなくなりました。全ページに同じキーワードを入れたり、そのページには使われていない言葉なのにkeywordsに入れているといったやり方です。そうしたまちがった使い方ばかりするので、Googleはあきれてしまったのですね。昨今ではkeywordsを使わないサイトも増えてきました。

descriptionは説明文です。そのページに何が書かれているのか、端的に示すものです。

h1は文章中で用いる見出しのうち、最上位（大見出し）のものです。なお、見出しの階層はh1 ～ h6まで6段階用意されています。

■検索結果に表示されるもの

検索エンジンでは、検索結果表示の見出しとして「title」を使い、検索結果の本文部分には「description」を使います。先ほど見た東武動物公園の検索結果も、サイトで「ページのソースを表示」すると、下記のような箇所がみつかるかと思います。

```
<meta name="description" content="人気の絶叫アトラクションから、ほのぼの系まで多彩なアトラクションで飽きることなく一日中楽しめる！遊園地、動物園、プールや乗馬クラブの融合した埼玉県のハイブリッドレジャーランド東武動物公園" />
<title>遊園地 | 東武動物公園</title>
```

そう考えると、ひらかたパークの検索結果のように、イベントなどのタイムリーな内容がここに表示されているのはすばらしいことです。人からは見えにくい場所にあるテキストですが、ただ載せっぱなしにするのではなく、ちゃんと更新していることがわかります。見習いたいものです。

以下は「金属加工」で検索して、上位に出てくる会社のサイトでの、この4つのパーツの事例です。どうなっているか読んでみましょう（社名は伏せた形で抜き出してあります）。

title　金属加工 大阪＜アルミ加工・SUS加工＞｜※※※※※

keywords　ステンレス加工,アルミ加工,金属加工,切削加工,試作品,※※電機

description　最小ロット1個から1万個の量産まで、金属加工のご依頼承ります。お問い合わせは2時間以内のスピード回答。アルミ加工・SUS加工を中心とした150種類以上の金属加工の実績がございますので、金属部品の調達先をお探しでしたら一度ご相談ください。

H1　金属加工・切削加工

title　金具、金属パーツのことならお任せください！部品製作メーカーの※※産業株式会社

keywords　金具メーカー,金具パーツ,雑貨,卸,服飾パーツ,特注

description　金具パーツの専門メーカー※※産業では、服飾パーツ、アクセサリー用品、雑貨など、多数の製品を取り扱っています。多品種で小ロット、試作品から大量生産まで、幅広くニーズにお応えいたします。

H1　雑貨 卸　金具メーカーの※※産業株式会社

title　金属加工1品から製作します｜アルミ・ステンレス・樹脂加工・製造

keywords　(なし)

description　金属・機械加工のことなら※※※※加工.comへ。アルミ、ステンレス、特殊鋼などの切削小物部品を取り扱っています。一品からの単品注文も大歓迎!!小さい加工を得意としています。

H1　※※加工.com

title　試作から量産までの株式会社※※モデル製作所｜大阪府※※市

keywords　試作モデル,樹脂,金属,簡易金型,真空注型,光造形

description　※※モデル製作所は、樹脂・金属部品の試作から量産まで自社一貫生産。多彩な加工と多様な素材により、新製品開発をトータルサポート致します。

H1　試作から量産までの樹脂・金属加工

これを見るだけで、同じキーワードでもさまざまな分野のプレーヤーがしのぎを削っていることがわかります。

5-2 キーワードを使った立地調査

ここまでの作業は「顧客の関心事」に近い言葉を集めるものです。自社の言葉から検索して他社サイトを見ていけば、多くの言葉を集めることができます。自転車で走り回るように大変荒っぽい観察ですが、半日も調べていればExcelの「調査用のキーワードリスト」ファイルができあがります。これをもとに、いよいよ本調査に入っていきます。

もとになるキーワードリストができたら、それぞれの検索回数を調べていきます。ここで肝心なのは次の2点です。

・自分がまだ気づいていないが、対象者が探している言葉はないか？
・重要キーワードと多く組み合わせて使われている副キーワードは何か？

この2点を確認するのに役立つツールとして、「キーワードプランナー」と「Ubersuggest」という2つのサービスを紹介しましょう。

キーワードプランナーの使い方

「キーワードプランナー」はGoogle広告が提供しているもので、関連するキーワードのだいたいの検索回数を教えてくれます。

・**Googleキーワードプランナー**
https://ads.google.com/aw/keywordplanner/home

▼図　キーワードプランナー

Google広告のサービスなので、広告を出していないと使えないのが泣き所ですが、いよいよ半年後にリニューアルだと決まったら、調査をする目的で少しだけ広告を出してもよいのではないかと思うくらい、便利なツールです。

■関連キーワードを表示する

調べたいキーワードを入力して「結果を表示」ボタンを押せば、たちどころに関連キーワードの検索回数のリストを表示してくれます。「遊園地」で検索してみると、

遊園地	10万～100万
西武園ゆうえんち	10万～100万

などと、979語句もの候補が出てきました。なお、検索回数はとんでもなくアバウトです。あまり気にせず、「ここに数が表示されるということは実際には多くの検索が行われているのだ」、くらいに考えておいてください。

Googleが検索エンジンのデータベースから教えてくれるものなので、ここに現れるのは入力した言葉「遊園地」に関連性の高い順に表示されています。

なかには、

近くの遊園地	1000〜1万
室内 遊園地	1000〜1万

といったおもしろい言葉も出てきます。特にキーワードプランナーがすばらしいのは、元の「遊園地」という言葉を含まない語句も紹介してくれることです。

リナワールド	1万〜10万
遊園	1000〜1万

元の言葉を含まなくても、関連性があれば表示してくれるのは検索エンジンならではの力です。このリストをずらっと見れば、こちらが思いついていなかったような言葉を見つけることができるでしょう。

また、この結果を見るとき大切なのが「組み合わせて使われている副キーワード」です。「遊園地」の結果では、

中国地方 遊園地	100〜1000
遊園地 乗り物	100〜1000
としまえん tシャツ	100〜1000
遊園地 持ち物	100〜1000
遊園地 おすすめ	100〜1000
ゴーカート 遊園地	100〜1000

などの言葉が見られます。それぞれ、対象者の情報の探し方を教えてくれる項目となっています。
「金属加工」で調べてみると、

金属加工	1000 〜 1万
金属加工 個人	100 〜 1000
プレス 金型	1000 〜 1万
チタン 加工	100 〜 1000
へら絞り	100 〜 1000
タングステン 加工	100 〜 1000

など、興味深い関連語句を148個教えてくれました。

■指定したウェブサイトで使われているキーワードを表示する

キーワードプランナーでは、このようにキーワードを入力して調べることもできますが、興味深い機能がもう1つあります。それが、「ウェブサイトから開始」です。
これを選ぶと、「サイト：」という記入欄が表示されるので、そこにサイトなどのURLを入力します。すると、簡単にそのサイトで使われているキーワードを整理して、それぞれの検索回数まで教えてくれます。
図は私のいるミルズという会社のURLで調べてみた結果です。

▼図　「ウェブサイトから開始」機能

キーワードで調べたときは「元のキーワードと関連性の深い順番」でキーワードが表示されましたが、この機能では順番付けが難しいので、結果はアルファベット順で並んでいます。ライバル会社のURLを順番に入れて、どんな言葉が出てくるか確認していきましょう。

Excelファイルから順番に候補キーワードを入力し、キーワードプランナーで出てきた結果をダウンロードし、Excelに2番目のワークシートを作って貼り付けていきます。

入力した言葉が先頭にあって、それに続いて関連ワードが並ぶということになります。元のリストに200個のキーワードがあり、それがそれぞれ100ずつ関連語があるとすれば、20,000行のキーワードリストができることになります。

▼図　キーワードプランナーからのキーワードリスト

	A	B	C	D	E
1					
2		通番	語番	キーワード	検索回数
3		1	1	住宅	50000
4		2	1	ホームズ	500000
5		3	1	中古 住宅	50000
6		4	1	注文 住宅	50000
7		5	1	物件	50000
8		6	1	新築 一戸建て	50000
9		7	1	ツーバイフォー	50000
10		8	1	ハウス メーカー	50000
11		9	1	平屋	50000
12		10	1	一軒家	50000
13		11	1	中古 物件	50000
14		12	1	平屋 間取り	50000
15		13	1	クレバリー ホーム	50000
16		14	1	一戸建て	50000
17		15	1	戸建て	50000
18		16	1	豪邸	50000
19		17	1	中古 一戸建て	50000
20		18	1	新築	50000
21		19	1	分譲 とは	5000
22		20	1	スー モ カウンター	5000
23		21	1	狭小 住宅	5000
24		22	1	goo 不動産	5000
25		23	1	新築 戸建て	5000
26		24	1	セルコホーム	5000

534	532	1	ツーバイフォー 住宅	500
535	533	1	秀光 ビルド 住ん で みて	500
536	534	1	5ldk 一戸建て	500
537	535	1	積水 ハウス ノイエ 価格	500
538	536	1	100 円 物件	500
539	537	1	柏の葉 キャンパス 戸建て	500
540	538	1	門司 区 中古 物件	500
541	539	1	安佐 北 区 中古 物件	500
542	540	1	モデル ハウス とは	500
543	541	1	平屋 生活	500
544	542	1	アジア 住宅 販売	500
545	543	1	住友 不動産 モニター ハ	500
546	544	1	スーモ 物件	500
547	545	1	クレアカーサ	500
548	546	2	マンション	500000
549	547	2	中古 マンション	50000
550	548	2	物件 探し	50000
551	549	2	ラトゥール 代官山	50000
552	550	2	物件	50000
553	551	2	2ldk	50000
554	552	2	分譲 マンション	50000
555	553	2	新築 マンション	50000
556	554	2	スーモ 中古 マンション	50000
557	555	2	プラウド	50000
558	556	2	yahoo 不動産	50000
559	557	2	レジデンス	50000

Sheet1

準備完了

言葉ごとに番号（図のC列）をつけ、隣に全体の通し番号（B列）をつければ規模感が管理できてよいでしょう。C列の番号が同じで先頭になっている言葉がキーワードプランナーに入力した言葉、それ以外が関連語ということになります。もう1列追加して先頭の言葉に印をつければ、入力語だけに絞り込むこともできます。

D列にキーワード、E列に検索回数を入れていきましょう。この検索回数は非常に大まかな概数になっていますが、気にしないでください。検索回数がたとえば10回くらいと少ない言葉でも、毎月それだけの数の対象者を集めることができると考えれば十分に多い検索数です。

キーワードごとに横に並べていってもよいのですが、図のように全部タテに積み上げたほうが、あとで並べ替えたり絞り込んだりするのに便利なので、ここではタテ積みにしています。

ひととおり関連語を収集したら、リストを先頭からずらっと読んでいきます。20,000行あるような大きなリストなので時間がかかりますが、手早く見ていきましょう。「これは重要」「うちの対象者にぴったり」といった言葉がみつかったらチェックを入れます。F列に「重要」という欄を作って、そこに「●」を入れていけば、あとで重要語だけに絞り込むこともできます。

重要なだけでなく、「製品Aにぴったり」といったことが思い浮かぶなら、G列に「備考」欄を設けて記入しておくとあとで役立ちます。

実際にこの作業を企業のウェブ担当者と行っていると、必ず出る質問が「どれが重要かわからない」というものです。そういう場合は、まずは各部門へのヒアリングを思い出して、この製品を見る人はこんなことに困っているのだ、と考えながらキーワードを眺めてください。次第に大量の語群に見慣れてくると、その中から対象者の声が聞こえるようになってきます。「こんなことが知りたい」「こんな製品を見つけたい」という対象者の気持ちを感じることができたら、迷わず「●」を入れていきましょう。

Ubersuggestの使い方

もう1つの便利ツールは「Ubersuggest（ウーバーサジェスト）」です。アメリカのマーケティング会社Neil Patel Digital社が運営するサービスです。

・**Ubersuggest**
https://neilpatel.com/jp/ubersuggest/

▼図　Ubersuggest

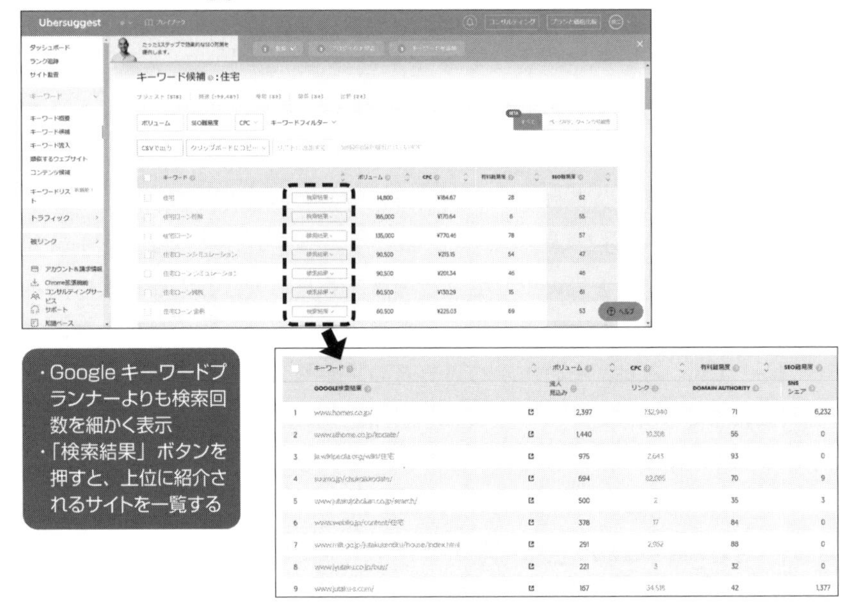

キーワードを入力すればGoogleでの検索回数を教えてくれます。キーワードプランナーと違って、入力したキーワードを含む語句しか教えてくれませんが、キーワードプランナーよりも細かく検索回数がわかります。

発想を広げるのにはキーワードプランナーを使い、各語句の検索回数をより細かく調べるのにはUbersuggestが役立ちます。

キーワードプランナーでキーワードの目星をつける
↓
Ubersuggestでより細かく検索回数の多さを調べる

と、私はいつも2つのツールを順番に使ってより詳細な立地調査を行っています。

Ubersuggestは無料でも使えるツールではあるのですが、課金したほうが便利に使えます。パーソナルプランなら月2,999円なので、調査を行う期間だけ課金する価値は十分あります。

■キーワードの検索回数を調べる

「キーワード分析」というセクションを使い、「キーワード候補」という機能で検索回数を調べ、上位に出てくるコンテンツは「コンテンツ候補」で調べることができます。キーワードプランナーで重要チェックを入れた言葉を使い、「キーワード候補」の入力欄に順番に入力して検索回数を調べていきましょう。

コンテンツ候補機能では、ライバルサイトのページタイトルとURLを一気にダウンロードできるので、どの検索でどんなコンテンツが重視されているかがわかります。

Ubersuggestで調べた結果は、手元のExcelでワークシートを分けてキーワード候補とコンテンツ候補をそれぞれ保存していくとよいでしょう。Googleで実際に検索した結果をExcelファイルに保存していくのは大変面倒なので、どんなサイトが上位になっているのかを見るのにはUbersuggestは便利です。

コンテンツ候補から抽出した結果を1つのワークシートにすれば、たとえばURLで並べ替えるだけでどのサイトが多くの検索結果上位に現れているかを全部カウントすることができます。直接競合している会社がいくつものキーワードで上位になっているなら強敵ですから、しっかり研究してどんなコンテンツを持っているのか調べていきましょう。

コンテンツ候補も、上位のサイトをCSVでダウンロードできるので大変便利です。このCSVは、ファイル名にキーワードが含まれておらず、そのため「何のキーワードについての調査ファイルか」すぐにわからなくなってしまいます。ダウンロードしたファイルのまま放置せず、できるだけすばやく調査用Excelのワークシートに貼り付けてキーワードを書き添えるようにしましょう。

このとき、CSVの名前を書き換えてキーワードを追記するのもよいのですが、別々のファイルになっていると、全体をドメイン名で検索するのが難しくなります。ダウンロードしたコンテンツ候補をまるごとコピーして、調査ファイルのワークシートに貼り付けましょう。
そうすれば検索で会社を見つけるのが簡単になります。

- 自社のドメイン名で検索して、自社がどのキーワードで何位に認識されているか
- ライバル企業のドメイン名で検索して、どの会社がどのキーワードに何回現れるか

同じようなサイトが何度も出てくることに気づいたら、そのドメインでも検索してみましょう。非常に多く現れるサイトは、強力なライバルサイトと言えます。
時間をかけて、候補として現れたページのタイトルを読んでください。自社の製品特長にも合致するものがあれば要注意です。Excelの右側に新たな列を追加して「●」を記入していきましょう。これを入れさえすれば、あとで「●」を含む行だけに絞り込むことができるようになります。
ドメイン名で検索をする場合には、Excelの置換で「書式セット」のオプションを使います。検索にも置換にも同じドメイン名を入れ、置換側の書式セットでセルの塗りつぶしを使えば、見つけたドメインを簡単に目立たせることができます。色のついたセルは、そのドメインのキーワードの地図となります。どのサイトが何に力を入れているか、どの競合社が何を考えているか、浮かび上がってきます。

このようにキーワードの検索回数を調べていると、つい「これはSEO対策のための作業ではないか」と勘違いしてしまいがちです。あくまでユーザーニーズの強さを調べるものであって、出会う方法は検索だけではないことを忘れないでください。
キーワードを使って対象者が何を探しているかを見つける作業は大変地道で、しんどいものです。いつ果てるともない作業と感じられるかもしれません。しかし、ほかの仕事をしながら、毎日1時間くらいずつでいいのでゆっくり進めていきましょう。1分で10キーワードずつ処理すれば60分

で600ワード、10日で6,000ワードの結果を取得できます。

この結果を手元のExcelファイルに収集すれば、長期にわたってサイトのコンテンツを考え、対象者と出会えるようにできるので、大きな財産となります。

ソーシャルメディアの情報探索

キーワードプランナーやUbersuggestは、あくまでGoogleでの検索回数を調べるツールです。この検索回数は対象者が情報を探しているニーズの高さを反映しています。しかし、今は対象者が検索だけで探し物をしているわけではありません。ソーシャルメディアも重要なチャネルです。

ソーシャルメディアに関しては、対象者を決めずに発信を行っている会社が多く、すれ違いが起こっています。自社の発信よりも先に、市場や競合の考え方が発信されていることに気づけば、ソーシャルメディアはもっと役立つものになります。対象者が何を求めているのかを知れば、企業側は発信などしなくても役立てることができるのです。少なくともまずはそれぞれのSNSで調べ物をするところから始めましょう。

ツイッター、フェイスブック、インスタグラム、ユーチューブなど、必要と思われる各媒体にアカウントを作成して使えるようにします。担当者が個人的に無料のアカウントを持てばよいでしょう。将来どの媒体を使って会社として発信するか、という検討は後回しです。「だれが何を発信しているか？」という肌合いを感じることが先決です。幅広い媒体を下見しましょう。

それぞれの媒体には検索欄が用意されています。気になるテーマをそこに入力すれば、該当する発言を一網打尽にできます。検索欄に、

・重要なキーワード
・競合会社名
・自社名
・製品名

などを入力して、どんな投稿が何件くらい表示されるか見てください。
自社製品のユーザーが「使い方がわかりにくい」とぼやいているかもしれません。「もっとこんな機能が欲しい」などの要望が見つかることもあります。採用を重視するサイトなら、就職希望者の困りごとや、どんな会社に入りたいかを読むことが大切です。
また、SNSによって、特定のテーマの発信が多い媒体と少ない媒体があります。当然、見込み客と思われる人が多く集まっている媒体が、自社で発信すべき媒体と位置付けられます。これは一度アカウントを作って動き回ってみないとわからないことです。
会社によってはなぜか「インスタグラムをやることになりまして」と先に媒体を決めてしまうことがありますが、これは順番がまちがっています。対象者がいない場所でマーケティングするのは矛盾しています。
先に媒体が決まって取り組まなければならないとなった場合でも、複数の媒体で同じキーワードで調査を行い、「この媒体にはこんな特性がある」ということを社内で合意し、それに合致した展開を考えるべきです。場合によっては「この媒体はまったく向かない」という結論になることもあります。証拠をそろえて議論するようにしましょう。

■競合他社のアカウントを見てみる

SNSで他社のアカウントを見る場合には、それが公式なアカウントかどうかは意識しながら見てください。社員の個人アカウント、販社の勝手アカウントなど、公的な発言をしてはいけないアカウントが良かれと思って会社の思いとは違うことを発信している場合があります。ときには単なるファンユーザーが、応援する気持ちで信頼性の低い発信をしている場合もあります。
各社のホームページに掲載されている「ソーシャルメディア公式アカウント一覧」のページを確認し、そこに載っているアカウントだけを公式の内容と考えるようにしましょう。
競合アカウントはぜひフォローして、継続的に発信を追いかけていきましょう。日本企業では、子会社や製品アカウントのような「身内」だけフォローする傾向がありますが、それは「ソーシャル」な姿勢とは言えません。

「競合でこんなキャンペーンが始まった」「新製品の打ち出しはこうだ」と敵の状況がいち早く伝わる。これがSNSの利用方法です。

SNSでは「いいね！」の数などが見られます。どの発信がどれだけの反応を得ているかもわかるのですから、こんな便利な媒体はありません。インスタグラムでは、写真の上にカーソルを動かすだけで反応数がわかります。「この会社は徐々に反応が良くなってきたな」と理解することです。

海外への発信を考える会社なら、英単語で検索しましょう。海外の個人の自然な発言を聴く機会はほかではなかなか得られませんから、しっかり読み込んでおきます。

このように調査していけば、どの媒体でどんな発信をすれば、より多くの対象者に情報を届けられるかがわかってきます。

実はSNSは、好きなアカウントが存在する媒体を選んで、先にそのアカウントの発信を受信し、媒体特有の空気を共有するのが本当の利用方法です。少しずつ「いいね！」をつけたりリツイートなども体験し、媒体の世界になじんでいきます。それができていない人はそのSNSの住人にはなれません。住人でもないのにいきなり公式アカウントを作り、自社の宣伝ばかり発信するアカウントが、もともとの住人に無視されるのはあたりまえですね。

■エゴサーチしてみる

自分の名前で検索して投稿を見つけることを「エゴサーチ」と言います。「エゴサ」なんて略されます。エゴとは「我」の意味ですが、哲学的な深い意味合いはありません。河野太郎さんなどが、だれかがその名を投稿するとすぐに見つけて反応するというので有名になったこともありますね。

企業でもエゴサーチすれば、顧客が自社や製品に対して何を言っているか収集できます。悪評がずらっと並ぶ場合もあり、ずっと読んでいると気分が落ち込みますが、貴重な機会とも言えます。面と向かって悪口を言ってもらう機会はほとんどありません。しっかり受け止め、関連部門にフィードバックできるようにしましょう。

製品の使い方をまちがって「使いにくい」とつぶやいている人が多ければ、パッケージや取扱説明書を変更する必要があるかもしれません。お客様相談室につないで、そのユーザーに直接メッセージを送って正しい使い方を理解してもらうことも有効です。

エゴサーチの結果は時間とともに変化します。悪評が多かったのが、徐々に好評が増えるようにしたいものです。SNSから会社が反応していく。それがより正しい「ソーシャル」の歩き方だと言えるでしょう。

もっとも、エゴサーチで悪評に触れるのは疲れる作業です。毎日見るのは勘弁してもらいたいところです。四半期に一度といったサイクルを決めて、反響の変化を会社に報告する、情報発信の方向性を調整するといった取材としましょう。

キーワード調査結果と立地

こうした調査によってキーワードリストのExcelファイルができます。これを第3章で作った対象者の表と突き合わせていきましょう（160ページの図「対象者ワークシート」をご参照ください）。

製品A	特長1	この特長を求める対象者A-1-1	探している内容
		この特長を求める対象者A-1-2	探している内容
	特長2	この特長を求める対象者A-2-1	探している内容
		この特長を求める対象者A-2-2	探している内容
製品B	特長1	この特長を求める対象者B-1-1	探している内容
		この特長を求める対象者B-1-2	探している内容
	特長2	この特長を求める対象者B-2-1	探している内容
		この特長を求める対象者B-2-2	探している内容

この表に、キーワードリストから該当するキーワードと検索回数を入れ込んでいきます。1つの対象者に複数のキーワードが合致しますから、どんどん行を挿入して調べたキーワードを入れていきましょう。

製品Aについて、今のサイトには書かれていないキーワードが入ることもあるでしょう。これが改善のチャンスです。その言葉がないために、製品Aの特長を求める人がまだサイトを訪れていないかもしれません。これまで製品情報や技術情報が内容不足で損をしてきたことがはっきりします。リニューアルなど待たずに、今すぐ製品情報のページを増やして内容を書き込んでもよいでしょう。

Excelには、

製品　特長　対象者　探していること　キーワード　検索回数

と項目が並びます。

同じキーワードが複数の製品に合致すると思えば、躊躇なく複数の行に貼り付けていきましょう。多くの製品に関わるキーワードは会社にとって重要で、1つの製品に帰属するコンテンツにすることはできません。「技術情報」といった広い枠の中でコンテンツ化してその情報を求める対象者を集め、そこから各製品に配るほうがよいです。

■無理に含めないほうがよいキーワード

どの製品にも合致しないキーワードに関しては、どんなに重要と思っても無理に製品に入れてはいけません。「製品に合致しないのに重要」と勘違いしてしまうのには、おもに次の2つのパターンがあります。

①業界で重要と思われているが、よく考えたら自社にはあまり関連性がない
②今後重要だが、既存の製品には関連性がない

①のような状況は多く考えられます。SEOや広告の打ち合わせで「御社ではどんなキーワードを重視していますか？」と質問すると、真っ先に挙

がるようなキーワードです。不動産会社にとっての「マンション」のように、ビッグワードすぎる場合も多いです。だれもが重要と考えますが、個別の製品や会社の特長を反映したものではないので、看板を掲げるのに無理があるのです。

看板を出すとすれば広告などで強引に上位にすることになります。訪問数が多くなって、その分、会社や製品の特長に合致したニーズの訪問の割合が下がるので、CVRは低くなります。広告の言葉で言えば、顧客獲得単価（CPA：Cost per Action）が高くなってしまうわけです。

対象者の中には、合致するキーワードがないという場合もあるでしょう。この場合も無理に当てはめず、いったん空欄にしておきます。空欄ばかりになってしまったとしたら、調査したキーワードがやや的外れであった場合があります。

一度、キーワードのコピー＆ペーストを行って、空欄で残った対象者については改めてキーワード候補を出して、調査を続けましょう。

■リンク文を魅力的に書いて誘導を行う

ひととおり数字が入ったら製品ごとに検索回数を合計します。いったんは、それが集客する対象者の数となります。

B2Bサイトなどではたくさんのキーワードで調べても検索回数が思うように集まらず、集客数が非常に少ないことになってしまう場合があります。特に製品別では集客が難しい場合には、より検索数の多い対象者をサイト全体のコンテンツで集め、そこから各製品に配るようにします。

対象者とコンテンツ、製品の関係は次のようになります。

①対象者　→　製品個別のコンテンツで集客　→　製品へ誘導
②対象者　→　サイト全体のコンテンツで集客　→　各製品に配る

①ではコンテンツは該当製品の配下にあるほうが、製品への誘導がスムーズになるでしょう。

②の場合には、コンテンツは「技術情報」や「企業情報」など、製品と

は直接つながらない場所に置く場合も出てきます。コンテンツの形式次第ですが、たとえば顧客のコメントが取れるようなら「導入事例」などに入れてもよいでしょう。B2Bサイトでは導入事例は効果的なコーナーになりやすいので、うまく使うべきです。

なお、製品と直接つながらないコーナーにコンテンツを置くと、どうしても直帰が増え、入口となったコンテンツページだけ読んで帰られてしまいがちです。これを防ぐためには、ページの下部に関連する製品の写真を入れ、そこに「このページを読んだ人が、この製品を見るべき理由」をしっかり伝わるように、魅力的なリンク文章を書くようにしましょう。

▼図　製品ごとに、見るべき理由をしっかり伝える

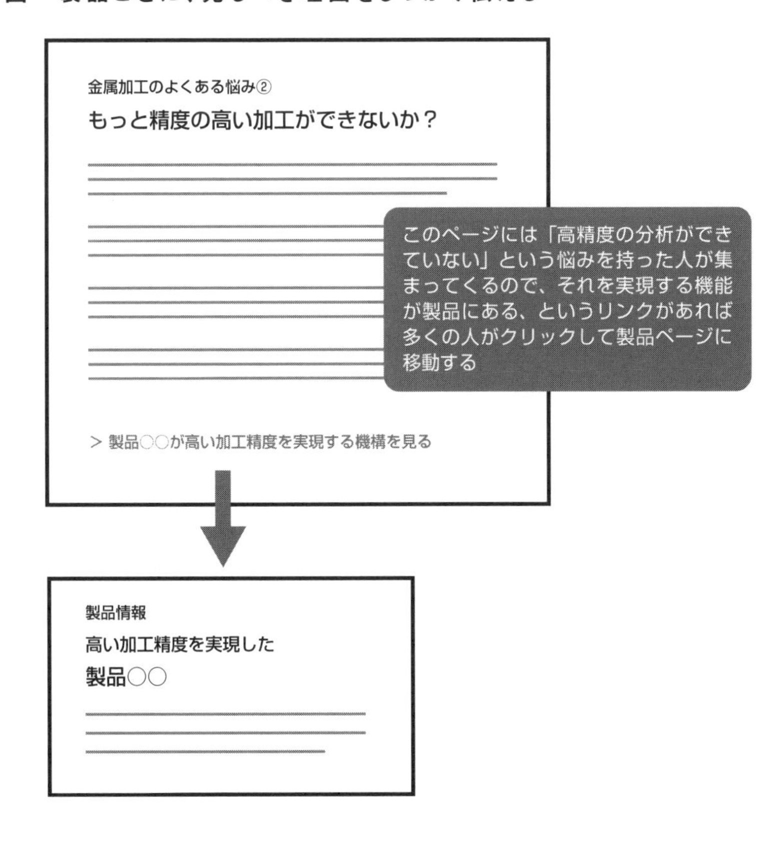
金属加工のよくある悩み②
もっと精度の高い加工ができないか？
このページには「高精度の分析ができていない」という悩みを持った人が集まってくるので、それを実現する機能が製品にある、というリンクがあれば多くの人がクリックして製品ページに移動する
> 製品○○が高い加工精度を実現する機構を見る
製品情報
高い加工精度を実現した
製品○○

さて、製品ごとの集計ができたら改めて表を見てみましょう。

▼図　製品ごとに検索回数を集計

	A	B	C	D	E
1					
2		対象	集客コンテンツ	キーワード	集客数
3		製品A	製品情報・製品A	キーワード1	100
4				キーワード2	50
5				キーワード3	30
6			技術情報・A関連	キーワード4	50
7				キーワード5	40
8				キーワード6	30
9			合計		300
10		製品B	製品情報・製品B	キーワード1	50
11				キーワード2	30
12				キーワード3	20
13			導入事例・B関連	キーワード4	40
14				キーワード5	30
15				キーワード6	30
16			合計		200
17					

図の例では、製品Aの合計が300回となっています。効率良く集客できれば、毎月300人にアプローチできそうです。1つの製品を求めて、その特長を評価しやすい人が300人訪れるとしたら、十分多い数です。会社に大きな数字を見せなければならないという気持ちもあるでしょうが、無理にこの数を増やすとあとで苦労するだけなので注意しましょう。

重要なのは、お問合せなどの目標到達をどれだけ得られるか、です。300人のうち1％がお問合せすれば、この製品だけで月3件のお問合せが得られます。メールアドレスを書くだけのフォームで「資料ダウンロード」をさせれば、月10件程度のダウンロードが発生し、それだけのメールアドレスを獲得できるかもしれません。

第6章

ウェブ立地に不可欠なサイト構成

6-1 サイトはたくさんのページが上下関係をもってできている

自社サイトの「ページ数」を把握していますか？

「御社のホームページは全部で何ページありますか？」という質問に、すぐに正解が返ってくることはめったにありません。ウェブについて「ページ」という感覚が定着していないようです。

ウェブページというのは上下の長さに制限がありません。実際には左右の幅も制限がないのですが、一般にパソコン画面の横幅が限度と考えられています。そのためウェブページの横幅はだいたい1,000ピクセル前後の幅となっています。

上下が非常に長いページの場合、これを2ページ、3ページと勘定する人もあるようです。制作会社の中に、そのような勘定の仕方で見積りをする会社が意外に多いことが影響しているのではないかと思います。

▼図　ページの長さとページ数の勘定

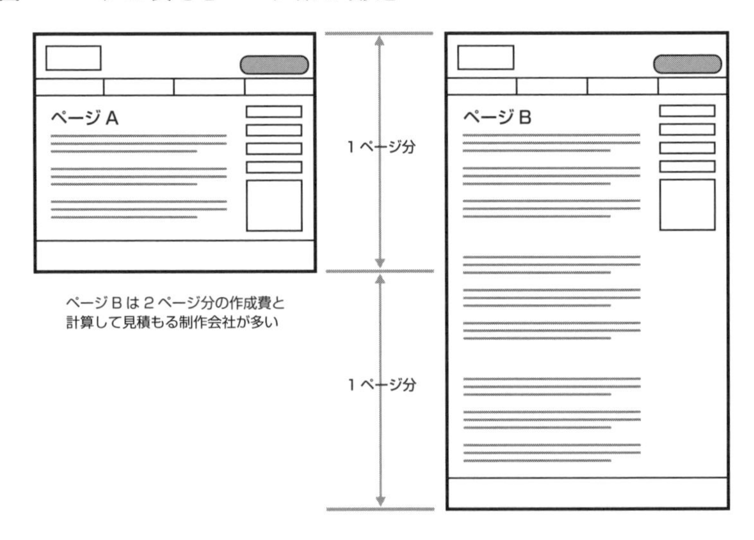
ページA
ページB
1ページ分
1ページ分
ページBは2ページ分の作成費と
計算して見積もる制作会社が多い

長いページだとそれだけ制作に工数が多くなるので、制作会社のこうした見積り方法は理解できないことはありません。見積書には、

コーディング費：単価 10,000円×数量 50＝500,000円

といった記載がされています。コーディングとはHTMLを中心とする言語を記述する（コード化する）といった意味合いで、これがHTML制作の手数を反映します。HTMLは多くのページに共通する部分も多く、50ページあっても全部個別にゼロから記述するわけではありません。使いまわしできる部分も多いのです。本来なら、たくさんのページ数を作れば作るほど割安になるはずです。

しかし、各ページのつくりには個別的な部分もあります。このページには複雑な図を入れて、あのページには大きくて複雑な作表があって、フォーム（記入欄）も必要などなど、個別的な部分がとても手間がかかるので、量産するから割安とはならないのが普通です。

しかし、これはあくまで「制作会社の工数計算」の問題であって、「ページ数がどれだけあるか」とは別問題です。長いページ、短いページがいろいろあって……、というのはいったん忘れてください。

ウェブ担当者には、

HTMLファイルの数＝ウェブのページ数

だと改めて認識していただきたいと思います。

HTMLは全部をひと目で見ることができません。だから数を数えるのも簡単ではありません。クリックして移動しても、別のページが表示されたのか、同じページの別の場所に移動しただけなのかわかりにくいです。

普段、ほとんど意識にのぼらないページもあります。トップページは更新頻度も高く、いつも意識されているページですが、それに対して、「プライバシーポリシー」などは一度作ったら変更する機会が少ないページです。「そんなページあったっけ？」という扱いになりがちです。

ニュースの古い記事も同様です。一度作ったらめったに更新せず載せっぱなしにしているので、ニュースコーナーに何ページあるのか把握していないウェブ担当者が多いです。ウェブ担当者はどんどん異動で代わりますが、自分が担当する前に作られたニュースページがたくさんありますから、なおわかりにくいです。目にすることもなければ、数える必要もほとんどありません。

しかし、ウェブのページ数は、全体をリニューアルする場合にはリニューアル費用を左右するものですから、絶対に把握しておかなければなりません。

ある会社でリニューアルの見積りをするために「今のサイトは何ページありますか？」と聞いたら、「多くても200ページくらいでしょう」という答えでした。実際にサイトを調べてみるとニュースのバックナンバーが山のようにあって、何と2,000ページあったという笑えない実話があります。古いニュースの記事も全部新しいデザインに移し替えるとすると、

ページ移設費：200ページ×5,000円＝1,000,000円

これだけでも目玉が飛び出すような金額になりますが、

ページ移設費：2,000ページ×5,000円＝10,000,000円

となると、もうどうしようもありません。「ページ5,000円もかかるのか。もっと手間をかけずに自動的にデザインを適用できないのか」と思うところですが、先ほど言った「作表や図版、プログラム」などの個別的な部分があるので、単純にコピー＆ペーストで終わらせられる作業ではありません。

サイトのページ数は見積りの前提になるものなので、常に把握しておく必要があります。

ページ数はウェブ立地に重要な要素

ウェブのページ数は、ただリニューアルの予算を計算するために必要なわけではありません。ウェブ立地論では、ある程度のページ数を持つことがサイトの成果に不可欠な要素です。

ウェブ立地の考え方では、ウェブは情報発信したい対象者の種類を細分化し、それぞれが求める情報を発信することで、「来てほしい人だけを集める」ようにサイトを作ります。同じページに複数の対象者が訪れると、対象者ごとの情報が1つのページに同居することになるので、各対象者の情報への満足度が下がります。「自分のためのページを見つけた！」という感覚が弱まるのです。

世の中にたくさんのサイトがあっても、自分が今探している情報がぴったり掲載されているページはほとんどありません。だから皆、苦労して情報を探しているのです。

検索キーワードでも工夫が必要です。最初は「マンション」といった大きな、包括的な言葉で検索をしてみますが、それでは自分が求めていた結果にフィットしたページが紹介されません。そこで次第に「マンション 札幌」「マンション 4LDK」「マンション 収納」のように言葉を足して、より自分の求めにフィットする答えを少ない回数の検索で見つけようとするのです。

この傾向はスマートフォン時代になってより顕著です。スマホの人は入力が面倒だろうと思いますが、3単語、4単語を入力して検索し、1回の検索でできるだけ絞り込もうとします。それはパソコンよりも検索結果画面でたくさんの結果を見るのが大変なので、絞り込みキーワードを加えたほうがよいからです。

キー「ワード」という言い方をしていますが、次第に入力内容が文章化しているのも興味深い点です。「だれが電球を発明したか」といった検索も行われます。「電球 発明」と単語に分けず、見つけたい内容をそのままの文章で入力するのです。AIスピーカーに質問を投げる感覚に似ているかもしれません。

実は、英語圏の検索では昔からこうした傾向がありました。電球の例で言えば「who invented lightening bulb」(だれが電球を発明したか) といった言葉で検索が行われてきたのです。検索エンジンが半角スペースで区切って単語を並べる仕組みなのは、考えてみれば英語がもともとそうだったからなのですね。

対象者は、自分にぴったりの内容が書かれているサイトを探してネットを歩き回っています。歩き回るその道を見つけて「その内容はここにありますよ」と伝えてサイトに招くことができれば効果的です。もともとニーズが高い人が「やっとぴったりの情報を見つけた!」と喜んで入ってきますから、行動力が高いのです。この機会にほかの情報も見ておこう、資料も請求しておこうと動き、それがサイトの成果に直結します。

サイトは、対象者にぴったりの情報を掲載しなければなりません。対象者が30種類あるなら、少なくとも30ページが必要です。

広告を出す際、ランディングページを1ページだけ作って、そこにたくさんのキーワードで広告を出すと成果が低くなります。あるキーワード広告に反応する人にとってはぴったりのランディングページなのですが、別の多くのキーワード広告に反応する人にとっては、ずれた内容のランディングページとなるためです。

ランディングページは考えるのが大変で制作費も高いので、多数の広告で1つのランディングページとなりがちですが、本来は広告でアプローチしたい対象者の数だけランディングページを作って1対1で対応すべきなのです。

普段掲載しているウェブサイトも、来てほしい対象者に1対1で対応できる内容を持っているべきです。

▼図　対象者に1対1で対応するサイト

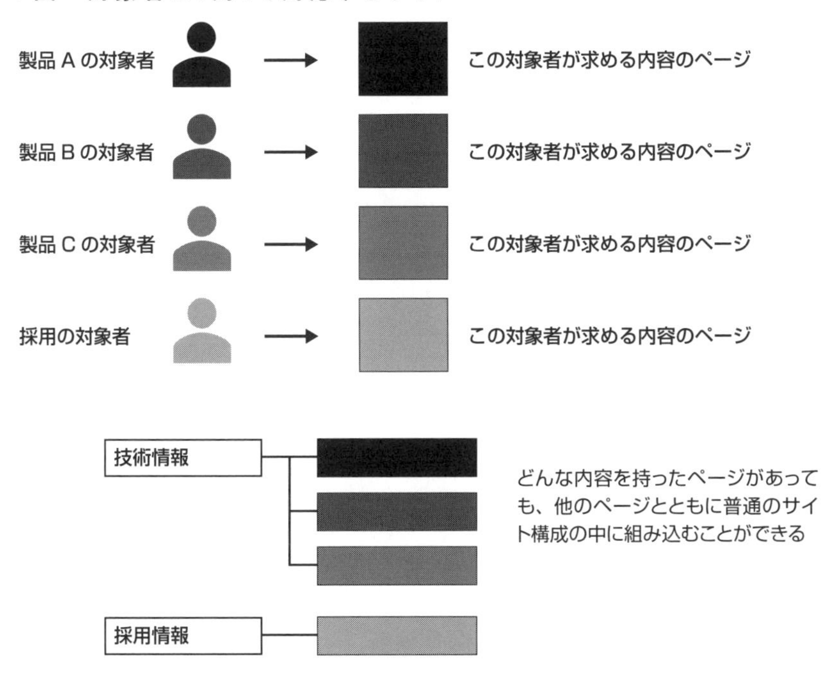

各対象者を迎えるページのほかに、その人たちが「ほかにもおもしろい情報がある」と感じる内容や、お問い合わせなどのゴールが必要ですから、実際にはサイトのページ数は対象者数より多くなります。

たくさんのページを正しく管理し、全部のページが役割を果たすようにするためには、ファイルの構成について理解していなければなりません。

サイト構成の基礎知識

ここからは少しアルファベットやカタカナが混ざりややこしい言葉が増えてきますが、まずはこうした言葉に慣れていただく必要があります。最初に簡単な説明をしておきましょう。もうご存じの方はこの節を飛ばして次の節（253ページ）から続きをお読みください。

■サーバー上のファイルとURLの関係

ホームページにはたくさんのページがあります。ページは基本的には「HTML」（エイチティーエムエル）という言語で記述されており、「.html」という拡張子のついた名前で保存されることが多いです。拡張子は、どんなプログラムで記述されたファイルかを示すものなので、もし各ページが「PHP」（ピーエイチピー）という言語で書かれていたら「.php」という拡張子になります。

こうした名前のついたファイルがウェブサーバー上に保存されます。ウェブサーバーは24時間365日、ネットにつながっていて、私たちの「このページを見たい」というリクエストに応えて該当するファイルを送り返す仕事をしています。

ウェブサーバーは普通のパソコンと似たようなものなので、フォルダーを作ってその中にファイルを入れる、フォルダーの中に別のフォルダーを作ることもできる。という仕組みになっています。

▼図　サーバー上のファイルの保存場所

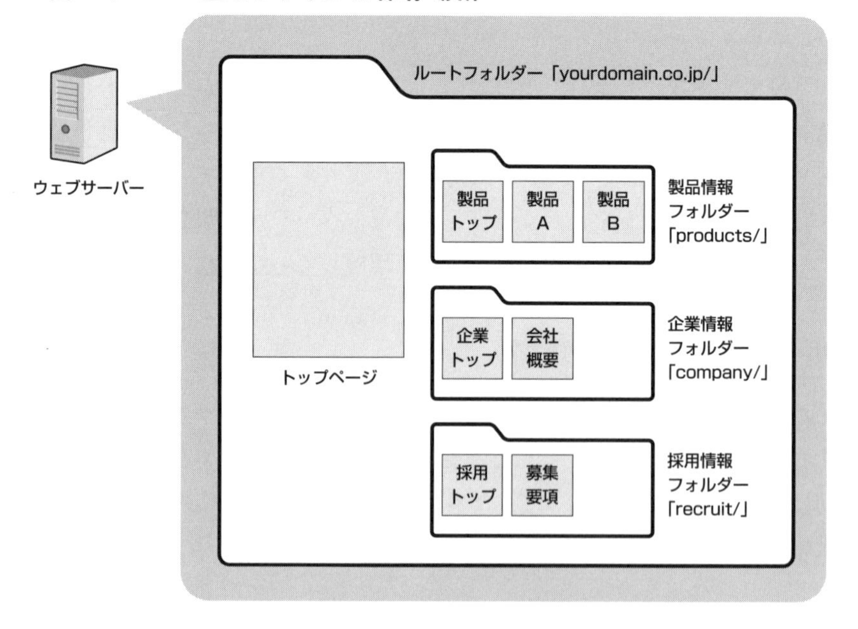

御社のドメインが「yourdomain.co.jp」だとすると、ウェブサーバーのいちばん外側のフォルダーが「yourdomain.co.jp」という場所として割り当てられています。この場所は一般的に、

http://www.yourdomain.co.jp/

という書き方をします。これがウェブサーバーのありかを示す住所のようなものです。最後の「/」がフォルダーを示す記号です。つまりこれが、yourdomain.co.jpのためのいちばん外側にあるフォルダーだということです。ホームページのほぼすべてのファイルはこのフォルダーの中に入れられています。

このいちばん外側のフォルダーにまずはトップページを設置します。トップページは目次になっていることが多いので、index（インデックス）と呼ばれます。ファイル名としては「index.html」です。これがいちばん外側のフォルダーに置かれると、

http://www.yourdomain.co.jp/index.html

となります。これがページの住所「URL」（ユーアールエル）です。もし、同じフォルダーにページA（a.html）やページB（b.html）があったら、

http://www.yourdomain.co.jp/a.html
http://www.yourdomain.co.jp/b.html

というふうに記述することで参照することができます。yourdomain.co.jpという場所が世界で唯一無二なので、世界中のどこからでもこの「ページA」を見ることができるわけです（もちろんパソコンと同じで、同じフォルダーの中に同じ名前の別ファイルを保存することはできませんから、a.htmlというのも唯一のものです）。

このようにhttp（もしくはhttps）から始まるページの住所指定のことを、

「絶対パス」と呼びます。パスとは経路のことですが、世界中どこで指定しても必ずその場所を示すので、絶対的なパスです。

なお、トップページについては、ファイル名が特に指定されていなければindexを表示するというサーバーのルールがあるため、index.htmlを省略することができます。

http://www.yourdomain.co.jp/index.html
http://www.yourdomain.co.jp/

このどちらでも同じページが表示されることになります。略せるものは略したほうがアクセスする人には優しいですね。

説明用に「http://www.yourdomain.co.jp/ ～～」と書いているのも長ったらしいので、慣れてきたら省略していきましょう。ドメイン部分を略してしまって、

```
/（もしくは、/index.html）
/a.html
/b.html
```

と書くこともできます。ドメインがわからなくなってしまいますが、あくまでこれは「yourdomain.co.jp」の中の話ですよ、という前提の上で、このように記載することができます。

■フォルダーの階層構造とURLでの表記

先頭の「/」がサーバー上でホームページを置く場所のいちばん外側のフォルダーを表しているので、これを

サーバールートからの絶対パス

と言います。どうしていちばん外側のことをルート（根）と呼ぶかという

と、フォルダーの中にフォルダーがあってさらにその中にファイルがある、という構造では、次の図のように、最上位フォルダーを起点に、枝分かれしていきます。

▼図　サイトとフォルダーの階層構造の対応

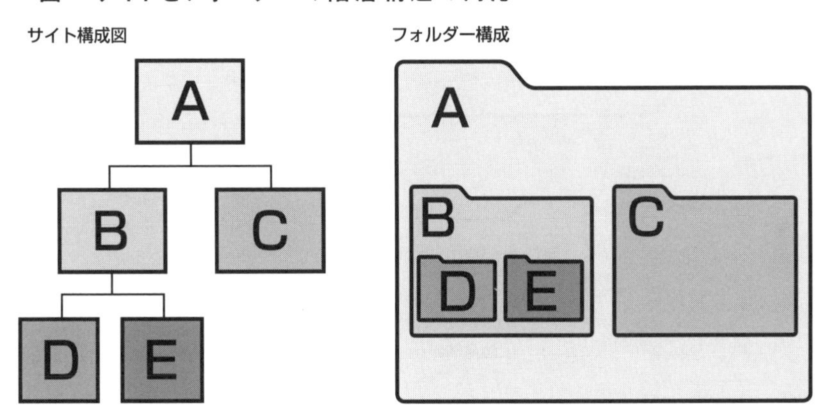

このように、フォルダーの中にフォルダーがあることを「階層」と呼び、こうした構造のことを階層構造と呼びます。ファイルはどのフォルダーに収めてもよいのですが、通常は関連のあるファイルは同じフォルダーにまとめておきます。

これが木のようだと考えれば、その先頭部分が「根」（=ルート）だと考えられますね。いちばん上なのに「根」とはややこしいですが、最上階層から逆さまに生えている樹形図だと思っていただければよいでしょう（図中のサイト構成図を逆さまから見てみてください）。

さて、ウェブではフォルダーをすべて「/」で表すので、フォルダーの中にフォルダーがあれば、1つのファイルの場所を表すのに「/」が2回出てくるURLになります。「/」は「スラッシュ」と読み、サーバー上のフォルダーを意味すると考えてください。

/products/productA.html

サーバールートのフォルダーの中に「products」というフォルダーが入っていて、その中に「productA.html」というページが入っている状態です。スラッシュが2回出てくるので、このページは第2階層にあるとわかります。

▼図　フォルダーとファイルの構造とURL

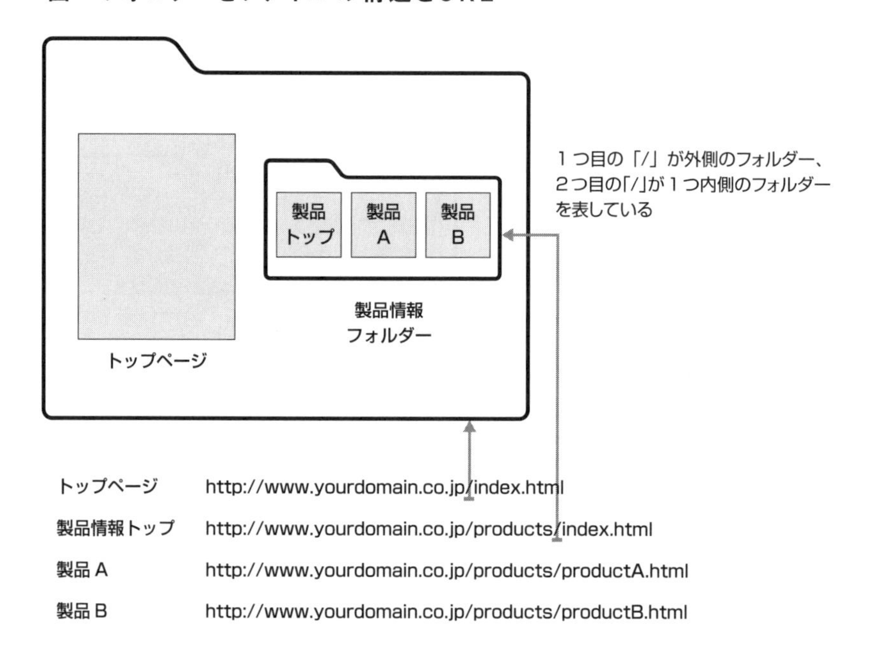

■ファイルとフォルダーの位置関係を把握しておく

いま、次のようなフォルダー構成になっているサーバーについて考えます。複数のフォルダーがあり、さらにその中にファイルがある、という構成です。

```
/index.html                    ……トップページ
/products/index.html           ……製品情報トップ
```

```
/products/productA/index.html      ……製品Aトップ
/products/productA/feature.html    ……製品A特長
/products/productA/content.html    ……製品A集客コンテンツ
/products/productB/index.html      ……製品Bトップ
/products/productB/feature.html    ……製品B特長
/products/productB/content.html    ……製品A集客コンテンツ
/company/index.html                ……企業情報トップ
/company/history/index.html        ……沿革トップ
/company/history/1990s.html        ……1990年代
/inquiry/index.html                ……お問い合わせ（フォーム）
/inquiry/confirm.php               ……確認画面
/inquiry/thankyou.php              ……完了画面
/sitemap.html                      ……サイトマップ
```

productAフォルダーにもproductBフォルダーにも「feature.html」という同じ名前のページがありますが、それぞれ製品Aの特長と製品Bの特長という別の内容を持ったファイルです。更新時にまちがって、製品Aの特長のページを製品Bのフォルダーに入れてしまうと、上書きされてしまって製品Bの特長が消えてしまいます。その場合、製品Bトップを見ていて、製品Bの特長が見たいと思ってクリックすると製品Aの特長が出てきてしまう、ということが起こりますから、どのページがどのフォルダーに属しているのか理解していなければなりません。

また、製品Aと製品Bで、それぞれ顧客になりやすい人を集客コンテンツページ「content.html」で集めたいと考えています。そこで集客して、すぐ近くにある製品特長ページを見せ、そこからお問い合わせに誘導しようと考えているわけです。次の2つの流れが重要だと考えているわけです。

/products/productA/content.html	……製品Aの対象者をこのページで集客
↓	
/products/productA/feature.html	……製品Aの特長を見せて
↓	
/inquity/index.html	……お問い合わせフォームに誘導したい
/products/productB/content.html	……製品Bの対象者をこのページで集客
↓	
/products/productB/feature.html	……製品Bの特長を見せて
↓	
/inquity/index.html	……お問い合わせフォームに誘導したい

狙いとする誘導計画では、製品情報トップも全体のトップページも必要ないくらいのイメージです。しかし、

・すべてのファイルはどこかのフォルダーに収められる
・フォルダーには必ず目次（index.html）が必要
・トップページから来た人は順番に目次をクリックして進む

という原則がありますから、先に挙げたフォルダー構造を作ってそこに収め、目次を置いていくわけです。これで、トップから来る人も、ニーズに基づいてトップ以外のページから来る人、すべてに対応できるサイト構造ができるわけです。

ウェブサイトに何ページあろうと、必ずこのようなファイル構造上に

ページの居場所が決まっています。1行が必ず1ページに対応しており、同じ内容のページが別の行に何度も現れることはありません。これをExcelで記録すれば、「サイト構成表」というものができあがります。100ページあるサイトなら100行のExcelファイルができるわけです。

サイト構成表はウェブ管理、評価に欠かせない道具

サイト構成表は企業がウェブを管理するのに欠かせない道具です。新しいページ作成を考えたり、サイトが狙いどおりに働いているかどうかを評価するのにも役立ちます。

いろいろなセミナーの場で、参加者に「サイト構成表を持っていますか？」と聞きますが、手が上がることはめったにありません。これは問題です。

ウェブの成果を高めたいというなら、その前に「どこに問題があるのか」「前四半期よりどれだけ効果が伸びたのか」を評価できる仕組みを用意する必要があります。サイト構成表はそのために不可欠な仕組みです。もし持っていないなら、すぐに準備して、現状のサイトの構造を見渡せるようにしましょう。

かなり多くの会社から「今のサイトが悪いことはわかっているから、全部やり替えたい」と言われてきました。「半年先に行うリニューアルが大切で、消えてしまう今のサイトの構成など見ても役に立たない」と考える人もいると思いますが、それは違います。今のサイトを知らずその実態に目をつぶったままでは、新しいサイトをより良く考えるのは難しいと考えてください。

リニューアルで大切なのは、「どんなページを作れば成果につながるか」を考えることです。現在のサイトでどこに問題があり、どんな訪問者を集められているか、逃がしてしまっているかを知らなければそれを考えることはできません。今のサイトのサイト構成表を作成して、その状況について考えれば、来るリニューアルでより良くサイトを作ることができるでしょう。

ウェブ立地の考え方では、

①対象者を決めて、その関心を見定める
②サイト内のさまざまなコンテンツを利用して集客し、関心を持たせる
③見せたい情報や取らせたい目標行動に誘導する

というステップが必要になります。サイト内にどんなページがどれだけあるかを把握してはじめて、集客できているかを確認でき、次の誘導がうまくいっているかを評価できます。ウェブ立地論にとってサイト構成表はなくてはならないツールです。

サイト構成表を使えば、この表だけでサイトの全体的な評価から各ページのパフォーマンスまで評価できます（具体的な評価の方法は第8章で説明します）。

ここではまずサイト構成表の記載内容について説明し、その作成方法を学ぶことにしましょう。

■サイト構成表に記載するもの

サイト構成表は、Excelのワークシート1つに次のような項目をまとめたものです。

▼図　サイト構成表

No.	内容		第1階層	第2階層	GA URL	リンク	ページ タイトル	キーワード	説明文	ページビュー数
1	トップ		/		/	http://www.yourdomain.co.jp/	○○産業株式会社	●●,△△	○○産業株式会	468
2	会社概要	トップ	/about	/	/about/	http://www.yourdomain.co.jp/about/	会社概要｜○○産業株式会社	会社概要,●●	会社概要です。	371
3	製品情報	トップ	/products	/	/products/	http://www.yourdomain.co.jp/products/	製品情報｜○○産業株式会社	製品,●●,△△	製品情報をご覧	152
4		製品A		/product1.html	/products/product1.html	http://www.yourdomain.co.jp/products/pr	製品情報1｜○○産業株式会社	111,製品,●●,	製品1をご覧くだ	97
5		製品B		/product2.html	/products/product2.html	http://www.yourdomain.co.jp/products/pr	製品情報2｜○○産業株式会社	222,製品,●●,	製品2をご覧くだ	59
6		製品C		/product3.html	/products/product3.html	http://www.yourdomain.co.jp/products/pr	製品情報3｜○○産業株式会社	333,製品,●●,	製品3をご覧くだ	184
7	基礎知識	トップ	/basic_knowledge	/	/basic_knowledge/	http://www.yourdomain.co.jp/basic_knowle	基礎知識｜○○産業株式会社	□□□,●●,△	○○の基礎知識	167
8		基礎知識1		/content1.html	/basic_knowledge/content1.html	http://www.yourdomain.co.jp/basic_knowle	基礎知識1｜○○産業株式会社	111,□□□,●●	基礎知識1です。	245
9		基礎知識2		/content2.html	/basic_knowledge/content2.html	http://www.yourdomain.co.jp/basic_knowle	基礎知識2｜○○産業株式会社	222,□□□,●●	基礎知識2です。	71
10		基礎知識3		/content3.html	/basic_knowledge/content3.html	http://www.yourdomain.co.jp/basic_knowle	基礎知識3｜○○産業株式会社	333,□□□,●●	基礎知識3です。	82
11	技術情報	トップ	/technology	/	/technology/	http://www.yourdomain.co.jp/technology/	技術情報｜○○産業株式会社	××,●●,△△	技術情報をご覧	304
12		技術分野1		/content1.html	/technology/content1.html	http://www.yourdomain.co.jp/technology/	技術情報1｜○○産業株式会社	111,××,●●,	111の技術情報	116
13		技術分野2		/content2.html	/technology/content2.html	http://www.yourdomain.co.jp/technology/	技術情報2｜○○産業株式会社	222,××,●●,	222の技術情報	70
14		技術分野3		/content3.html	/technology/content3.html	http://www.yourdomain.co.jp/technology/	技術情報3｜○○産業株式会社	333,××,●●,	333の技術情報	255
15		技術分野4		/content4.html	/technology/content4.html	http://www.yourdomain.co.jp/technology/	技術情報4｜○○産業株式会社	444,××,●●,	444の技術情報	107
16	お問合せ	フォーム	/inquiry	/	/inquiry/	http://www.yourdomain.co.jp/inquiry/	お問い合わせ｜○○産業株式	問合せ,●●,△	お問い合わせは	64
17		確認画面		/confirm.php	/inquiry/confirm.php	http://www.yourdomain.co.jp/inquiry/con	確認画面｜○○産業株式会社		○○産業株式会	11
18		完了画面		/thankyou.html	/inquiry/thank.html	http://www.yourdomain.co.jp/inquiry/than	完了画面｜○○産業株式会社		○○産業株式会	10
19	プライバシーポリシー		/privacy	/	/privacy/	http://www.yourdomain.co.jp/privacy/	プライバシーポリシー｜○○産	個人情報,●●,	プライバシーポ	7
20	全体									2,842

全ページ1行ずつ記載

URLを3種類の記述方法で記載

タイトルやキーワード、説明文（デスクリプション）を書いておけば、どのページにどんな内容が書かれているかわかる。また、アクセス数のデータも取り込むことができる

1ページにつき1行ですので、100ページあれば100行程度、1,000ページあってもExcelで1,000行というのはそれほど大きな表ではありませんね。すぐにスクロールして全体を俯瞰したり、検索や絞り込みを使って内容を見つけることができるのが良いところです。

書かれていることを順番に見ると、左端は通し番号です。これで全部で何ページあるか把握できます。大規模なウェブサイトでは、2列目にも番号を書けるようにしておくとよいでしょう。大きなコーナー内に何ページあるかをつかむためのものです。Excelでスクロールの必要がないほど全体のページ数が少なければコーナー内の番号は必要ありません。

次に内容を書いています。トップページ、ニュース、製品情報、企業情報、採用情報といった順序になっていますが、これはサイトを見たときにリンクが出てくる順番だと考えてください。トップページを開いてみて、ロゴの下にナビゲーションがあって、「ニュース」「製品情報」「企業情報」「採用情報」「お問い合わせ」とボタンが並んでいたら、この会社はその順番に情報を大切にしているのだと考えてよいでしょう。

「リンクが出てくる順番」を杓子定規にとらえると、ロゴのすぐ次に出てくるのが「English」だったりします。しかし、サイト構成表でトップページの次に英語版のページが延々並んでいたのでは、サイトを俯瞰するのに邪魔になりがちです。グローバル企業では英語版を重視している場合もありますが、多くの企業サイトでは日本語版の内容を海外向けに翻訳しているでしょうから、先に日本語のページについてサイト構成表に記載し、そのあとに英語版、中国語版を並べるようにするほうが把握しやすいでしょう。

なお、「ニュース」は重要なコーナーですが、ナビゲーションに加えられていないサイトが多いです。そうしたサイトでは、ニュースへのリンクはトップページのニュース欄に「ニュースの一覧へ」といったリンクがあるだけ、ということが多いですから、サイト構成表を作成するときもつい忘れてしまいがちです。トップページをじっくり見て、「ナビゲーションでは省かれているがたくさんのページ数があるコーナー」を見落とさないようにしましょう。

内容も、Excelの列をいくつか使って、「企業情報」の配下に「社長メッセージ」がある、といったことがわかりやすいように段差をつけていきます。

次にURL（ページの住所）を3種類の書き方で記載してあります。「第x階層」と、Excelを何列も使って段差をつけてあるのはサイトの階層構造を再現するためで、そのファイルがどのフォルダーに入っているのか簡単に確認できます。

「GA URL」というのは、サーバールートからの絶対表記です。この記載があれば、Googleアナリティクスのデータと突き合わせてアクセス記録をサイト構成表に取り込むことができます。全サイトを評価するためにはこの表記が不可欠ですからぜひ加えてください。

「リンク」というのは、ブラウザでアクセスする際におなじみの「http://」始まりの絶対パスを記載しています。「どんなページだったかな？」と思ったときにすぐに見に行けるので便利です。

実際の作業順としては、ページをブラウザーで表示し、アドレス欄からコピー&ペーストすればよいだけの「リンク」がいちばん作成しやすいです。ここからExcel上で加工して絶対表記（GA URL列）を取り出し、さらに階層構造（第x階層）に分けていくのが楽です。

次に、各ページのより細かな内容を記載する欄が続きます。「ページタイトル」「説明文」「キーワード」です。これらはページをブラウザーで表示し、そのHTMLソースからコピー&ペーストして作成します。この記載により、どのページに具体的にどんな内容が書かれているか、どんな語句が使われているかがわかります。

最後に「備考欄」を置いておいてください。ここには「対象者1を集客する」といった狙いを記載できます。「対象者1の誘導先」「目標」などを記載しておけば訪問者をどう集めてどう誘導するかがわかるようになり、評価の際にもそれに照らして数値を見ることができるようになります。

6-2 サイト構成表の作成方法

サイト構成表を準備するための方法は3つあります。

(1) 制作会社にもらう
(2) ゼロから作成する
(3) Googleアナリティクスから簡易的に作成する

順番に見ていきましょう。

(1) 制作会社にもらう

サイト構成表は、全ページの作成の進捗管理に使えるものです。制作会社はリニューアルを受注したら必ずサイト構成表を作ってどのページづくりがどこまで進んだか、顧客からのチェックバックをいつまでにもらう必要があるか、すべてこの表でわかるようにしています。

▼図　制作会社が進捗管理に使うサイト構成表

No.	内容		第1階層	第2階層	リンク	デザイン	原稿	コーディング	ページタイトル	キーワード	説明文
1	トップ		/		http://test.yourdomain.co.jp/	済	6/10	6/20	〇〇産業株式会社	●●,△△	〇〇産業株式会社です。
2	会社概要	トップ	/about	/	http://test.yourdomain.co.jp/a	済	済	6/10	会社概要｜〇〇産業株式会社	会社概要,●●	会社概要です。〇〇産業株式会社です。
3	製品情報	トップ	/products	/	http://test.yourdomain.co.jp/p	済	6/10	6/15	製品情報｜〇〇産業株式会社	製品,●●,△△	製品情報をご覧ください。〇〇産業株式会社です。
4		製品A		/product1.html	http://test.yourdomain.co.jp/p	6/10	済	6/15	製品情報1｜〇〇産業株式会	111,製品,●●,	製品1をご覧ください。〇〇産業株式会社です。
5		製品B		/product2.html	http://test.yourdomain.co.jp/p	6/10	済	6/15	製品情報2｜〇〇産業株式会	222,製品,●●,	製品2をご覧ください。〇〇産業株式会社です。
6		製品C		/product3.html	http://test.yourdomain.co.jp/p	6/10	済	6/15	製品情報3｜〇〇産業株式会	333,製品,●●,	製品3をご覧ください。〇〇産業株式会社です。
7	基礎知識	トップ	/basic_knowledge	/	http://test.yourdomain.co.jp/b	済	6/10	6/20	基礎知識｜〇〇産業株式会社	□□□,●●,△	〇〇の基礎知識をご覧ください。〇〇産業株式会社です。
8		基礎知識1		/content1.html	http://test.yourdomain.co.jp/b	6/15	済	6/20	基礎知識1｜〇〇産業株式会	111,□□□,●	基礎知識1です。〇〇産業株式会社です。
9		基礎知識2		/content2.html	http://test.yourdomain.co.jp/b	6/15	済	6/20	基礎知識2｜〇〇産業株式会	222,□□□,●	基礎知識2です。〇〇産業株式会社です。
10		基礎知識3		/content3.html	http://test.yourdomain.co.jp/b	6/15	済	6/20	基礎知識3｜〇〇産業株式会	333,□□□,●	基礎知識3です。〇〇産業株式会社です。
11	技術情報	トップ	/technology	/	http://test.yourdomain.co.jp/t	済	6/15	6/25	技術情報｜〇〇産業株式会社	××,●●,△△	技術情報をご覧ください。〇〇産業株式会社です。
12		技術分野1		/content1.html	http://test.yourdomain.co.jp/t	6/15	6/15	6/25	技術情報1｜〇〇産業株式会	111,××,●●,	111の技術情報です。〇〇産業株式会社です。
13		技術分野2		/content2.html	http://test.yourdomain.co.jp/t	6/15	6/15	6/25	技術情報2｜〇〇産業株式会	222,××,●●,	222の技術情報です。〇〇産業株式会社です。
14		技術分野3		/content3.html	http://test.yourdomain.co.jp/t	6/15	6/15	6/25	技術情報3｜〇〇産業株式会	333,××,●●,	333の技術情報です。〇〇産業株式会社です。
15		技術分野4		/content4.html	http://test.yourdomain.co.jp/t	6/15	6/15	6/25	技術情報4｜〇〇産業株式会	444,××,●●,	444の技術情報です。〇〇産業株式会社です。
16	お問合せ	フォーム	/inquiry	/	http://test.yourdomain.co.jp/i	7/1	済	7/10	お問い合わせ｜〇〇産業株式	問合せ,●●,△	お問い合わせはこちら。〇〇産業株式会社です。
17		確認画面		/confirm.php	http://test.yourdomain.co.jp/i	7/1	済	7/10	確認画面｜〇〇産業株式会社		〇〇産業株式会社です。
18		完了画面		/thankyou.html	http://test.yourdomain.co.jp/i	7/1	済	7/10	完了画面｜〇〇産業株式会社		〇〇産業株式会社です。
19	プライバシーポリシー		/privacy	/	http://test.yourdomain.co.jp/p	済	6/15	6/20	プライバシーポリシー｜〇〇産	個人情報,●●	プライバシーポリシーです。〇〇産業株式会社です。

テストや開発作業の日程・進捗を管理するための表となっている

だから、サイト構成表はリニューアルを行う制作会社が必ず持っています。ただし、この表には作業のための日程や注意書きがたくさん記載されています。制作会社はこの表が「内輪の作業管理ファイル」だと思っているので、作業完了時にこのファイルを納品することが少ないです。しかし、これはまちがった常識です。
制作会社は何ページ作成するかによって見積りを作成しています。

コーディング費：単価 10,000円×数量 50ページ＝500,000円

という見積りを書いているとすれば、作業が終わったときに「本当にこの50ページを作成しました」という報告をクライアント企業に提出して確認を取らなければ請求できるはずがありません。そのためにいちばんわかりやすいのがサイト構成表です。進捗管理や注意書きは削除してかまわないので、ぜひサイト構成表を納品して、これだけ作成作業をしたと証明してください。
実際、ウェブの仕事は企業側から見えにくいものです。見積り時点で50ページ作ると理解できていたとしても、作業完了時に「本当に50ページあるの？」と数えることがとても難しいです。そこが理解されていないから、完成後に値切るようなひどいクライアントも発生します。制作会社は作業分量の証拠としても、必ずサイト構成表を納品するようにしましょう。
制作会社にとってサイト構成表を納品するメリットはそれだけではありません。どんなページがどれだけあるかをクライアント企業が理解していなければ、次に広告やSEO対策をしましょうという話ができません。サイトの更新も改善も発生しにくくなります。次の仕事を引き出すためにも、企業側のサイト理解は必要不可欠ですから、制作会社はサイト構成表を納品すべきです。
今のサイトのサイト構成表を準備したいと考えたら、まずはリニューアルを担当した制作会社に「うちのサイトのサイト構成表をもらえますか？」と依頼してください。サイト構成表を準備するならこれがいちばんてっとり早い方法です。
リニューアルから時間が経っている場合は、リニューアル完成時点のサ

イト構成表よりもページが増えていて、実態とずれが生じているものです。制作会社からもらう際には「いつの時点の表になっているか」を確認して、現在のサイトとの違いを埋めましょう。

また、制作会社は先に見たようなサイト構成表の記載項目を全部反映しているとは限りません。制作の進捗管理に使っていた表を、不要部分を削除して納品してもらった状態なら、ページの「説明文」などは入っていない可能性が高いです。もちろん備考に書き込むページの狙いなどは自分で考えて書き込む必要があるでしょう。

(2) ゼロから作成する

ゼロからサイト構成表を作成すると言うと「うわ、難しい！」と感じてしまう人もいるかと思いますが、決して難しいことではありません。ただ面倒くさいだけです。1万ページもあるようなサイトでは大変です。その場合は、(3) のGoogleアナリティクスから簡易的に作成する方法をおすすめします。

ライバルサイトの研究などでも、概略的なサイト構成表を作成すれば役に立ちますので、ゼロから作成する方法は理解しておいてください。

作成方法は単純です。Excelとブラウザーを開いて、ブラウザーで実際のページを順番に表示し、URLやページ内容などの情報を書き込んでいくだけです。多くはブラウザーからのコピー&ペーストでできますから安心してください。

この方法については細かく手順を説明しましょう。

■①Excelファイルを作成する

Excelの新規ワークシートを開いていったん名前を付けて保存します。必ず、これがどのサイトの構成表か、いつだれが作成したものかをファイル名に織り込みます。

・ファイル名の例：サイト構成表_milscojp_石井_20220508.xlsx

保存先はウェブ管理のためのフォルダーにして、その中に「サイト構成表」というフォルダーを作ってその中に保存します。こうするのは、サイト運営の中でこれから何度もサイト構成表を作成する必要が出てくるためです。ウェブ管理フォルダーにはほかにも多くのファイルが入っているため、その中にサイト構成表が埋もれてしまうと「どれが最新の構成表か」わからなくなりますから、注意しましょう。

サイト構成表は、新規ページを追加するたびにその内容を反映していくべきものです。つまり、サイトの最終更新日とサイト構成表ファイルの最終更新日は一致しているはずです。つい面倒でサイト構成表の更新を後回しにしてしまいがちですが、これが間に合っていないと、あとから追加した大切なページが抜け落ちてしまうので注意してください。

■②見出し行を書く

Excelのレイアウトは見やすいようにアレンジすればよいのですが、セルの結合などのワザを使わずに、並べ替えたり絞り込んだりしやすいように作成してください。

・必ず全ページを収録すること
・1ページ1行とし、空行や説明文の行を設けないこと

というのが鉄則です。

第1行目は見出しを書き込んでしまいましょう。最低限必要なのは、

・No.
・内容
・URL
・タイトル
・説明文
・キーワード
・備考

となります。あとから列を挿入して内容やURLに何列か割り当てることになるのですが、それは必要に応じて行います。

■③通し番号を入れる

何ページあるのかまだわからないのですが、だいたい100ページくらいと思ったら、最初に1から100まで番号を入れてしまっておけば気が楽です。見出し行の「No.」の下に1、その下に2を記入します。1と2のセルを選んで2のセルの右下にカーソルを合わせ、下にドラッグ（カーソルを引き下げる）すれば、勝手に3、4、5……といくらでも番号をカウントアップしてくれます。

■④トップページをブラウザーで開く

ここまでExcelの準備ができたら、あとは実際のページをブラウザーで開いてページ情報を記載するだけです。まずはトップページをブラウザーで開いてみましょう。

これがすべての先頭ページであり、サイト内のどこからでもこのページに戻ってくることができるはずです。だからトップページのことを「ホーム」と呼ぶのです。サイトの階層構造でいえばいちばん上層にあるはずです。

まずはトップページについて記入するので、表のNo.1の行の「内容」欄に、

No.	内容
1	トップページ

と記入します。

続いてブラウザーのアドレス欄にカーソルを入れて、そこに表示されているURLを全部選択してコピーし、Excelの「URL」欄にペーストします。

No.	内容	URL
1	トップページ	http://www.yourdoamin.co.jp/

続いてブラウザーに表示されているトップページのどこかにカーソルを置いて右クリックします。するとメニューが表示されますから「ページのソースを表示する」を選んでください。ブラウザーに別タブが開いてトップページのHTMLソースが表示されます。

▼図　ソースを表示する

HTMLソースはとても複雑な表記なので、これを覚える必要はありません。ただ、「自分にはわからない」とシャッターをおろしてしまうのは、とても損です。実際、ソースには半角英数文字がいっぱい出てきてプログラムを見せられているようで、関わりたくない気持ちになります。しかし、他社のサイト研究などでも使う機能なので、ソースを表示して読むという作業には慣れておくべきです。慣れるべきは次の点です。

・HTMLソースの比較的はじめのほうに重要なタイトルや説明文がある
・検索（Ctrl+F）すれば、必要な情報を見つけることができる

これさえ馴染んでおけば、重要な情報を得ることができます。
先の図を見ると、トップページのソースが表示されています。その比較的はじめのほうに、

<title> ～ </title>

という箇所があります。これが「タイトル」で、そのページの内容を示すものです。この「<title>」と「</title>」との間に書かれた文字列をコピーして、Excelの「タイトル」欄にペーストします。
ブラウザーはページを表示する際、HTMLソースを読んでここに書かれている言葉をタブに表示します。タブは狭いのでタイトル全文が表示されることは少ないですが、ページ内容を端的に表すものなので重要です。
サーチエンジンは検索結果を紹介するために、タイトルを検索結果の見出し行として利用しています。タイトルの記載が魅力的であれば検索者が数ある検索結果からそのサイトを選んでくれる確率が高まるのでとても重要な作文です。
ところが、オーバーオプチマイゼーションと言って、検索対策を重視しすぎるあまり、タイトルの表記がページの内容とかけ離れてしまっているサイトが少なくありません。
最も多いのは全ページ同じタイトルになっているサイトです。タイトルはページ内容を反映するはずなのに全ページ同じタイトルというのは、違反行為です。検索エンジンやその利用者をだまそうとすることですから、すぐにやめましょう。悪気はなくてもページの内容を反映していないタイトルは、サイトの成功には邪魔になるだけです。
ときには<title></title>の記載がないこともあります。この場合にはブラウザーも困って、仕方ないのでタブにはURLが表示されてしまいます。検索エンジンも仕方ないので、最近はGoogle自身が内容を要約し、検索結

果の見出しを作文してくれます。この自動作文はサイト側にとっては不本意なものですから、Google任せにせず、必ず自分で表記しましょう。

Googleがタイトルを自動作文するのは、サイト側がオーバーオプチマイズでタイトルに嘘の（実際のページ内容とは違う）内容を記載することが少なくないからです。嘘を書くのは本当に不正行為で、本人は「うまくやった」つもりで、実際には得することはありません。

タイトルがページ内容を正しく反映していれば、サイト構成表にタイトル欄があることで、どんなページがあるのか具体的にわかりやすくなります。

同様に、ソースから次の言葉も検索してみてください。

- description（デスクリプション）
- keywords（キーワーズ）

これらがサイト構成表の「説明文」「キーワード」にあたります。該当する部分に書かれたテキストをコピーして、Excelにペーストします。

descriptionやkeywordsは必須の要素ではないので、検索しても出てこない場合もあります。その場合は空欄にしておきましょう。ソースではない普通のブラウザー表示でページを見て、そのページに重要と感じるキーワードや製品名などをキーワードに記載するのもお勧めです。

なお、検索エンジンはdescriptionを検索結果表示の本文として使う場合があります。これも「ページ内容を正しく反映する説明文」であるはずの文章要素です。検索で有利になるようにとページ内容を反映しない文章を書くのはまちがった行為です。制作会社が面倒くさがって全ページに同じdescriptionを書き込んでいる場合もありますから、この機会にきちんと点検しておいてください。

keywordsについては、記載しないサイトが増えています。Googleがkeywordsの内容を「検索結果順位の判定に使わなくなった」という情報が広まったとたんに、みんなこれを記載しなくなりました。これは非常におかしな行為です。私たちはGoogleに評価されるためにサイトをやっているのではありません。そんなことは二の次以下です。

ここで記載するkeywordsは、もともと自分のサイト管理のために役立つオプション要素です。たとえば、ページのイメージ写真にある製品の写真が出てきているとすれば、その製品の型番をkeywordsに記載しておけば、どのページにどの製品の写真が存在するかすぐに検索できるでしょう。廃番が決まったときにも、全サイトのkeywords要素の中を検索するだけで、全部のページをメンテナンスすることができます。

サイト内検索のシステムを組む場合にも、keywordsの中の要素をデータベース化してそこから検索できる仕組みにできます。

こうした使える要素を、「Googleはもうkeywordsは使ってないんですよ！」なんて知ったかぶりして使用をやめるのは優先順位をまちがっています。

■⑤備考を書く

最後に備考を記入します。全部のページについて書かなければならないものではありませんが、どの対象者の入口にしようとしているのか、ここからどこに誘導しようとしているのかを記入しておくことが大切です。

No.	内容	URL	タイトル	説明文	キーワード	備考
1	トップページ	http://www.yourdoamin.co.jp/	○○○○	○○○	○○,○○,○○	対象者1を集客、No.5へ誘導

ここまでの作業で上記のようにExcelの1行目が埋まりました。あとはページの数だけ、同じ作業を繰り返します。ページ数の多いサイトではいつ果てるともない繰り返し作業なので大変ですが、何日かうんうんがんばれば非常に役立つファイルができあがりますから、ここはがんばってください。

制作会社からこうしたファイルをもらう場合には、制作会社が同じような作業をしてゼロから作ってくれている可能性もありますから確認してください。ゼロからの作業なら作業費が必要です。当然、今日言って明日もらうような無理を言ってはいけません。

■⑥概略の構造を先に書き込む

あとは全ページ分同じ作業を繰り返すだけなのですが、その作業順序についてお話しておきましょう。

トップページの次がニュースだとすると、2番目がニュースのトップページになり、その次は過去のニュースを順にさかのぼりながら記入していくことになります。

2	ニュース	http://www.yourdoamin.co.jp/news/
3	○○	http://www.yourdoamin.co.jp/news/news20210601.html
4	△△	http://www.yourdoamin.co.jp/news/news20210524.html
5	□□	http://www.yourdoamin.co.jp/news/news20210510.html
:		

このように、いつ終わるかわからない状態でニュースページを順番に追いかけていくことになります。抜け漏れを作らないためにはこのやり方が良いのですが、本当に「千本ノック」的な作業で精神的な負荷が大きいです。特にニュースのコーナーは普段バックナンバーを意識していない分だけ大変です。

そこで、先にサイト全体の概略構造を把握できるようにするほうが理解が進んで精神衛生的にも良いですから、まずはいったん、次のようにコーナートップだけを記入することをお勧めします。

2	ニュース	http://www.yourdoamin.co.jp/news/
3	製品情報	http://www.yourdoamin.co.jp/products/
4	企業情報	http://www.yourdoamin.co.jp/company/
5	お問い合わせ	http://www.yourdoamin.co.jp/inquiry/

このようにしていけば、サイトの構造を大づかみに理解することができます。これができたら、間に行を挿入しながら、各コーナーの中に入っていきます。最後に「No.」を改めて1から順番につけ直すことを忘れないようにしましょう。単に精神衛生の問題だけなのですが、先に一度全体が見えているほうが作業の大変さは軽減されます。

ライバル会社のサイトを調査する際にも同じ順序で作業できます。ライバルサイトがどんなコーナーを持ち、どんな情報を発信してどんな目標に誘導しようとしているのか、10行から20行程度のExcelで概略構成をつかむようにすると、多数のライバルサイトを把握するのに役立ちます。リニューアル前にこうした作業を行えば、自社がどんなページを作ればよいか考える糧にもなるでしょう。

その後、途中に行を挿入しながら、各コーナーの中身のページを書き込んでいきます。内容の表示もExcelの列を複数使って、

3 製品情報	トップ		http://www.yourdoamin.co.jp/products/
	製品A	トップ	http://www.yourdoamin.co.jp/products/productA/
		特長	http://www.yourdoamin.co.jp/products/productA/feature.html
	製品B	トップ	http://www.yourdoamin.co.jp/products/productB/
		特長	http://www.yourdoamin.co.jp/products/productB/feature.html

こうすれば、どんな内容がどこの階層にあるかが混乱せず、わかりやすいサイト構成表となるでしょう。

■⑦URLを整理する

先に図示したサイト構成表ではURLは3種類ありました。それぞれが違う役割を持っています。

❶リンク： http://www.yourdoamin.co.jp/products/productA/feature.html

❷GA URL：/products/productA/feature.html
❸階層：　/products　　/productA　　/feature.html

❶はブラウザーのアドレス欄からそのままコピー&ペーストできるURLです。これから作業するのがいちばん楽です。ExcelではURLをコピー&ペーストすると自動的にリンクとしてクリックできるようになるので便利です。もし、自動的にリンクを張らないようであれば、URL列の右隣りにでも次の式を入力してください（E列以外に「リンク」がある場合はその列を指定してください）。

=HYPERLINK(E6)

これでE6のURLと同じ文言を表示し、クリックすればリンクとして機能します。表が完成してからこの列を挿入して全行にコピー&ペーストすれば、一気にリンクを張り終えることができます。これが終わればE列は非表示にしてしまいましょう。

「リンク」は、どんなページだったかを確認したい場合だけに使用します。普段はあまり使いませんので、このセルは横幅を狭くしておくとよいでしょう。「リンク」という項目名をつけて、それだけが見えるくらいの幅で大丈夫です。

❷はサーバールートからの絶対表記で、これが一般的にはGoogleアナリティクスのURL表示と一致します（それで「GA URL」という名前にしています）。この列をGoogleアナリティクスから取得したページのアクセスデータと突き合わせて、サイト構成表上にデータを取り込むことができるので、このURLはぜひ入れ込んでください。

ただ、Googleアナリティクスの設定によっては「www.yourdomain.co.jp」がついたURL表記になっている場合があります。必ずGoogleアナリティクスの表示を確認しておいてください。確認するためには、Googleアナリティクスのデータ表示画面を開いて、左側のメニューの、「行動 > サイトコンテンツ > すべてのページ」を開き、その中の表の「ページ」

欄が「/」始まりになっているか、ドメイン部分まで含めた表示になっているかを確認します。

「/」始まりの表示の場合

最初にブラウザーからコピーしたURLが入っている列を隣の列にコピー&ペーストします。その列を全部選択して「検索と置換」(Ctrl+H)を開きます。「検索する文字列」欄に「http://www.yourdoamin.co.jp」を入れ、「置換後の文字列」欄を空白にしたままで「すべて置換」ボタンを押せば、

http://www.yourdoamin.co.jp/products/productA/feature.html

↓

/products/productA/feature.html

と、必要な形のURLを生成できます。

ドメイン始まりの表示の場合

同様にブラウザーからコピーしたURLが入っている列を隣の列にコピー&ペーストし、その列を全部選択して「検索と置換」(Ctrl+H)を開きます。「検索する文字列」欄に「http://」を入れ、「置換後の文字列」欄を空白にしたままで「すべて置換」ボタンを押せば、

http://www.yourdoamin.co.jp/products/productA/feature.html

www.yourdoamin.co.jp/products/productA/feature.html

となります。

必ずGoogleアナリティクスのURL表示の形式を確認して、それに合わせた表示にするように調整してください。

「GA URL」は、データの取り込み時に必要になるだけなので、「リン

ク」同様、普段はセルの横幅を小さくしておくとよいでしょう。なお、Googleアナリティクスの表記で、トップページが「/」終わりになっているか、「/index.html」終わりになっているかも確認して、それに合わせるようにしましょう。

```
/                /products/
/index.html      /products/index.html
```

これはどちらも同じことを表しているのですが、Googleアナリティクスにどちらで記録されているかは、取り込むデータに影響しますから、確認してサイト構成表上の「GA URL」を同じ形式に合わせておきましょう。

最後に❸の「階層」は、サーバー上のフォルダー階層を再現するもので、どのページがどのフォルダーに入っているかを整理するものです。項目名は「階層」としてあります。

今、トップページなどを含めて、URLはこのような表示になっています。

```
http://www.yourdoamin.co.jp/
http://www.yourdoamin.co.jp/products/
http://www.yourdoamin.co.jp/products/productA/
http://www.yourdoamin.co.jp/products/productA/feature.html
```

ここから、検索と置換機能を使ってドメイン部分を取り除き、

```
/
/products/
/products/productA/
/products/productA/feature.html
```

という形に変換します。

この列のデータを全部選んで、Excelの「データ」メニューから「区切り位置」を選びます。表示される画面で「コンマやタブなどの区切り文字によってフィールドごとに区切られたデータ」を選び「次へ」をクリックしましょう。入力画面が出てくるので、「その他」にチェックを入れて、記入欄に「/」を入力します。すると、データのプレビューが出ますからそこを見て問題なさそうなら、「完了」をクリックしてください。

▼図　Excelの区切り位置機能

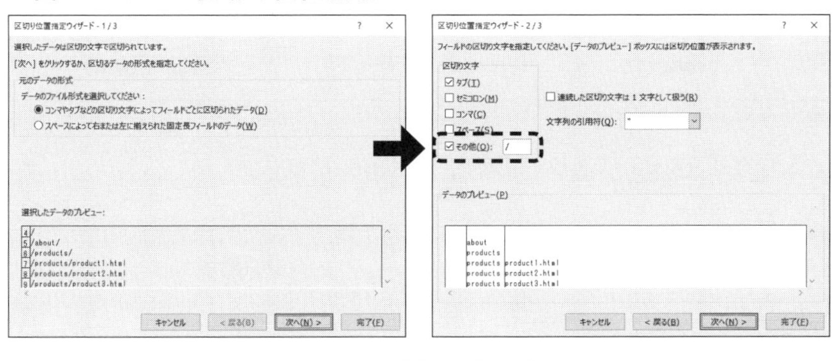

/			
/about/		about	
/products/		products	
/products/product1.html		products	product1.html
/products/product2.html		products	product2.html
/products/product3.html		products	product3.html

「/」を区切り文字に指定したので、「/」の位置でセルが分けられた

すると、次のようにデータが区切られて表示されます。

A列	B列	C列	D列
	products		
	products	productA	
	products	productA	feature.html

となります。「/」が消えて、フォルダーとファイル名が階層化されました。ただ、これだとトップページが何も表記なしで消えてしまっているので寂しいですね。そこで、間に列を追加して、次のように「/」を補います。

A列	B列	C列	D列	E列	F列
/					
/	products	/			
/	products	/	productA	/	
/	products	/	productA	/	feature.html

これを「A&B」「C&D」「E&F」でくっつければ、

第1階層	第2階層	第3階層
/		
/products	/	
/products	/productA	/
/products	/productA	/feature.html

と、階層表記を完成することができます。

URLを長々と書き連ねると、どこからどこまでが第何階層なのかわからなくなりがちですが、Excel上でこのように整列させればわかりやすいですね。何というフォルダーの中に何というフォルダーが入っているのか、何というファイル名のページがあるのかが明らかになります。

ここまででサイト構成表はできあがりです。通し番号がついているので、サイトが全部で何ページあるのか、すぐにわかりますね。Excelの検索機能やオートフィルターの絞り込み機能を使えば、サイトのどこにどんな情報が掲載されているかも、すぐに抽出できます。

検索対策を考えている人なら、「この言葉はうちのサイトのどのページで使われているだろう」と考えるでしょう。これについては、Excelのオートフィルター機能で、タイトルや説明文の列でテキストフィルターをかければ答えが出ます。検索対策で重要視しているキーワードが、サイトの中でぜんぜん使われていないということも非常に多いのですが、このようにサイト構成表を使って確認するとよいでしょう。

(3) Googleアナリティクスから簡易的に作成する

サイト構成表はとても大切なツールなのですが、ページ数の多いサイトにとっては大変で時間のかかる作業です。そこで簡易的な作成方法として、Googleアナリティクスの「すべてのページ」を使う方法があります。Googleアナリティクスでは取得できない項目もあり、欠点もあるのですが、最初からアクセスデータ付きのサイト構成表が作れるのでお得です。

注意すべきは、あくまでGoogleアナリティクスなので、計測タグを入れ忘れているページや、アクセスがゼロのページは取得できません。これについては完成してから、「あれ？ あのコンテンツが含まれていないぞ」と気づく必要がありますので、完成後あわてずに点検しましょう。

■①「すべてのページ」を開いて集計期間を調整する

Googleアナリティクスの「行動 > サイトコンテンツ > すべてのページ」を開きます。

Googleアナリティクスのデータをサイト構成表にするためには、できるだけ多くのページが含まれる必要があります。直近1週間だけのデータでは、多くのページがアクセスゼロかもしれませんね。それでは「すべてのページ」に現れず、サイト構成表から漏れてしまいます。

それでは困るので少し集計期間を長くしましょう。Googleアナリティクスの画面のいちばん上に行って右上のほうを見ると今集計している日付が表示されています。

▼図　Googleアナリティクスの集計日付表示

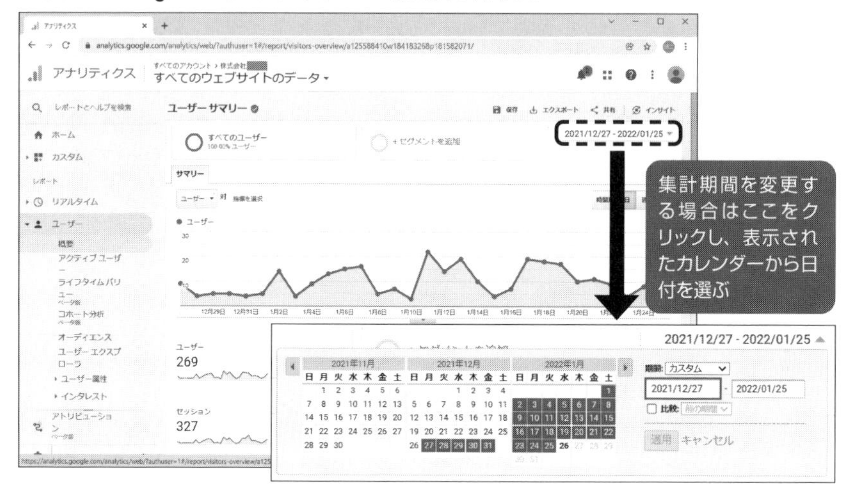

日付をクリックすると、カレンダーが出てくるので、始まりの日付を変更して十分に長い期間のデータをとってください。簡単な方法としては、今の集計日付の開始日の年号をマイナス1すればよいでしょう。

2022/05/04 - 2022/05/10

↓

202**1**/05/04 - 2022/05/10

これで1年と1週間での集計に変更できました。これだけ長い期間とってもアクセスゼロのページなら、実質「存在しない」ようなものですから、サイト構成表から漏れてもあまり問題にはならないでしょう。

■②全ページを1画面に表示する

Googleアナリティクスの「すべてのページ」は、初期状態ではページビューの多い順にトップ10しか表示していません。これではサイト構成表にならないので、表示する行数を増やしましょう。

「すべてのページ」の表のいちばん下までスクロールすると、欄外に図のような表示があります。

▼図　「すべてのページ」の下欄外の表示

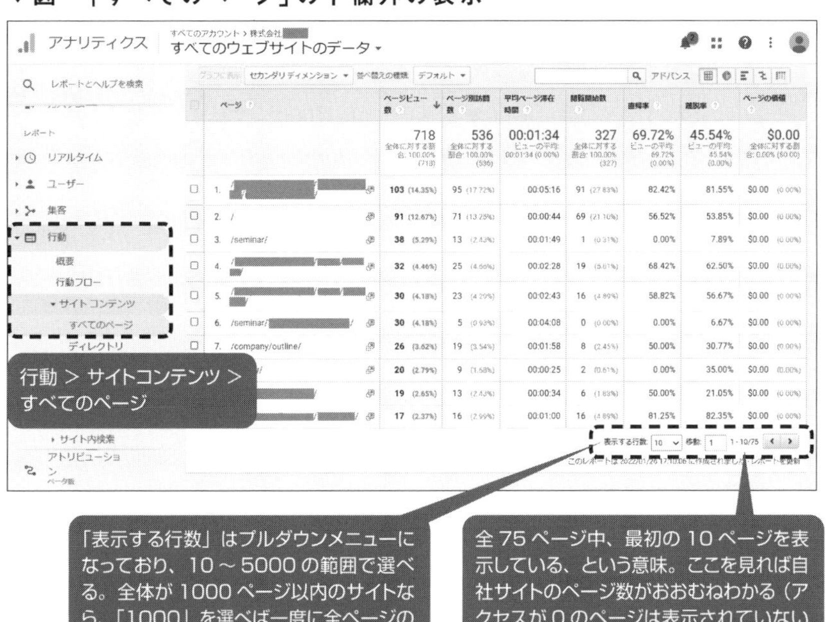

全部で75ページあるうちの1番から10番までを表示しています、という意味です。

「10▼」をクリックすると、表示行数の選択肢が現れます。75より多い「100」を選べば、全ページ一度に表示できます。ずいぶん余るじゃないかと思われるでしょうが、100を選んでも75番までしか表示されないので問題ありません。

URL数が非常に多いサイトでは、

表示する行数: ［10▼］ 移動: ［1］ 1-10/12345

のようになってしまいます。全部で12345URLもあるので、選択肢から最大の「5000」を選んでも足りません。こういう場合は仕方がないので、5000を選んで、

表示する行数: [5000▼] 移動: [1] 1-5000/12345
表示する行数: [5000▼] 移動: [1] 5001-10000/12345
表示する行数: [5000▼] 移動: [1] 10001-12345/12345

と、3回に分けてデータを表示し、それぞれダウンロードしましょう。Excelで1つのワークシートにコピーして、Excel上でつなぐしかありません。

■③データをダウンロードする

全ページを一表で表示できたらダウンロードします。画面のいちばん上に行くと、右上に「エクスポート」というリンクがあるのでクリックします。選択肢が表示されたら「Excel (xlsx)」を選択すれば、パソコンに今表示されている全ページのデータが飛んできます(全ページを表示しているとページが縦長になっていて、画面のいちばん上までいくだけで大変なのですが)。

ダウンロードしたデータはすぐ紛れてしまうので、すぐ自分のサイト管理フォルダーに移動させ、わかりやすい名前をつけて別名保存しましょう。

■④データを開いて整理する

ダウンロードしたデータを開くと、先ほどブラウザで見たのと同じようにページビュー数の多い順に並んでいます。このままではサイト構成表にならないので、並べ替えてやる必要があります。

最初にA列に1列挿入して「No.」と項目名を入れます。その下A2のセルに「1」、A3に「2」と半角数字を入れ、この2つのセルを選択してA3セルの右下をつかんで下へドラッグし、番号を増やしていきます。これで元データに通し番号がついたので、どれだけ並べ替えても最初の状態に戻る

ことができるようになりました。

B列に「ページ」とあって、ここにURLが記載されています。これを昇順に並べ替えれば、

/	トップページ
/company/	企業情報
/employment/	採用情報
/english/	英語版
/news/	ニュース
/products/	製品情報

とURLがアルファベット順に並びます。これらが、正しい順に並ぶだけでかなりサイト構成表らしくなります。あとはページを開いてリンクが出てくる順に並べ替えてやりましょう。

/	トップページ
/news/	ニュース
/products/	製品情報
/company/	企業情報
/employment/	採用情報
/english/	英語版

関連する行を丸ごと切り取って挿入する、という作業を何度か繰り返せば必要な順序に並べ替えることができます。並べ替えたらB列に1行挿入して、「内容」欄を加え、「トップページ」「製品情報」といった説明を入れていきましょう。

不要なURL行を見分けて削除する

次に、Googleアナリティクスの「すべてのページ」から取得したデータには、サイト構成表としては不要な行があるので、それを削除します。たとえばトップページを見ると、

```
/
/?uid=aaa111
/?uid=aaa222
:
```

のように、パラメーターがついた分身がたくさんあるかもしれません。これはトップに限らず、すべてのページにパラメーターがついた分身ができている場合があります。サイト構成表としてはこうした分身は必要ありませんから、削除します。

また、「//」のように、閲覧者の入力の加減でおかしなURLが発生している場合もあります。このURLを指定しても、サーバーは問題なくトップページを表示してくれることが多いのです。問題なく表示されるものだから、Googleアナリティクスはそれを記録してしまいます。これもサイト構成表としては必要ないので、削除しましょう。

こうしたおかしなURLは、ページビュー数が非常に少ないのが普通です。たまたまそうしたリクエストが発生してしまったことがある、くらいの意味です。ところが、まれにページビュー数が非常に多いこともあります。サイト内のどこかのリンクが書きまちがいで、「<a href="//">」のように記述されていると、だれかがこのリンクをクリックするたびに「//」のリクエストが発生し、トップページが表示されるということが起こります。

おかしなURLなのにページビュー数が非常に多いようであれば、サイトを点検して、このような記述がないかチェックし、修正したほうがよいでしょう。ウェブ担当者はこうしたところにも注目するとよいのですが、今、サイト構成表を作成するという目的では不要な行なので、削除してく

ださい。

目が慣れないと、どの行が不要行かわかりにくいでしょう。迷ったらURLをブラウザのアドレス欄に入れて表示を確認し、「あれ、トップページと同じじゃないか」と思えば削除しましょう。

同じトップページでも、「/」と「/index.html」が混在している場合もあります。どちらもそこそこ大きなページビュー数になっているため迷うところですが、サイト構成表を作る目的ではどちらか1つ残ればよいので、ページビュー数の少ないほうを削除します。

その際、「/index.html」は並び順として「/company/」や「/employment/」よりも後になってしまうので注意が必要です。

何度もExcelファイルをスクロールして、不要行はないかチェックしてください。たいていの不要行はアクセス数が少なく、1ページビューや2ページビューしか記録されていないことが多いので、それも見つけ出す鍵になるでしょう。

■⑤ページタイトルを取得する

ブラウザーに戻って、Googleアナリティクスの「すべてのページ」を見てください。データ表のすぐ上に次図のように「セカンダリディメンション」というボタンがあるのでクリックします。

▼図　セカンダリディメンション

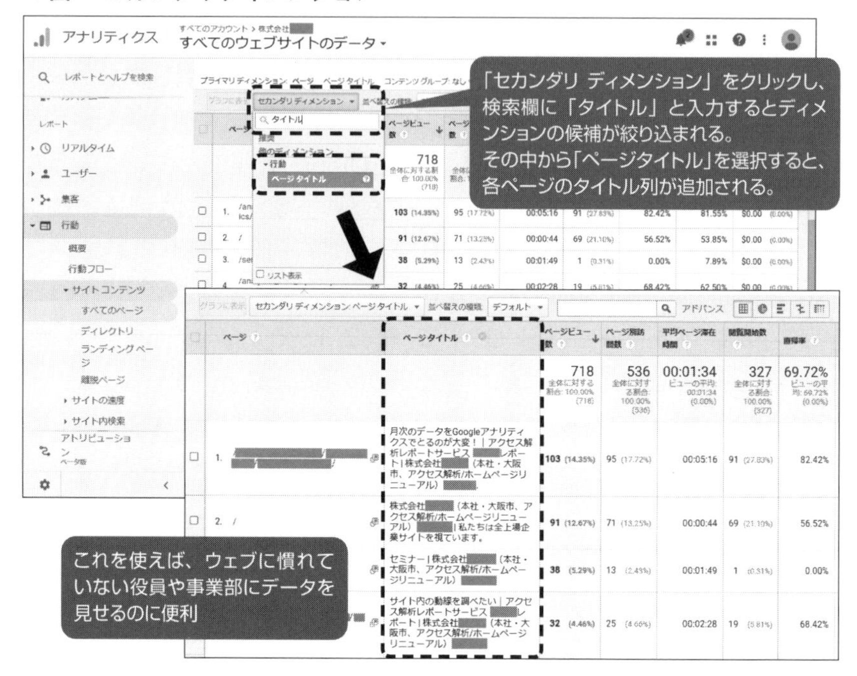

これをクリックするとさまざまな選択肢が出てきますがそこから「ページ タイトル」という項目を選びます。すると、今見ていた全ページのデータに各ページのタイトルが追記されます。

「セカンダリディメンション」は言葉はわかりにくいですが非常に便利な機能です。一例だけ挙げておくと、「集客 > すべてのトラフィック > チャネル」を見ているときに、セカンダリディメンションで「デバイスカテゴリ」を加えると、

・自然検索　かつ　パソコン　が何人で何回目標に到達したか
・自然検索　かつ　スマートフォン　が何人で何回目標に到達したか
・直接アクセス　かつ　スマートフォン　が何人で何回目標に到達したか

など深掘りしたデータを見ることができるのです。ぜひ別途専門書で学んで活用してください。

さて、今は全ページのデータにタイトルを表示した状態になっています。これをまた「エクスポート」からExcelファイルでダウンロードします。ダウンロードしたファイルを開いてURLとタイトルを全行コピーし、今作成中のサイト構成表ワークシートの右側の空欄部分にペーストしてください。ここから、今整理しているデータにタイトルを取り込みます。

▼図　タイトルを取り込むための準備

A すべてのページからダウンロードしたデータ

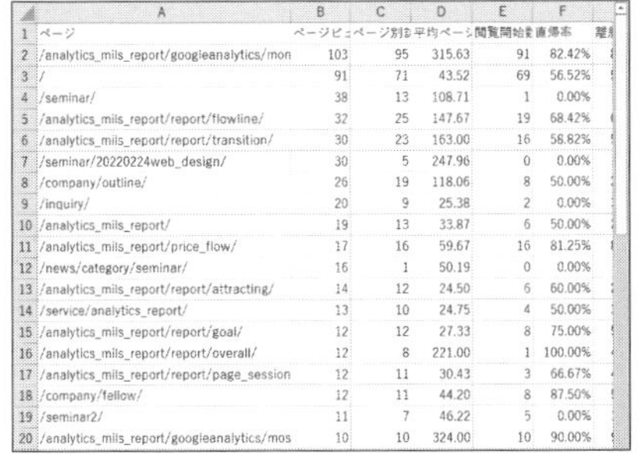

	A	B	C	D	E	F
1	ページ	ページビュ	ページ別訪	平均ページ	閲覧開始数	直帰率
2	/analytics_mils_report/googleanalytics/mon	103	95	315.63	91	82.42%
3	/	91	71	43.52	69	56.52%
4	/seminar/	38	13	108.71	1	0.00%
5	/analytics_mils_report/report/flowline/	32	25	147.67	19	68.42%
6	/analytics_mils_report/report/transition/	30	23	163.00	16	58.82%
7	/seminar/20220224web_design/	30	5	247.96	0	0.00%
8	/company/outline/	26	19	118.06	8	50.00%
9	/inquiry/	20	9	25.38	2	0.00%
10	/analytics_mils_report/	19	13	33.87	6	50.00%
11	/analytics_mils_report/price_flow/	17	16	59.67	16	81.25%
12	/news/category/seminar/	16	1	50.19	0	0.00%
13	/analytics_mils_report/report/attracting/	14	12	24.50	6	60.00%
14	/service/analytics_report/	13	10	24.75	4	50.00%
15	/analytics_mils_report/report/goal/	12	12	27.33	8	75.00%
16	/analytics_mils_report/report/overall/	12	8	221.00	1	100.00%
17	/analytics_mils_report/report/page_session	12	11	30.43	3	66.67%
18	/company/fellow/	12	11	44.20	8	87.50%
19	/seminar2/	11	7	46.22	5	0.00%
20	/analytics_mils_report/googleanalytics/mos	10	10	324.00	10	90.00%

B セカンダリディメンションで「ページ タイトル」を表示してからダウンロードしたデータ

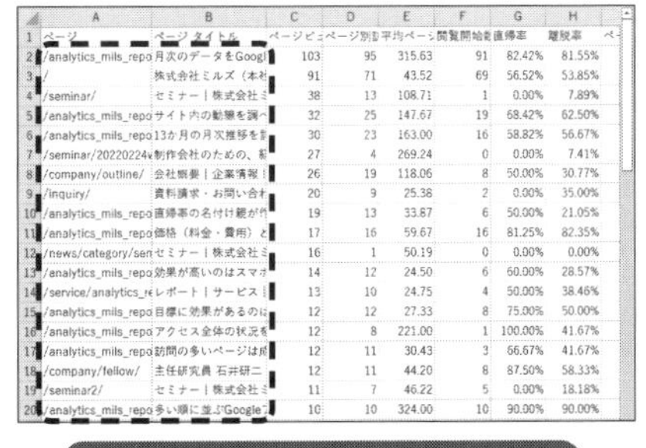

	A	B	C	D	E	F	G	H
1	ページ	ページ タイトル	ページビュ	ページ別訪	平均ページ	閲覧開始数	直帰率	離脱率
2	/analytics_mils_repo	月次のデータをGoogl	103	95	315.63	91	82.42%	81.55%
3	/	株式会社ミルズ（本社	91	71	43.52	69	56.52%	53.85%
4	/seminar/	セミナー｜株式会社ミ	38	13	108.71	1	0.00%	7.89%
5	/analytics_mils_repo	サイト内の動線を調べ	32	25	147.67	19	68.42%	62.50%
6	/analytics_mils_repo	13か月の月次推移を	30	23	163.00	16	58.82%	56.67%
7	/seminar/20220224v	制作会社のための、	27	4	269.24	0	0.00%	7.41%
8	/company/outline/	会社概要｜企業情報	26	19	118.06	8	50.00%	30.77%
9	/inquiry/	資料請求・お問い合わ	20	9	25.38	2	0.00%	35.00%
10	/analytics_mils_repo	直帰率の名付け親が作	19	13	33.87	6	50.00%	21.05%
11	/analytics_mils_repo	価格（料金・費用）と	17	16	59.67	16	81.25%	82.35%
12	/news/category/sen	セミナー｜株式会社ミ	16	1	50.19	0	0.00%	0.00%
13	/analytics_mils_repo	効果が高いのはスマホ	14	12	24.50	6	60.00%	28.57%
14	/service/analytics_re	レポート｜サービス	13	10	24.75	4	50.00%	38.46%
15	/analytics_mils_repo	目標に効果があるのは	12	12	27.33	8	75.00%	50.00%
16	/analytics_mils_repo	アクセス全体の状況を	12	8	221.00	1	100.00%	41.67%
17	/analytics_mils_repo	訪問の多いページは成	12	11	30.43	3	66.67%	41.67%
18	/company/fellow/	主任研究員 石井研二	12	11	44.20	8	87.50%	58.33%
19	/seminar2/	セミナー｜株式会社ミ	11	7	46.22	5	0.00%	18.18%
20	/analytics_mils_repo	多い順に並ぶGoogle	10	10	324.00	10	90.00%	90.00%

B のほうから URL とページ タイトルをコピーして、A のデータの余白部にペーストする

A

URL の昇順で並べ替えたら準備完了

	A	B	C	D	E	F	G	H
1	ページ	ページビュ	ページ別訪	平均ページ	閲覧開始数	直帰率	離脱率	ページの価値
2	/analytics_mils_report/googleanalytics/mon	103	95	315.63	91	82.42%	81.55%	0.00
3	/	91	71	43.52	69	56.52%	53.85%	0.00
4	/seminar/	38	13	108.71	1	0.00%	7.89%	0.00
5	/analytics_mils_report/report/flowline/	32	25	147.67	19	68.42%	62.50%	0.00
6	/analytics_mils_report/report/transition/	30	23	163.00	16	58.82%	56.67%	0.00
7	/seminar/20220224web_design/	30	5	247.96	0	0.00%	6.67%	0.00
8	/company/outline/	26	19	118.06	8	50.00%	30.77%	0.00
9	/inquiry/	20	9	25.38	2	0.00%	35.00%	0.00
10	/analytics_mils_report/	19	13	33.87	6	50.00%	21.05%	0.00
11	/analytics_mils_report/price_flow/	17	16	59.67	16	81.25%	82.35%	0.00
12	/news/category/seminar/	16	1	50.19	0	0.00%	0.00%	0.00
13	/analytics_mils_report/report/attracting/	14	12	24.50	6	60.00%	28.57%	0.00
14	/service/analytics_report/	13	10	24.75	4	50.00%	38.46%	0.00
15	/analytics_mils_report/report/goal/	12	12	27.33	8	75.00%	50.00%	0.00
16	/analytics_mils_report/report/overall/	12	8	221.00	1	100.00%	41.67%	0.00
17	/analytics_mils_report/report/page_session	12	11	30.43	3	66.67%	41.67%	0.00
18	/company/fellow/	12	11	44.20	8	87.50%	58.33%	0.00
19	/seminar2/	11	7	46.22	5	0.00%	18.18%	0.00
20	/analytics_mils_report/googleanalytics/mos	10	10	324.00	10	90.00%	90.00%	0.00

	K	L
1	/	株式会社ミルズ（本社・大阪市、
2	/?fbclid=IwAR1OdljFA	株式会社ミルズ（本社・大阪市、
3	/analytics_mils_report/	直帰率の名付け親が作った分析レ
4	/analytics_mils_report/	なぜミルズレポートは8ページで
5	/analytics_mils_report/	なぜGoogleアナリティクスでは分
6	/analytics_mils_report/	集客ページの評価がGoogleアナリ
7	/analytics_mils_report/	ユーザーの動きがGoogleアナリテ
8	/analytics_mils_report/	コンテンツマーケティングやSEO
9	/analytics_mils_report/	お問い合わせなどの目標をGoogle
10	/analytics_mils_report/	月次のデータをGoogleアナリティ
11	/analytics_mils_report/	多い順に並ぶGoogleアナリティク
12	/analytics_mils_report/	画面が多すぎてGoogleアナリティ
13	/analytics_mils_report/	資料・サンプルお申し込み｜アク
14	/analytics_mils_report/	価格（料金・費用）と納品フロー
15	/analytics_mils_report/	ミルズレポートにはどんなレポー
16	/analytics_mils_report/	効果が高いのはスマホ？ 検索？
17	/analytics_mils_report/	コーナー単位で集客力や効果を評
18	/analytics_mils_report/	サイト内の動線を調べたい｜アク
19	/analytics_mils_report/	目標に効果があるのはどのページ
20	/analytics_mils_report/	アクセス全体の状況をたった1枚で

それなら、最初からGoogleアナリティクスでセカンダリディメンションを使ってタイトルを表示しておけば、一度のダウンロードで済むではないかと思うところです。しかし、Googleアナリティクスのややこしいところで、タイトルを表示すると、数字が変わってしまうのです。今、長期間のデータを取っているために、期間の途中でタイトルが変わったページがあると、

```
/aaa/aaa.html　100ページビュー
                    ↓
/aaa/aaa.html　○○の説明　60ページビュー
/aaa/aaa.html　○○について　40ページビュー
```

と分身してしまうのです。サイト構成表を作成するという目的からは、このページのタイトルはどちらであってもかまいませんが、データは合算された数値でとりたいので、面倒でもいったんURLだけでデータをとって、あとでページタイトルを表示して突き合わせたほうがよいのです。

VLOOKUP機能でタイトルを取り込む

URLとタイトルを貼り付けたワークシートに戻りましょう。まず貼り付けたURLとタイトルを、URLで昇順に並べ替えます。次に左側のデータのほうでURLの右側に1列を挿入します。ここにタイトルを取り込むことにしましょう。

▼図　ExcelのVLOOKUP機能でタイトルを取り込む

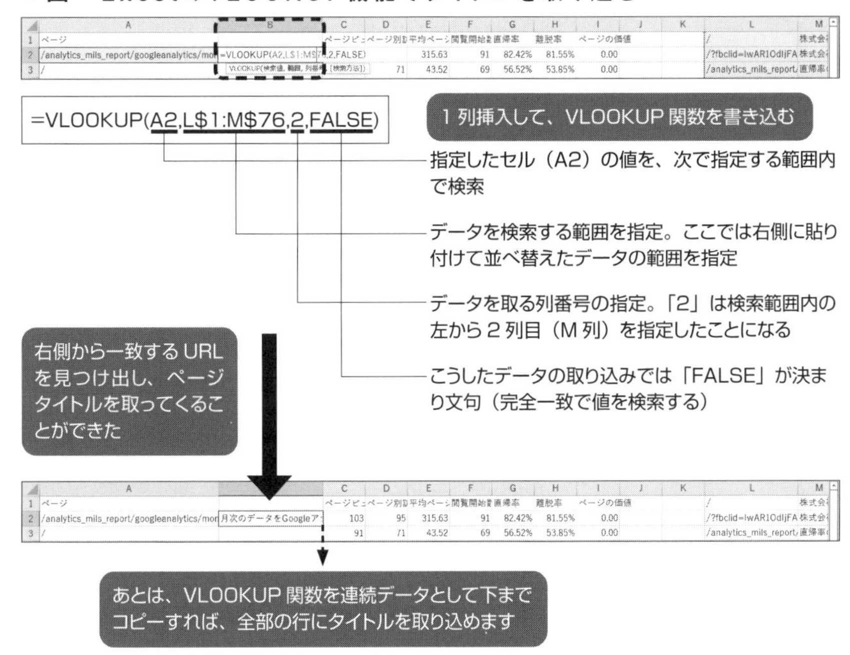

挿入した箇所にVLOOKUP関数を利用してタイトルを取り込みます。図の例では次のように記述しています。

=VLOOKUP(A2,L$1:M$76,2,FALSE)

これで、「A2」に書かれている内容と合致するセルを、「L$1:M$76」で指定した範囲（L列の1番目からM列の76番目ということで、あとで貼り付けて並べ替えたURLとタイトル全部を選択した範囲）の中から探し出してくれます。そして完全に一致した場合は、選択範囲の「2」列目の値を持ってくる、という意味になります（最後に指定している「FALSE」が完全一致の指定となります）。

言い換えると、A列のURLと合致するL列のURLを見つけ、そのM列に書かれているタイトルを取ってこい、という指定になるわけです。

これがうまくいったら、今入れたVLOOKUP関数をコピーして、下の空欄すべてにペーストすればほぼ全部のページタイトルを取り込むことができます。作業が完了したら、この列をコピーして同じ列にテキストとして貼り付ければ関数を消してしまえるので、右側に貼り付けたM列、N列のURLとタイトルを削除しても大丈夫です。

■⑥よりていねいに並べ替える

タイトルが入れば、コーナー内のページも、順番に並べ替えることができます。まだURLの昇順に並べ替えたものを、コーナー単位で順番を入れ替えただけですから、製品の順番などが製品情報の目次に並んでいる順番と違っているはずです。タイトルを読みながら、必要な行をカット&ペーストして目次の順番に沿うように並べ替えます。

ページの並び替えが完了すれば、いったん簡易サイト構成表は完成です。A列に入れておいた「No.」は役割を終えましたので、改めて1から番号を打ち直しましょう。不要行を削除したので最初の行数よりかなり少なくなっているでしょう。これが本当の「今のサイトのページ数」です。

■⑦不足情報を補うこともできる

これでGoogleアナリティクスから簡易的なサイト構成表ができました。しかし、ゼロから手づくりの構成表に比べると不足している情報があります。それらを補えば、サイト構成表としてより完成度の高いものになります。

不足しているものとしてはURLがあります。いまは「GA URL」しかないので、これを加工していきます。

/products/productA/feature.html

↓　検索置換でドメイン部分を付け加える

http://www.yourdoamin.co.jp/products/productA/feature.html

これで絶対パスを生成できます。HYPERLINK関数でリンクを張っておくと便利です。

階層構造を再現する部分は、ゼロからの作成の場合と同じように区切り位置機能を使って、

第1階層	第2階層	第3階層
/products	/productA	/feature.html

を作成するとよいでしょう。

また、この表には「タイトル」はありますが、「説明文」と「キーワード」がありません。これは各ページをブラウザーで表示し、「ページのソースを表示」するしかないので、結局大変手間のかかる作業となります。

ところで、そもそもGoogleアナリティクスからサイト構成表を簡易的に作るのは「ページ数が多くて手作りするのは大変だから」が理由です。それなのに全ページ表示してソースをコピペするという手数をかけるのはあまりお勧めではありません。簡易版と割り切って、「説明文」と「キーワード」についてはあきらめるという判断もありです。

サイト構成表をもっと使いやすく加工する

どの方法でも、サイト構成表を入手したら、いくつか加工してさらに使いやすいものにしていきましょう。

■重要ページを絞り込み表示できるようにする

サイト構成表はウェブ担当者必携のツールですが、行数の多いExcelファイルなので、役員や事業部メンバーなど普段URLなどに慣れていない人にそのまま見せるには適していません。特に見てもらいたい重要ページなどに絞り込んで見てもらえるようにしましょう。

そこで、列を1つ追加して、重要なページに印を入れていきます。一部のページに「●」印を入れておけば、Excelのオートフィルター機能を使って簡単に絞り込むことができるでしょう。事業部などの部門ごとに見せるページを変えるなら、「1、2、3」など何種類かの記号を入れておいて、同じ記号が入っている行だけを抽出できるようにしましょう。2つの事業部に関連するページなら「1、2」と併記しておけば、「指定の値を含む」フィルターを使ってそれぞれに該当するページを抜き出すことができます。

■注目コーナーに色をつける

製品A関連のページが重要だとすれば、それらのページのセルに色をつけて目につくようにしておくとよいでしょう。関連するページをすべて選んで、文字が読める程度の色をつけると見やすくなります。

また、会社の良さを伝えるブランディングページなどは、これからアクセスを増やさなければならない重要な目標ページです。お問い合わせや会員登録といったフォームのページなどもアクセスを増やすべき目標です。こうした目標には共通する色をつけておきましょう。

■重要キーワードを含むページに色をつける

サイト構成表には、Googleアナリティクスから作成した簡易版であっても、ページタイトルが入っています。そこにはさまざまなキーワードが含まれているはずです。サイト構成表を見て「このキーワードは重要だ」と感じる言葉を見つけ、そのセルに色をつければ、サイトにどれだけ重要キーワードが出てくるのか一覧することができます。

Excelの検索置換機能（Ctrl+H）を使いましょう。

▼図　Excelの検索置換機能でセルに色を付ける

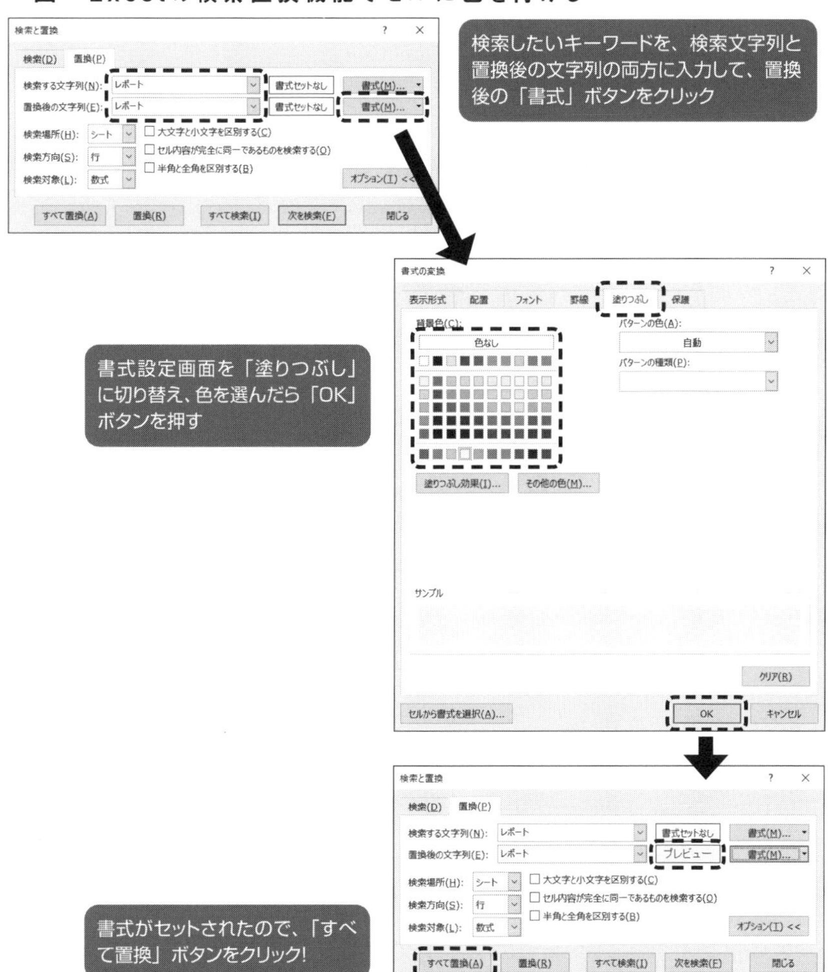

検索欄と置換欄に同じキーワードを入力します。こうしておけば、すべてを置換しても文言の変化はありません。「オプション」ボタンを押して、入力欄の右側に「書式」ボタンを表示します。検索欄側の「書式」は何も触らず、置換欄だけの「書式」ボタンを押しましょう。「書式の変換」画面が表示されるので、そこから「塗りつぶし」を選び、色を選んで「OK」

します。そうして元の検索置換の画面に戻って下の「すべて置換」ボタンを押せば、記入したキーワードを含むすべてのセルに指定した色がつきます。

▼図　キーワードを含むセルに色が付いた

	A	B	C	D	E	F	G	H
1	ページ		ページビュ	ページ別訪	平均ページ	閲覧開始数	直帰率	離脱率
2	/analytics_mils_report/googleanalytics/mon	月次のデータをGoogleアナリティク	103	95	315.63	91	82.42%	81.
3	/	株式会社ミルズ（本社・大阪市、ア	91	71	43.52	69	56.52%	53.
4	/seminar/	セミナー｜株式会社ミルズ（本社・	38	13	108.71	1	0.00%	7.
5	/analytics_mils_report/report/flowline/	サイト内の動線を調べたい｜アクセ	32	25	147.67	19	68.42%	62.
6	/analytics_mils_report/report/transition/	13か月の月次推移を詳細にグラフ化	30	23	163.00	16	58.82%	56.
7	/seminar/20220224web_design/	制作会社のための、経営に効くウェ	30	5	247.96	0	0.00%	6.
8	/company/outline/	会社概要｜企業情報｜株式会社ミル	26	19	118.06	8	50.00%	30.
9	/inquiry/	資料請求・お問い合わせ｜株式会社	20	9	25.38	2	0.00%	35.
10	/analytics_mils_report/	直帰率の名付け親が作った分析レポ	19	13	33.87	6	50.00%	21.
11	/analytics_mils_report/price_flow/	価格（料金・費用）と納品フロー｜	17	16	59.67	16	81.25%	82.
12	/news/category/seminar/	セミナー｜株式会社ミルズ（本社・	16	1	50.19	0	0.00%	0.
13	/analytics_mils_report/report/attracting/	効果が高いのはスマホ？ 検索？ 次に	14	12	24.50	6	60.00%	28.
14	/service/analytics_report/	レポート｜サービス｜株式会社ミル	13	10	24.75	4	50.00%	38.
15	/analytics_mils_report/report/goal/	目標に効果があるのはどのページ？	12	12	27.33	8	75.00%	50.
16	/analytics_mils_report/report/overall/	アクセス全体の状況をたった1枚で俯	12	8	221.00	1	100.00%	41.
17	/analytics_mils_report/report/page_session	訪問の多いページは成果につながっ	12	11	30.43	3	66.67%	41.
18	/company/fellow/	主任研究員 石井研二｜企業情報｜株	12	11	44.20	8	87.50%	58.
19	/seminar2/	セミナー｜株式会社ミルズ（本社・	11	7	46.22	5	0.00%	18.
20	/analytics_mils_report/googleanalytics/mos	多い順に並ぶGoogleアナリティクス	10	10	324.00	10	90.00%	90.
21	/analytics_mils_report/report/corner/	コーナー単位で集客力や効果を評価	10	8	86.88	3	66.67%	20.
22	/company/president/	代表取締役 佐藤義彦｜企業情報｜株	10	10	76.60	2	100.00%	50.
23	/news/	ニュース｜株式会社ミルズ（本社・	10	5	30.00	1	100.00%	20.
24	/analytics_mils_report/inquiry/	資料・サンプルお申し込み｜アクセ	8	8	16.00	4	100.00%	87.

サマリー　データセット1　データセット2

自社サイトのどこにどんな言葉が含まれているかを把握することは重要です。色をつけたことで、全体の中でどれだけのページに重要キーワードが含まれているか、一目瞭然になるでしょう。

多くのサイトで、重要キーワードを含むページが意外に少ないものです。そのため、出会いたい対象者があまりサイトを訪れていません。「このキーワードでSEO対策をしたい」と依頼されて調べてみると、そのサイトに対象キーワードが一切含まれていないということも珍しくありません。こうした作業で今の自社サイトが情報不足の状態になっていると気づくことも大切です。

サイト構成表のメンテナンス

サイト構成表は、最初に作成するのはけっこう手間がかかりますが、一度作っておけばあとは最新のアクセスデータを取り込んで深い分析を行ったり、SEO対策や広告出稿の計画を立てるなど、ウェブ運営にとってなくてはならないファイルとなります。

ウェブ担当者が日頃のサイト改善を行うためには、このファイルが基本となります。今のサイトに足りないのはどんなページだろうかとこの表を見て考えることが、攻めの改善のベースだと言ってよいでしょう。

また、ウェブ担当者が異動になってサイトの仕事から離れるときには、忘れずにこのファイルを後任者に引き継いでください。後任者は自社サイト自体をほとんど見たことがないかもしれません。サイト構成表の見方などわかるはずがありませんから、「リンク」欄をクリックして、「ほら、この行はこのページのことなんですよ」と見方を教えるようにします。こうした引き継ぎによって、企業のウェブノウハウが異動でゼロに戻ってしまうことを避けられるようにしていきましょう。ウェブ運営には担当者が代わっても恒常性が働かなければなりません。

こうした使い方を考えると、サイト構成表は常に最新の状態にメンテナンスしておく必要があります。

メンテナンスの方法は簡単です。サイトでページを増やす際、必ずブラウザーを開いて確認をするでしょう。その際にブラウザーのアドレス欄から新規ページのURLをコピーし、サイト構成表の該当位置に1行挿入してペーストするのです。更新をかけるときにはまずサイト構成表を開いておくくせをつけると作業負荷はほとんどありません。

備考欄の前に1列挿入して、「最終更新日」という欄を作ると万全です。新規ページ追加だけでなく、ページを更新した際にも、この欄に日付を入れるとよいでしょう。

Excelで日付を入れる作業は簡単で、空欄にカーソルを入れて「=TODAY()」と書き込むだけで、その日の年月日を入力することができます。

このように最終更新日欄があれば、どのコーナーを最近更新していないか、ということもわかってきます。

サイト構成図は少しメンテナンスを怠ると、「これ、いつのタイミングの構成だったかな」とわからなくなります。「仕方ない、またゼロから作らなければ」となると大きな手間がかかりますから、サイト構成表自体の最終更新日付をいちばん目に付くところに入れて管理するとよいでしょう。

6-3 サイト構成表を利用する

サイト構成表にアクセス数値を入れればすべてわかる

サイト構成表は全部のページが「リンクが出てくる順番」に並んでいます。一般にウェブでは、リンクが上にあるほどクリックが多くなります。また、同じ高さでは左のほうがクリックされやすいです。ウェブは横書きが原則なので、人の目はページの左から右に流れながら上から下にスクロールしてページを見ます。そのため、どうしても上側、左側が有利になるのです。

ということは、サイト構成表に並んだ順番にアクセス数が変わるのが自然です。

No.	内容	GA URL	ページビュー数
1	トップページ	/	1,000
2	製品情報	/products/	600
3	製品A	/products/productA/	200
4	製品A特長	/products/productA/feature.html	50
5	製品Aスペック	/products/productA/spec.html	20

このようにページビュー数が上から下に減っていたら、「トップから来た人が枝分かれしながら進んでいったんだな」と感じることができるでしょう。ところが、実際にはなかなかそうはなりません。

No.	内容	GA URL	ページビュー数
1	トップページ	/	1,000
2	製品情報	/products/	900
3	製品A	/products/productA/	200
4	製品A特長	/products/productA/feature.html	50
5	製品Aスペック	/products/productA/spec.html	100

のような状態も珍しくありません。ここで見られることは、

・トップに対し、製品情報トップのアクセスが多い
　→　製品情報の集客力が高いのかもしれない
・製品情報トップに対して製品Aのアクセスが少ない
　→　製品情報トップで製品Aが選ばれていないかもしれない
・製品Aの中で、特長よりもスペックのアクセスが多い
　→　特長がもっと見られなければ困る

といった内容になります。製品Aが重要な製品であるとすれば、製品情報トップから製品Aへの移動を増やし、その中でも製品Aの特長ページが多くの人に見られるように調整しなければなりません。

No.	内容	GA URL	ページビュー数
100	お問い合わせ	/inquiry/	100
101	確認画面	/inquiry/confirm.html	10
102	完了画面	/inquiry/thankyou.html	1

　お問い合わせフォームのページビュー数が100PVで、確認画面が10PVとなると、お問い合わせフォームへの到達はそれなりに多いのに、そこか

ら確認画面に進む人が少ないと考えられます。フォームを変えることで確認画面への到達を増やせば、完了画面（お問い合わせ完了画面）への到達も増やせるでしょう。

逆に、

No.	内容	GA URL	ページビュー数
100	お問い合わせ	/inquiry/	20
101	確認画面	/inquiry/confirm.html	5
102	完了画面	/inquiry/thankyou.html	2

のようなデータがあるとすれば、お問い合わせフォームへの到達は少ないが、お問い合わせフォームに到達した人の10%が完了画面までたどり着いています。これは良いフォームです。この場合には、お問い合わせフォームに到達する人を増やせばサイトの成果は高まるでしょう。

1つの数字を見て「多い」「少ない」を判定するのは難しいです。さまざまなサイトで数字を見慣れた専門家でなければいけません。しかし、同じサイトで何度も数字を取って、「お問い合わせフォームへの到達を増やそう」といった作業をしてきたウェブ担当者であれば、「ここが増えた」「ここはまだ増えない」と気づくことができます。

サイトに何百ページあっても、サイト構成表にデータを取り込むことができれば、こうした状況をサイトのあちらこちらで見つけられます。「どうしてこのページは、あのページよりアクセスが少ないのか？」「このページのアクセスをもっと増やさなきゃいけないのではないか？」。サイトのさまざまな箇所についてこうした視点を持つことができるので、サイトの各所に常に手を入れ改善を進めることができるのです。そのおかげでサイトは「見せたい情報が見られるようになる」「目標に到達する人が増える」のです。

データも見ないでリニューアルするのではこうしたピンポイントの施策を打つことはできません。今のサイトのサイト構成表を作成し、月に1回はGoogleアナリティクスからデータを取り込んで、前回のデータと比較し、どこがどれだけ変わったか、差分を見ることです。

アクセス解析について多くの人から「どんな数字を重視すればよいかわからない」という質問を受けますが、重視すべき数字はただ1つ、「手を打った箇所の数字の変化」です。これならだれでも数字の意味するものを読み取ることができます。

「あの施策はあたりだった」「空振りだった」「うまくいったからもっと強化しよう」。このように考えることがサイトを成功に導きます。施策を行いもせず、止まった数字を見て何かを判断することはだれにもできません。

Googleアナリティクスからデータを取り込む

Googleアナリティクスからサイト構成表を作成した場合は、最初からデータが入った状態で構成表を作成することができます。が、2回目からは必ずGoogleアナリティクスのデータを取り込まなければなりません。ここからはその方法を説明しましょう。

まずサイト構成表を開いて、「GA URL」という項目があることを確認してください。これはGoogleアナリティクスの「すべてのページ」で表示されているのと同じ形式になっているURLで、一般には「/」始まりの「/products/productsA/」といった形式でした。これがあるおかげで、Googleアナリティクスから取得したデータとサイト構成表をつき合わせ、データをサイト構成表に入れ込むことができるのです。

サイト構成表に取り込むといっても、サイト構成表はもっと多用途なものですから、データを取り込んでしまうとほかの用途に使いにくくなってしまいます。ページを追加するなどのメンテナンスも大変になってきますから、サイト構成表にデータを取り込む場合には、

①サイト構成表を丸ごとコピーして、
②別のワークシートにペーストし、

③そこにデータを取り込む

というふうにすれば、常に最新の状態のサイト構成表にデータを取り込んで保存でき、サイト構成表はサイト構成表のまま活用することができます。

次にGoogleアナリティクスを開き、「行動 > サイトコンテンツ > すべてのページ」を開きます。まず、忘れずに画面右上のカレンダーをクリックして、「いつからいつまでのデータを取るか」を決めてください。小まめにデータを取るのは良いことなのですが、あまり短期間のデータを取ると、全体に少なくて「多い」「少ない」が不安定になってしまいます。

企業の行う仕事ですから、月次のデータで取るのが適切だと思います。「うちはアクセスが少ないから四半期でもいいか」という考え方もあるのですが、施策を打ってからの変化を見たいと考えるなら、四半期ごとの比較では時間がかかりすぎです。施策を打ってデータを取って、良くなかったらから改善施策を行ってまたデータを取る、というだけのサイクルで半年たってしまいます。これではサイトはなかなか良くなりません。

一方、広告をたくさん出して非常に多くの予算がかかっているサイトの場合には、手早く方法を改善しなければなりませんから、週次や2週に1回といったサイクルでデータを取って、広告出稿をすばやく調整できるようにしましょう。

カレンダーが調整できたら、表の下の表示行数を変えて全ページを一表に表示してください。今回はタイトルを表示する必要はありません。もし表示行数の選択肢の最大5,000よりもURL数が多い場合は5,000行を選んで必要な回数のデータ取得を行います。

全ページが一表に表示されたら、画面のいちばん上の「エクスポート」をクリックして「Excel（xlsx）」を選び、全ページのデータをExcelファイルとしてダウンロードします。

このファイルを開いて、上から下までデータをコピーし、サイト構成表の右側の余白部にペーストしてください。

データを見慣れないと何番目の数字が何の数字かわからなくなってしま

いますから、ダウンロードデータからは、項目名ごとコピーしてくるとよいでしょう。ペーストした項目名の下に1行空行を挿入します。

このデータ部分を、ページのURLの昇順で並べ替えます。これで準備ができました。続いてサイト構成表の中でデータを表示したい箇所に列を挿入して、VLOOKUP関数を記入します。

▼図　サイト構成表にデータを取り込む

Google アナリティクスからダウンロードした「すべてのページ」のコピー先
サイト構成表
「GA URL」という列（G 列）が、「すべてのページ」の URL 表記（N 列）と一致しているので、データを突き合わせて取り込むことが可能
=VLOOKUP($G3,$N$1:$T$19,2,FALSE)

図のセル番号に沿って入力内容を書けば、

=VLOOKUP($G3,$N$1:$T$19,2,FALSE)

となります。これで、G3のトップページのURL「/」と同じURLを「N1:N19」の範囲から見つけ出し、2列目にあたる「O列」のデータ（つまりページビュー数）を取ってくることになります。

これでページビュー数が入りました。さらにこの右に列を挿入し、同じ記述をコピー&ペーストしましょう。すると、まったく同じ数字が入ってしまったでしょう。関数を何も書き換えていないため当然ですね。

=VLOOKUP($G3,$N$1:$T$19,**3**,FALSE)

と1ヶ所だけ書き換えて「3番目のP列のデータを取ってこい」と指示をすれば、P列のページ別訪問数のデータを取ってくることができます。以下同様に、右にセルを加えて関数をコピー＆ペーストし、FALSEの前の数字を2から3、4、5とカウントアップしていけば、すべてのデータを取り込むことができます。

▼図　VLOOKUPの結果

No.	内容		第1階層	第2階層	GA URL	リンク	ページ タイトル	キーワード	説明文	ページビュー数	訪問数
1	トップ		/		/	http://www.yourdoma	○○産業株式会社	●●,△△	○○産業株	468	339
2	会社概要	トップ	/about	/	/about/	http://www.yourdoma	会社概要｜○○産業	会社概要,●	会社概要で	371	255
3	製品情報	トップ	/products	/	/products/	http://www.yourdoma	製品情報｜○○産業	製品,●●,△	製品情報を	152	111
4		製品A		/product1.html	/products/pr	http://www.yourdoma	製品情報1｜○○産	111,製品,●	製品1をご	97	84
5		製品B		/product2.html	/products/pr	http://www.yourdoma	製品情報2｜○○産	222,製品,●	製品2をご	59	47
6		製品C		/product3.html	/products/pr	http://www.yourdoma	製品情報3｜○○産	333,製品,●	製品3をご	184	152
7	基礎知識	トップ	/basic_knc	/	/basic_knowle	http://www.yourdoma	基礎知識｜○○産業	□□□,●●	○○の基礎	167	118
8		基礎知識1		/content1.html	/basic_knowle	http://www.yourdoma	基礎知識1｜○○産	111,□□□,	基礎知識1	245	215
9		基礎知識2		/content2.html	/basic_knowle	http://www.yourdoma	基礎知識2｜○○産	222,□□□,	基礎知識2	71	63
10		基礎知識3		/content3.html	/basic_knowle	http://www.yourdoma	基礎知識3｜○○産	333,□□□,	基礎知識3	82	71
11	技術情報	トップ	/technolog	/	/technology/	http://www.yourdoma	技術情報｜○○産業	××,●●,△	技術情報を	304	203
12		技術分野1		/content1.html	/technology/	http://www.yourdoma	技術情報1｜○○産	111,××,●	111の技術	116	99
13		技術分野2		/content2.html	/technology/	http://www.yourdoma	技術情報2｜○○産	222,××,●	222の技術	70	59
14		技術分野3		/content3.html	/technology/	http://www.yourdoma	技術情報3｜○○産	333,××,●	333の技術	255	213
15		技術分野4		/content4.html	/technology/	http://www.yourdoma	技術情報4｜○○産	444,××,●	444の技術	107	95
16	お問合せ	フォーム	/inquiry	/	/inquiry/	http://www.yourdoma	お問い合わせ｜○○	問合せ,●●	お問い合わ	64	55
17		確認画面		/confirm.php	/inquiry/conf	http://www.yourdoma	確認画面｜○○産業株式会社		○○産業株	11	11
18		完了画面		/thankyou.html	/inquiry/than	http://www.yourdoma	完了画面｜○○産業株式会社		○○産業株	10	10
19	プライバシーポリシー		/privacy	/	/privacy/	http://www.yourdoma	プライバシーポリシー	個人情報,●	プライバシー	7	7

必要なデータをサイト構成表に取り込むことができれば、どのコーナーのどのページが多く見られているか、閲覧が足りないかがすぐわかるようになる。
この例では「基礎知識 1」や「技術分野 3」は多く見られている一方、「製品 B」のアクセスが少ないので、もっと見てもらえるように、関連する内容のページから製品 B にリンクを強化していくことなどを考えていく。

最初のページについて必要なデータが全部取り込めたら、VLOOKUP関数が書かれたセルを全部選択して、その下の行すべてにペースト（フィル）すれば、一気に全ページ分のデータを取り込むことができます。

データの取得はこのようにほぼ一瞬で終わりますから、面倒がらずに、サイト構成表にGoogleアナリティクスのデータを取り込むということを行ってください。

もちろん、Googleアナリティクスの出すデータを全部取り込まなければならないわけではありません。データの見方を覚えて、自社サイトの運営に必要性の高いデータだけを取り込むようにしていくとよいでしょう。

Googleアナリティクスから取り込むデータの意味

サイト構成表にGoogleアナリティクスのデータを取り込んでも、その数字の意味するところがわからないのでは困りますね。ウェブ以外の仕事には使われない特別な用語ばかりなので、ここで解説しておきましょう。

Googleアナリティクスの「すべてのページ」からダウンロードした表に含まれる項目は次のとおりです。定義や考え方について順番に見ていきましょう。

- ・ページビュー数
- ・ページ別訪問数
- ・平均ページ滞在時間
- ・閲覧開始数
- ・直帰率
- ・離脱率
- ・ページの価値

■ページビュー数

ページが表示されたことをページビュー（PV）と言います。ページがビュー（閲覧）されたという意味ですね。重要なページがたくさんページビューされることはサイトにとって価値のあることです。各ページのページビュー数を全部合算すれば、その期間の全体のページビュー数と一致します。

基本的にGoogleアナリティクスの「すべてのページ」はページビュー数の多い順に並んでいます。ページビュー数が多いページは、それだけ多くの情報を発信できたのですから、非常に良いことだと言えます。ただ、次の「ページ別訪問数」と見比べると、少し別の様相が見えます。

		ページビュー数	ページ別訪問数
1	ページA	1,000PV	800回
2	ページB	950PV	950回
3	ページC	900PV	850回

のようになっていて、ページ別訪問数がページビュー数の順位とは違っています。ページBは1人が1PVずつしかしていないのに対し、ページAでは1人が同じアクセス中に同じページを何度も表示しているために、ページビューではページBを追い抜いてしまっていることがわかります。

何人に見られたか、という考え方をすれば、ページAよりもページBのほうを重視すべきかもしれません。これについては、次のページ別訪問数の項で、「参照率」という考え方で詳しく見ていきましょう。

■ページ別訪問数

何回の訪問がこのページを表示したかを見る値です。同じ人が1回サイトを訪れて、ページAを表示したら、ページ別訪問数は1訪問となります。ページビューとどう違うかというと、同じ人が同じ1回の訪問の中で、同じページAを2回以上表示することがあるので、訪問数よりもページビュー数のほうが多くなるわけです。

この指標は英語では「unique pageview」(ユニークページビュー) といって、同じ人が何度も同じページを表示した、そのダブりを除いた数字という意味になっています。

1人が同じページAを2回表示すると、

ページA：2ページビュー、1訪問

と、ページビューは2となり、訪問数は1のままです。

この比率は時に非常に大きくなることがあり、

ページB：10ページビュー、1訪問

といった数字を見ることも実は少なくありません。1訪問で同じページを10回も表示したことになります。こうした数字には異常なアクセスが含まれているかもしれません。

参照率の計算式

この比率を一般化すると、次のような計算ができます。

ページビュー数÷ページ別訪問数＝参照率

平均して1回の訪問あたり何回表示されているかを「参照率」と言っています。10人に2人の人が同じページを2回表示するのが一般的なので、正常なアクセスを受けているページでは、12PV÷10訪問で、参照率は1.2程度になります（なお、ページビュー数とページ別訪問数とが同じ場合は参照率1.0で、参照率が1を下回ることはありません）。

ところが、トップページや製品トップのような目次になっているページでは、

トップ → ページA → トップ → ページB

のように、目次のページを何度も参照してほかのページに進むような「行ったり来たり」の動きが発生しやすいので、参照率は高くなります。Excelのサイト構成表に取り込んだデータで、1列挿入して「参照率」欄を作り、全ページについて計算してみてください。

コンテンツの中のページなどでも、参照率が高いページが見られます。意外なページが「行ったり来たり」のアクセスの起点になっていることがわかります。

なお、ページ別訪問数の合計は、同じ期間のサイト全体のセッション数の合計とは一致しません。同じ人が、

ページA → ページB → ページA → ページC

を見たとすると、この場合のサイト全体でのデータは、

・セッション（訪問数）：1
・ページビュー数：4

となりますが、ページ別訪問数は、

・ページA：1
・ページB：1
・ページC：1

であり、ページ別訪問数の合計は「3」となります。セッション数とはかけ離れていますね。同じ人が何ページも見ていくために、ページ別訪問数の合計は、全体のセッション数（訪問数）より多くなります。混同しないようにしてください。合計数に意味があるのは「ページビュー数」と、後ほど説明する「閲覧開始数」「直帰数」「離脱数」ということになります。

■平均ページ滞在時間

ページの閲覧時間のことです。ある人がページAを見て、そこでリンクをクリックしてページBに遷移したとすると、Googleアナリティクスでは、ページAをリクエストした時刻とページBをリクエストした時刻の差分をとって、その差をページAの滞在時間として計算しています。

ページAのリクエスト 1時24分15秒 → ページBのリクエスト 1時24分31秒

このようになっていたとすると、差し引き16秒がページAを見ていた時間として計算されるわけです。ところが、

ページAのリクエスト 1時24分15秒　→　×（ここで離脱）

と、このページを最後に離脱してしまったら、「次のページのリクエスト時刻」を取得できないので、Googleアナリティクスは平均ページ滞在時間の計算からこのアクセスを除外してしまいます。

中にはページを見た全員が、そのページで離脱してしまうページもあります。すると、平均するための滞在時間が取れなくなってしまうので、Googleアナリティクスはこのページの平均ページ滞在時間を「00:00:00」と表示します。アクセスが記録されて「すべてのページ」の表に現れているのに、滞在時間がゼロとなっていたら、このページを見た全員が離脱してしまったのだと考えてください。

ページA　100ページビュー　平均ページ滞在時間00:05:00　離脱率98.00%

このような極端な数字のページが実際に存在します。100回表示されたうちの98回はそこで離脱してしまったので、このページの次に別のページに遷移したのはたった2回です。

この場合の「平均ページ滞在時間」はその2回の平均だけで計算されているため、あまり信ぴょう性の高い数字とは言えません。「離脱は多いけど、じっくり5分も見てもらえているのだから良いページだ」という判断はまちがいです。たまたま1回のアクセスで非常に長い時間表示されていただけで、みんながじっくり見たページだと考えてはいけません。

一般的なサイトでは1ページの閲覧に30秒程度が標準的です。離脱以外のアクセスが十分多いページで、平均ページ滞在時間が1分を超えていたら、それはかなり長く読まれていると言ってもよいでしょう。

なお、Excelデータでダウンロードした滞在時間は

ページA　17.36

という形式になっています。これをそのまま「00:00:00」の時間表示に変換すると

ページA　8:38:24

となってしまいます。8時間半も同じページを見ているというのはあり得ませんね。

もとの「17.36」という数字は日数になってしまっているので、1日の秒数86400秒（60秒×60分×24時間）で割って、正しく秒数に変換してやらなければなりません。

17.36÷86400＝0.000200926

これを時刻表示にすれば「ページA　0:00:17」と、ようやく時間らしい表示になりました。滞在時間を活用するなら、1列挿入してこの計算を行い、正しく時間表示にして使いましょう。

■閲覧開始数

ウェブ立地の考え方では、さまざまなページが対象者を集客し、見せたい製品情報やお問い合わせなどのゴールへ誘導する役割を持ちます。ページの集客力を見る意味では、この「閲覧開始数」が最も重要な指標です。

「閲覧開始数」の単位はセッションです。何回集客したか、ということになります。閲覧開始数の合計は、期間中のサイト全体のセッション数とほぼ一致します。

	閲覧開始数	対象者
ページA	100回	製品Aに興味を持つ人
ページB	20回	製品Bに興味を持つ人

となっていれば、当然、ページAのほうが集客力が高いことになります。

ウェブ立地論の考え方では、それぞれのページに各対象者を集める役割がありました。サイト構成表では「備考」の欄にどの対象者を集める必要があるかが書かれています。これだと、製品Bが今弱い状態になってしまっていますので、製品Bに興味を持つ人を何とかもっと集客できるようにしなければなりません。改善策のヒントがここに現れます。

ただし、閲覧開始数が多いページばかりが偉いのではありません。次の例はどうでしょうか。

	ページ別訪問数	閲覧開始数	閲覧開始以外
ページA	120回	100回	20回
ページB	200回	20回	180回

この数字を見ると、確かに閲覧開始数（集客力）ではページAのほうが大きいですが、引き算をして「閲覧開始以外に何回見られたか」を計算すると、ページBは180回もあり、ページAの20回をはるかに上回っています。閲覧開始以外というのは、サイト内のリンクがクリックされ選ばれた回数です。集客力こそありませんが、ページBはサイト内で大きな関心が示されている重要なページだとわかります。

そのため、データを取り込んだら、列を挿入して「閲覧開始以外」の欄を設けることをお勧めします。

閲覧開始以外＝ページ別訪問数－閲覧開始数

この数字で多い順に並べると意外な関心ランキングが浮かび上がってきます。ぜひ一度計算してみてください。
集客力を数値で表すには、2つの計算があります。

集客シェア＝そのページの閲覧開始数÷閲覧開始数の総数×100
集客率＝そのページの閲覧開始数÷そのページのページ別訪問数×100

全体の訪問に対して何パーセントの人を集客しているか、を計算したのが「集客シェア」です。閲覧開始数の合計（≒セッション数）と割り算して算出します。意外に下層のページが多くのシェアを占めていることもあります。
サイト構成表上で集客シェアを計算すると、コーナー単位の集客力もすぐに合算できます。「ニュースのバックナンバーが意外に多くの人を集めている」「対象者Aを集めるべきページが集客力が低い」などが浮き彫りになります。特にニュースのバックナンバーなどは各ページ単位で見ると1人か2人ずつしか集客できていないのですが、コーナー単位で合算すると、かなりのシェアを占めていることが少なくありません。
Googleアナリティクスのデータはページ単位でばらばらに数字を見ることが多くなりがちですが、サイト構成表上にデータを取り込むことで「コーナー単位」という見方ができるようになります。
「集客率」については次の直帰率と合わせて説明しましょう。

■直帰率

直帰とは、閲覧開始したけれどもその1ページしか見ずにすぐ帰ってしまうことです。

広告　→　ページA　→　離脱

といった状態です。リスティング広告から集客するランディングページなどでは直帰が非常に多いことが知られています。

	閲覧開始数	直帰率
ページA	100回	60.00％

とのデータであれば、100回中60回はすぐに離脱したことになります。その60訪問ではほかのページはぜんぜん見られていませんから、あまり役に立ったとは言えません。直帰率の一般化した式は、

直帰率＝直帰数÷閲覧開始数

となります。Googleアナリティクスの「すべてのページ」では直帰数は示されないので、1列挿入して計算するとよいでしょう。

直帰率はもちろん低ければ低いほどよい指標です。直帰率を引き下げるためには、次のページへのリンクに魅力を持たせることが重要です。

ただ、直帰率が高ければすべてだめということではありません。たとえば、下記のような状況もあります。

	ページ別訪問数	閲覧開始数	直帰率
ページA	1,000回	10回	90.00％
ページB	1,000回	800回	70.00％

ページAは、見られた1,000回のうちたった10回しか集客していないので、集客率は1％という計算になります。直帰率が高くても大した問題ではありません。このような場合は改善施策の優先度は低いと言えます。

ページBのほうは、直帰率は低いのですが、閲覧開始数が非常に多く、集客率が高いので問題ははるかに大きいと言えます。560人も直帰させてしまっていることになります。こちらのほうは早く手当てをして、せっかく集めた対象者がほかのページも見ていってくれるようにするべきです。

直帰率を単純に見比べてもその重要度はわかりませんから、直帰数を計

算したり、集客率、集客シェアと比較して影響の大きさを考えるべきでしょう。

■離脱率

離脱とはサイトを離れてしまうことです。これはページビューに対する指標です。2人の人が訪れて、

・ページA → ページB → ページA → ×離脱
・ページA → ×離脱

という状況であった場合、

	ページビュー数	ページ別訪問数	閲覧開始数	離脱数	直帰数
ページA	3	2	2	2	1

となります。離脱率を訪問数と計算すると、

離脱数 2÷ページ別訪問数 2×100＝離脱率 100.00%

となりますが、これだと「ページAを見たら必ず離脱してしまう」という意味になり、「ページA→ページB」の遷移があったことが説明できません。

このため、離脱率はページビュー数と計算して、

離脱数 2÷ページビュー数 3×100＝離脱率 66.67%

とするのが正しいとわかります。

すべてのページについて「ページビュー数×離脱率」を計算して合計すれば、全体のセッション数とほぼ一致します。これは当然ですね、訪れた人は必ずどこかで1回ずつ離脱するのですから。

離脱は必ず発生するものです。離脱率が高い、あるいはページビュー数とかけて算出する離脱数が多いからと言って、そのまま「良くないページを見つけた！」と考えてもあまり意味がありません。たとえばトップページなどは、いろいろな項目を見て回って、最後にトップページに戻ってきて「見たい項目はだいたい見たな」と満足して離脱することが多いものです。

ただ、「帰らせたくないページで帰ってしまう」状態になっているページを見つけ出すことが大切です。

私たちはウェブ立地の考え方をとって、あるコンテンツで特定の対象者を集客し、そこから見てもらいたい製品情報や、お問い合わせなどの目標に誘導したいと考えています。ところが、いくつかのコンテンツでは、せっかく多くの人に見てもらえたのに、そこで離脱してしまって、肝心のお問い合わせにぜんぜん進んでくれない、ということが起こっています。ウェブが成果が上がらないのはこれのためだと言ってもよいかもしれません。そこに手を入れれば、ウェブの成果は高まります。離脱率という指標を扱う場合には、それを見つけ出すのだと考えているとよいでしょう。

■ページの価値

ページビュー数と得られた価値を計算して、各ページがどれくらい価値に貢献したかを算出したのが「ページの価値」です。これはGoogleアナリティクスで設定できる「目標」と照らし合わせた数字になるので、「目標」を設定していないとすべてゼロになってしまいます。

たとえば、ECサイトで正しくGoogleアナリティクスを入れていたら、だれが何円買ったかがわかります。

- ・ページA　→　ページB　と見た人の購入金額が100円
- ・ページA　→　ページC　と見た人の購入金額が200円
- ・ページA　→　ページD　と見た人の購入金額が0円

「すべてのページ」で出てくる「価値」はあくまで「アクセスの中でい

ろんなページを見て回った」ことの結果であって、このページを見た人が必ずこれだけ購入した、というものではありません。それでも、ページAやページCを見た人はそこそこ買ってくれる気がします。ところがページDはあまり購入の貢献度は高くないようです。

ECサイト以外でも、たとえば次のような場合には目標到達の価値を設定することができます。

・10回お問い合わせがあれば、1回の新規契約が取れる
・1回の新規契約の平均契約額は100万円である

この場合、「10回のお問い合わせは100万円の価値がある」ことになります。つまり、「1回お問い合わせがあれば、10万円の価値がある」のです。

Googleアナリティクスでは目標を20件まで設定し管理することができますが、その設定時に目標の価値を設定できます。この例であれば、お問い合わせフォームの送信完了に対して、1回あたり10万円の金額設定をするのです。そうしておけば、どのページがお問い合わせへの貢献度が高いかが「ページの価値」欄に現れます。

これは設定していなければあまり意味がありません。また、複数の目標で金額設定すると、貢献度の高さはわかっても、どの目標にどれくらい貢献しているかはわかりません。

特に設定していない場合は、サイト構成表上に取り込む必要はないでしょう。

各データ項目について説明してきましたが、あまり数字ばかり多いとわけがわからなくなります。「ページビュー数」「ページ別訪問数」「閲覧開始数」を必須項目として、互いに計算するなどしてそこから見るべき指標を導き、「どのページが成果につながっているか」「どのページが対象者を逃がしてしまっているか」「どのコーナーが役立っているか」を見つけていきましょう。

現状サイトの効果と状況を分析する

サイト構成表にデータを取り込んだものが手に入ったら、それを元にして今のサイトの集客具合を整理し、どこが改善すべきポイントなのか分析しましょう。実際に改善を行い、データがどのように変わったかを再度取得し、施策評価を行います。これを行えば、「どんな施策を行えばどんな効果があるか」をノウハウとして社内に残すことができます。このノウハウを積み上げた先に行うリニューアルは成功しやすく、そうでないリニューアルは同じ問題点を抱えたままになってしまいがちです。

ここからは、図のサンプルのサイト構成表をもとに考えていきましょう。

▼図　サイト構成表サンプル

B	C	D	E		L	M	N	O	P	Q	R	S	T	U
No.	内容		第1階	文	ページビュー数	ページ別訪問数	参照率	閲覧開始数	コーナー計	集客シェア	直帰率	直帰数	離脱率	離脱数
1	トップ		/	業株	468	339	1.38	287	287	21.8%	52.6%	151	49.8%	233
2	会社概要	トップ	/about	要で	371	255	1.45	180	180	13.6%	44.4%	80	41.0%	152
3	製品情報	トップ	/produc	報を	152	111	1.37	13		1.0%	46.2%	6	21.7%	33
4		製品A		ご覧	97	84	1.15	51		3.9%	86.3%	44	58.8%	57
5		製品B		ご覧	59	47	1.26	4		0.3%	100.0%	4	23.7%	14
6		製品C		ご覧	184	152	1.21	107	175	8.1%	71.0%	76	53.8%	99
7	基礎知識	トップ	/basic_	基礎	167	118	1.42	50		3.8%	50.0%	25	28.7%	48
8		基礎知識1		識1て	245	215	1.14	167		12.7%	92.2%	154	73.5%	180
9		基礎知識2		識2て	71	63	1.13	17		1.3%	94.1%	16	47.9%	34
10		基礎知識3		識3て	82	71	1.15	25	259	1.9%	88.0%	22	42.7%	35
11	技術情報	トップ	/tech	情報を	304	203	1.50	113		8.6%	63.7%	72	33.6%	102
12		技術分野1		技術情	116	99	1.17	52		3.9%	78.8%	41	50.0%	58
13		技術分野2		技術情	70	59	1.19	18		1.4%	88.9%	16	37.1%	26
14		技術分野3		技術情	255	213	1.20	160		12.1%	76.3%	122	60.0%	153
15		技術分野4		技術情	107	95	1.13	48	391	3.6%	83.3%	40	53.3%	57
16	お問合せ	フォーム	/inquir	合わ	64	55	1.16	19		1.4%	57.9%	11	31.3%	20
17		確認画面		業株	11	11	1.00	0		0.0%	0.0%	0	9.1%	1
18		完了画面		業株	10	10	1.00	0	19	0.0%	0.0%	0	90.0%	9
19	プライバシーポリシー		/privacy	シー	7	7	1.00	6	6	0.5%	100.0%	6	85.7%	6
20	全体				2,842	2,209	1.29	1,319		100.0%	67.3%	888	46.4%	1,319

サイト構成表にデータを取り込めば、「もっとこの製品を見せなければ」「お問合せフォームがあまり見られていないな」といった改善すべき点が見えてくる。
取り込んだデータからコーナーごとに合計すれば、あとはExcel上で自由に計算して、「技術情報が多く集客している」などと分析できる。

このサンプルは、ある小さなサイトの実際の数字を元に加工したもので、全部で19ページ程度の規模です。

■CVRについての考察

全体の訪問数は「閲覧開始数」の合計を見ると、1,319人となっていて、それだけの訪問があり、18行目のお問い合わせ完了を見ると、10回となっています。ここから全体でのCVRを計算できます。

お問い合わせ完了 10回÷訪問数 1,319人×100＝CVR 0.76%

多くのサイトが0.1%のCVRで困っていることを考えると、0.76%というのは決して悪くない率だと思われます。

お問い合わせフォームのプロセスだけ追うと、

16	お問い合わせフォーム	55人（全訪問者の4.17%）
17	確認画面	11人（フォームの20.0%）
18	完了画面	10人（確認画面の90.9%、フォームの18.2%）

となっています。

CVRは訪問数で計算するので、ここで挙げる数もページ別訪問数です。全訪問者の4.17%がお問い合わせフォームに到達しており、ただちに問題ということはないでしょう。20%が確認画面に進み、確認から完了画面には90%が進んでいます。フォーム完了率は18.2%となります。フォームそのものにはまったく問題はないと言えます。

次にリニューアルを行う際には、これをさらに良くしていく必要があります。目標部分には問題がないので、集客とサイト内誘導をしっかり行うということになるでしょう。

■集客や動線についての考察

集客について見ると、いちばん多く集客しているのはトップページですが、そのシェアは21.8%に過ぎません。また、トップページは集客以外で52訪問が到達しています。つまり、トップ以外のページに直接やってきて、トップに移動した人も一定数あるわけです。

コーナー単位で集客シェアが最も高いのは「技術情報」で、「技術分野3」のコンテンツが160人もの人を集めていました。ページ単体では、「会社概要」が13.6%の180人を集め、その次は「基礎知識1」が12.7%の167人となっています。

ただ、「基礎知識1」はそれだけ多くの訪問を集めているのに、92.2%もの直帰率で、154人も帰らせてしまっています。このページはすぐに改善して、関連情報をもっと見られるようにしなければなりません。

このサイトで基本的に閲覧させたいのは「製品情報」なのですが、集客シェアは13.3%となっており、十分集客できていません。ただ、「集客以外」をコーナー単位で合計すると「製品情報」は219訪問となって、「基礎知識」を逆転しました。これは、「基礎知識」は集客力はあるが、サイト内で選ばれておらず、逆に「製品情報」は集客力はないがサイト内で選ばれていることを示しています。

「基礎知識」や「技術情報」のコンテンツで集客した人が、どの製品に興味を持つか整理をして、それぞれのページから誘導し、各「製品情報」ページがもっと見られるようになれば、「お問い合わせ」への到達ももっと増えるのではないかと期待されます。

このような方針から、

①基礎知識、技術情報各ページから各製品ページへリンクを強化する
②製品情報各ページに説明文を増やして、対象者により求められる内容にする
③お問い合わせに魅力的な資料を追加して、到達をもっと増やす

という施策を検討することにしました。

この施策を実行したら、実行日を記録し、その前後2週間のデータを取り、数値の変化を見極めます。①と②の施策のおかげで製品情報の各ページのアクセスはもっと増えるはずです。また、お問い合わせフォームへの到達が増え、完了数がもっと増えることが期待されます。

■施策を実施して分析する

一口に「リンクを強化する」と言っても、さまざまな方法が考えられます。

・施策1）5月10日実施　ボタンを大きくする
・施策2）5月24日実施　写真入りのボタンにして目を引く
・施策3）6月 7日実施　別の箇所にボタンを増やす

ほかにもまだまだ考えられますが、こうした方法を順番に試しましょう。まず、1つのページで試していちばん反応が良かった方法を見つけるのです。ここではいちばん多く逃げられてしまっている「基礎知識1」のページにリンクを入れていきましょう。このページは製品Aに誘導したい内容として、リンク施策を打ちます。

・施策A）「基礎知識1→製品A」の移動回数：施策前10回 → 施策後 8回
・施策B）「基礎知識1→製品A」の移動回数：施策前10回 → 施策後15回
・施策C）「基礎知識1→製品A」の移動回数：施策前10回 → 施策後12回

と移動回数が変わったとすれば、施策Bがいちばん良かったのは明らかです。

この部分のデータの取り方はピンポイントなので、全体的に見るのではなく、ピンポイントに見ていきましょう。Googleアナリティクス「行動 > サイトコンテンツ > すべてのページ」の表で、施策を行った「基礎知識1」のページを見つけます。サイト構成表の「GA URL」の記載がGoogleアナリティクスのページの表記に一致しているので、それを使って探してください。このURLはクリックすることができるのでクリックしましょう。すると、このページのデータだけに絞り込んだ表を見ることができます。

▼図　「すべてのページ」を見たいページだけに絞り込む

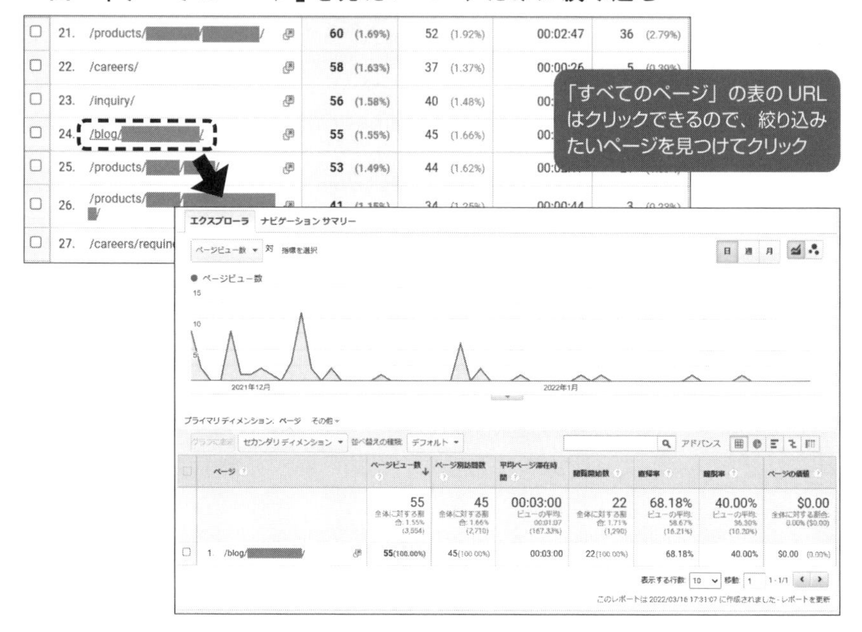

施策の前後でどうデータが変わったかを追いかけるので、Googleアナリティクスの右上の分析日付をクリックしてカレンダーを表示して、施策を行った日の前後2週間を比較するように設定します。たとえば5月10日に施策を行ったなら、5月10日～23日と4月26日～5月9日の2週間を比較します（この日付はゴールデンウィークなので比較期間をもっと前にずらしてもよいでしょう）。

データが2つの期間の比較状態になったのを確認して、データ表の上にある「ナビゲーション サマリー」をクリックしましょう。さあ、リンクを入れたことで、このページから「製品A」への移動はどれくらい増えたでしょうか。

▼図 「ナビゲーション サマリー」で移動先の変化を見る

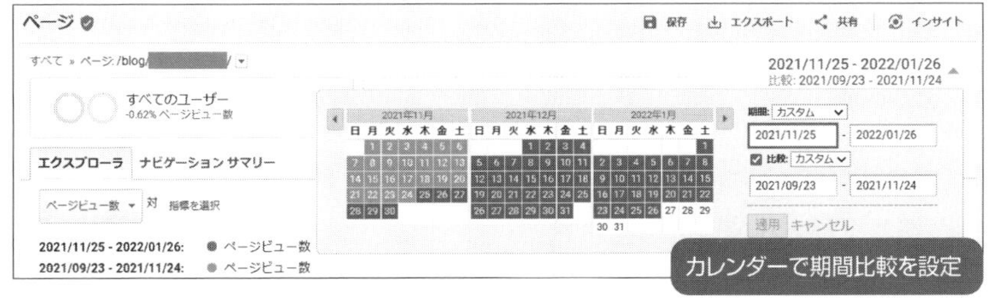

ページ	ページビュー数	ページ別訪問数	平均ページ滞在時間	閲覧開始数	直帰率	離脱率	ページの価値
	42.11% 55 と 95	40.00% 45 と 75	68.62% 00:03:00 と 00:01:47	69.44% 22 と 72	11.57% 68.18% と 61.11%	24.00% 40.00% と 52.63%	0.00% $0.00 と $0.00
1. /blog/ /							
2021/11/25 - 2022/01/26	55 (100.00%)	45 (100.00%)	00:03:00	22 (100.00%)	68.18%	40.00%	$0.00 (0.00%)
2021/09/23 - 2021/11/24	95 (100.00%)	75 (100.00%)	00:01:47	72 (100.00%)	61.11%	52.63%	$0.00 (0.00%)
変化率	-42.11%	-40.00%	68.62%	-69.44%	11.57%	-24.00%	0.00%

表示する行数: 10 移動: 1 1 - 1/1

2/03/16 17:34:01 に作成されました - レポートを更新

このコンテンツページ自体のアクセスはずいぶん減ってしまったが…

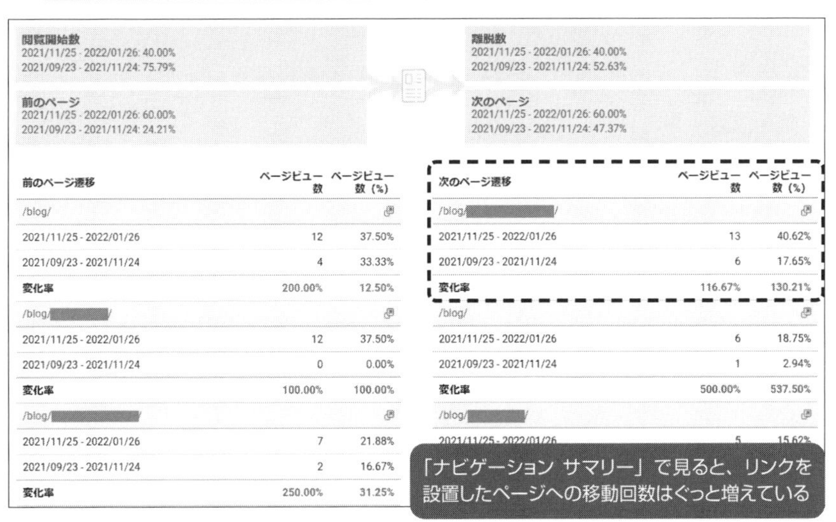

閲覧開始数
2021/11/25 - 2022/01/26: 40.00%
2021/09/23 - 2021/11/24: 75.79%

離脱数
2021/11/25 - 2022/01/26: 40.00%
2021/09/23 - 2021/11/24: 52.63%

前のページ
2021/11/25 - 2022/01/26: 60.00%
2021/09/23 - 2021/11/24: 24.21%

次のページ
2021/11/25 - 2022/01/26: 60.00%
2021/09/23 - 2021/11/24: 47.37%

前のページ遷移	ページビュー数	ページビュー数（%）
/blog/		
2021/11/25 - 2022/01/26	12	37.50%
2021/09/23 - 2021/11/24	4	33.33%
変化率	200.00%	12.50%
/blog/ /		
2021/11/25 - 2022/01/26	12	37.50%
2021/09/23 - 2021/11/24	0	0.00%
変化率	100.00%	100.00%
/blog/ /		
2021/11/25 - 2022/01/26	7	21.88%
2021/09/23 - 2021/11/24	2	16.67%
変化率	250.00%	31.25%

次のページ遷移	ページビュー数	ページビュー数（%）
/blog/ /		
2021/11/25 - 2022/01/26	13	40.62%
2021/09/23 - 2021/11/24	6	17.65%
変化率	116.67%	130.21%
/blog/		
2021/11/25 - 2022/01/26	6	18.75%
2021/09/23 - 2021/11/24	1	2.94%
変化率	500.00%	537.50%
/blog/ /		
2021/11/25 - 2022/01/26	5	15.62%

実際のデータではこのページは離脱率が40％で、55ページビューのうち22回離脱しており、ほかのページへの移動回数は33回しかなかったようです。それでも多くの人に見られているページなので、関心を引くことがで

きれば、多くの人が「製品A」へ移動し、「基礎知識1」の直帰率、離脱率が下がると期待されます。

効果的な方法が得られれば、あとはかんたんです。基礎知識から技術情報の全ページに対して、関心が合致する各製品情報ページへのリンクを施策Bのやり方で入れていきます。そうすれば、これまで以上に多くの人が製品情報を見るようになるでしょう。

このように、

①サイト構成表のデータから課題を抽出する
②各課題の対応施策をリストアップする
③スケジュールを決めて順番に施策を実行する
④順番にピンポイントのデータを見て効果的な方法を見つける
⑤効果的な方法を多くのページに横展開する
⑥サイト構成表に新しいデータを取り込む

というステップを踏んでいけば、サイトは必ずより高い成果に向かって動き始めます。

肝心なことは、順番に施策を行いデータを取って、施策評価をすることが、ウェブ担当者自身のノウハウとして残ることです。このノウハウを持っていたら、サイトを総取り替えするようなリニューアルに臨んでも、どこに肝心なポイントがあるか、新しいページに何を組み込めばよいか、考えることができるようになるはずです。

「今のサイトが悪いのはわかっているので、分析よりも早くリニューアルしてしまってください」と言われることも多いのですが、これでは本当に必要なノウハウが社内に残らず、次のリニューアルも失敗に向かって突き進む危険が高まります。

サイト構成表は「どの対象者をどのコンテンツに集客して、どの目標へ誘導するのか」というウェブ立地を設計するために不可欠なツールです。いよいよ次章で、リニューアルサイトのサイト構成表づくり、すなわちサイト設計に取り組んでいきましょう。

第7章

ウェブ設計とコンテンツ作成

7-1 ウェブ設計の進め方

今のサイトにコンテンツを追加してみる

ウェブのリニューアルを行う際には、その設計を避けて通ることはできません。設計を制作会社任せにすると、必要なコンテンツが盛り込まれず、前のサイトと変わらないサイトになってしまいます。制作会社に依頼する場合にも、「少なくともこれは盛り込んでほしい」という依頼をかけてください。

本書ではこれまで、どんな対象者を集客するのかを考え、その対象者が求めている情報を調べてきました。対象者が多く通っている道に面して立地する準備ができているのですから、そのとおりにサイトを設計すればよいのです。

ただ、慣れないと多くのページがあるサイトをゼロから設計するのは大変です。まずは設計のやり方を身につける必要があります。そこで設計に不慣れな人にお勧めなのが、「今あるサイトに1つだけコンテンツを追加してみる」という方法です。

▼図　サイト構成表のサンプル（再掲）

No.	内容		第1階層	第2階層	GA URL	リンク	ページ タイトル	キーワード	説明文
1	トップ		/		/	http://www.you	○○産業株式会社	●●,△△	○○産業株式会社です。
2	会社概要	トップ	/about	/	/about/	http://www.you	会社概要｜○○産業株式会社	会社概要,●●,△△	会社概要です。○○産業株式会社です。
3	製品情報	トップ	/products	/	/products/	http://www.you	製品情報｜○○産業株式会社	製品,●●,△△	製品情報をご覧ください。○○産業株式会社です。
4		製品A		/product1.html	/products/pr	http://www.you	製品情報1｜○○産業株式会社	111,製品,●●,△△	製品1をご覧ください。○○産業株式会社です。
5		製品B		/product2.html	/products/pr	http://www.you	製品情報2｜○○産業株式会社	222,製品,●●,△△	製品2をご覧ください。○○産業株式会社です。
6		製品C		/product3.html	/products/pr	http://www.you	製品情報3｜○○産業株式会社	333,製品,●●,△△	製品3をご覧ください。○○産業株式会社です。
7	基礎知識	トップ	/basic_knowl	/	/basic_knowle	http://www.you	基礎知識｜○○産業株式会社	□□□,●●,△△	○○の基礎知識をご覧ください。○○産業株式会社です。
8		基礎知識1		/content1.html	/basic_knowle	http://www.you	基礎知識1｜○○産業株式会社	111,□□□,●●,△	基礎知識1です。○○産業株式会社です。
9		基礎知識2		/content2.html	/basic_knowle	http://www.you	基礎知識2｜○○産業株式会社	222,□□□,●●,△	基礎知識2です。○○産業株式会社です。
10		基礎知識3		/content3.html	/basic_knowle	http://www.you	基礎知識3｜○○産業株式会社	333,□□□,●●,△	基礎知識3です。○○産業株式会社です。
11	技術情報	トップ	/technology	/	/technology/	http://www.you	技術情報｜○○産業株式会社	××,●●,△△	技術情報をご覧ください。○○産業株式会社です。
12		技術分野1		/content1.html	/technology/	http://www.you	技術情報1｜○○産業株式会社	111,××,●●,△△	111の技術情報です。○○産業株式会社です。
13		技術分野2		/content2.html	/technology/	http://www.you	技術情報2｜○○産業株式会社	222,××,●●,△△	222の技術情報です。○○産業株式会社です。
14		技術分野3		/content3.html	/technology/	http://www.you	技術情報3｜○○産業株式会社	333,××,●●,△△	333の技術情報です。○○産業株式会社です。
15		技術分野4		/content4.html	/technology/	http://www.you	技術情報4｜○○産業株式会社	444,××,●●,△△	444の技術情報です。○○産業株式会社です。
16	お問合せ	フォーム	/inquiry	/	/inquiry/	http://www.you	お問い合わせ｜○○産業株式会	問合せ,●●,△△	お問い合わせはこちら。○○産業株式会社です。
17		確認画面		/confirm.php	/inquiry/conf	http://www.you	確認画面｜○○産業株式会社		○○産業株式会社です。
18		完了画面		/thankyou.html	/inquiry/than	http://www.you	完了画面｜○○産業株式会社		○○産業株式会社です。
19	プライバシーポリシー		/privacy	/	/privacy/	http://www.you	プライバシーポリシー｜○○産業	個人情報,●●,△△	プライバシーポリシーです。○○産業株式会社です。
20	全体								

第6章でも見たサイト構成表のサンプルです。このサイトでは「基礎知識」コーナーや「技術情報」コーナーで集客をし、それが肝心の「製品情報」につながっていないのが悩みでした。

このサイトは製品が3つあり、製品の説明をそれぞれ1ページで行っています。各製品の特長などが箇条書きで1ページに収められているため、各製品の特長を求める人が訪れないサイトになっている恐れがあります。

まずは製品1について考えましょう。機械製品で、3つの特長を持っているとします。

・特長1）他社の製品よりも精密な加工ができる
・特長2）ソフトウェアが使いやすくだれでも簡単に扱える
・特長3）価格が安い

それぞれすばらしい特長です。が、「製品情報1」（/products/product1.html）のページに箇条書きで書かれていると、サイトに入る前に特長に気づくことができません。サイトに入ってから、製品情報に進み、そこで製品1を選んでページを見てはじめて特長を目にします。閲覧開始時点でどれかの特長を求めて訪れたわけではないので、積極的な反応をする人が少ないのも当然です。もともとこれらの特長を求める人がサイトに集まるようにしましょう。

■特長を求める人が探している情報を調べる

特長1について考えると、対象者はこの機械を利用する業界の人で、毎日の仕事の中で「もっと精密な加工ができないだろうか」と考えているでしょう。特長2では、「熟練工以外の人でも加工できるようになれば良いのだが」と考えている人が対象となります。

「加工 精度」でキーワード調査をしたところ、

・加工 精度	500
・工作 機械 精度	500
・切削 加工 精度	50
・機械 加工 精度	50

など、さまざまな「加工精度」に関する検索が行われていました。
一方、「機械 加工」で調べると、

・機械 加工	5000
・旋盤	50000
・旋盤 加工	5000

など、旋盤関連の情報を探している人が非常に多いことがわかります。製品1が旋盤の機械でなければこれらは生かせません。が、そうした中に、

・技能 検定 機械 加工	50

と、技能検定について調べている人もあるようです。技能検定を受けて給料を高めたい作業者かもしれません。しかし、機械を買う会社側からすれば、「技能検定を受けた人と変わらない精度がだれでも出せる機械」に関心があるかもしれません。この製品の特長2に合致する対象者と出会える可能性が感じられます。
こうしたところから、ほかの会社がどんなコンテンツを出しているか、参考サイトで探してみましょう。
「切削加工の精度を高める条件とは」というキーワードでGoogle検索してみると、

機械加工の加工精度を高めるための対策について
力をうまく変形させる例としては，構成刃先の発生やびびり振動が発生しないような切削条件を選ぶ，工作物の両側から工作する（これは「平面切削法」と呼ば ...

切削加工における加工精度の高さ
加工精度とは、加工後の製品の品質レベルを示す尺度のこと。精度については、寸法測定の機器を用いて測定します。マイクロメーターや3次元測定機など、...

といったさまざまな記事が紹介されます。ヒット件数は実に3,120,000件もあり、多くの需要のあるテーマかもしれません。
一方、「熟練工でなくても高い精度で加工ができる」と検索すると、熟練の技術を誇る加工会社のサイトが多数出てくる中に、

少量多品種生産の熟練工不足に対応し生産機器の 安全効率化 ...
をだれでも安全に効率的に作業できるよう改良. していく必要が生じた。... めに機器の仕様までは策定できても、それを ... 属の特性を損なわない高精度な表面を実現。

力制御技術によって，熟練技能者の技を再現する
これまでに培ってきたロボット制御技術とシステム化技術を ... 作物に対しても，位置決めされた工作物同様，高精度. な加工が可能である． ... 加工ができる.

といった記事が見られます。こうした記事を参考にすれば、自社でどんな記事を書けば良いかが見えてきます。

■設計方針を立てる

このサイトでは、技術情報が集客をしているのに、製品に結びつかないのが悩みでした。理想的には製品情報そのものが集客してくれたほうが良いのです。そこで、製品情報の配下で集客できるコンテンツを追加してみましょう。

サイト構成図の「製品情報」コーナーは今こうなっています。

3	製品情報	/products/	製品情報｜○○産業株式会社
4		/products/product1.html	製品情報1｜○○産業株式会社
5		/products/product2.html	製品情報2｜○○産業株式会社
6		/products/product3.html	製品情報3｜○○産業株式会社

製品1は、集客力はそれなりにありますが、逆にサイト内で選ばれておらず、訪問数が少ない状態です。この製品1の訪問数をもっと伸ばすために、

3	製品情報	/products/	製品情報｜○○産業株式会社
4		/products/product1.html	製品情報1｜○○産業株式会社
		/products/product1_a.html	機械加工の精度を高める7つの施策
		/products/product1_b.html	熟練技術者不要の高精度加工とは？
5		/products/product2.html	製品情報2｜○○産業株式会社
6		/products/product3.html	製品情報3｜○○産業株式会社

と、2ページを製品1の配下に追加してみましょう。製品1のページはこの2ページにリンクを張るという改訂を行います。新規ページからは、製品1が「求められる特長を持った製品」であるとしっかり紹介して興味を持たせ、製品1のページに移動するようにページを作成します。

■変更後のデータ取りが大事

このように今あるサイトにコンテンツを追加して、コンテンツ作成の練習を行います。一種の実験場です。目的は、

・今あるサイトで、少しでも成果を高める
・コンテンツの効果を見極め、リニューアルに備える

極端に言えば、今あるサイトでどんどんコンテンツを追加して成果を高められるなら、リニューアルは必要なくなります。

本来のリニューアルとは、あとからどんどんコンテンツを追加した結果、サイト内の移動が煩雑になる（ナビゲーションが追いつかない）ため、それを解決すべくサイト構造を変えるものです。今のリニューアルは必要性の認識なしに、「前のリニューアルから3年たったから半年後にリニューアルする」と決まることが多いです。これは仕方ありません。少しでも今のサイトで実験を行い、リニューアルに向けてノウハウを蓄積するようにしましょう。

今のサイトに追加したコンテンツはサイト構成表に追加し、2週間後からデータを取り始めます。どれくらいの集客効果があるか、集客した対象者が期待する行動（重要ページの閲覧や目標到達）をしているか、を確認します。追加したコンテンツは最初は集客力が弱く、次第に集客が増えてくるものですから、2週間おきに何度かデータを取ってください。

それである程度の集客が実現し、しかもそこから製品1のアクセスが増えれば成功です。集客がいつまでも増えなければ、そのコンテンツは集客策としては空振りかもしれません。それでも、製品1の特長をアピールするコンテンツなので、捨てる必要はありません。次のリニューアルまでこのコンテンツを持っていきましょう。

集客は少しずつ増えてきたが、製品1への移動やお問い合わせへの貢献がない、ということであれば、少しページの改訂が必要です。製品1のアピールを強化し、またお問い合わせのメリットをわかりやすく訴求しましょう。改善後またデータを取って、効果のほどを確認します。

こうした経験が、すべてリニューアルに生きるノウハウとなります。リニューアル時にどんなコンテンツを作って何を見せ、どんな行動を取らせればサイトの成果が上がるか、実感を持って考えられるようになるでしょう。

サイト構造には2つの流れがある

追加したコンテンツの流れを構成図にすると、次のようになります。

▼図　ページを追加する際のサイト構成図

●階層構造を整理するためのサイト構成図

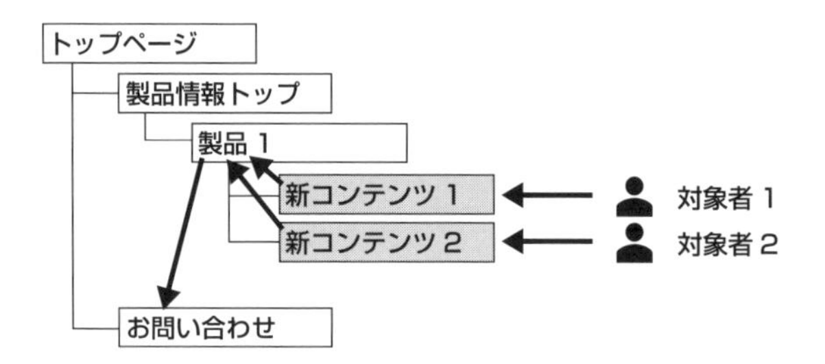

●集客から目標誘導を狙うためのサイト構成図

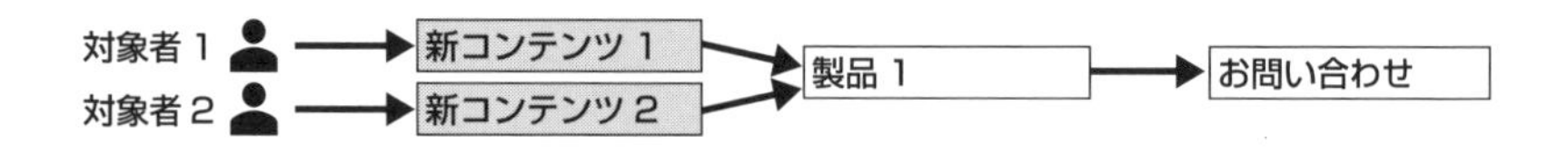

図の下側がウェブ立地的な考え方によるサイト構成です。集客、説得、目標誘導という流れになっています。

気がついていただきたいのは、ウェブ立地論の流れには「トップページ」や「製品情報トップ」は出てこないことです。極論すれば「なくてもかまわない」のです。サイトを考えるときにはまずこの流れで考え、それを従来的なサイト構成の流れに整理していくわけです。

成長を見越したウェブサイトのフォルダー構造

ウェブとはサーバーのルートから枝分かれする形でフォルダーの中にフォルダーを作り、その中にページを収めるものです。ページ数の限られたサイトなら、1つのフォルダーに全部入れても良いではないかと考えがちです。

▼図　フォルダーの中にフォルダーがあって、ファイルを収める階層構造

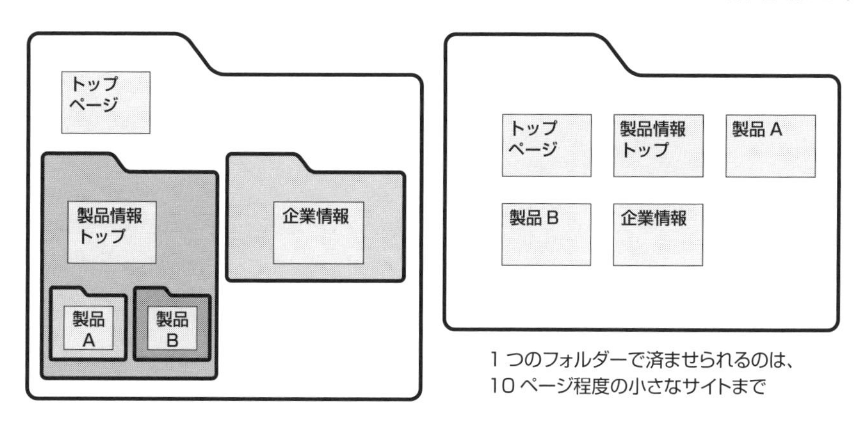

実際、10ページ程度の小さな企業サイトでは、1つのフォルダーにトップページや製品情報、企業情報が全部入っているサイトもあります。そのサイト構成表は、

/	トップページ
/products.html	製品情報トップ
/product1.html	製品1
/product2.html	製品2
/company.html	企業情報
/recruit.html	採用情報
/inquiry.html	お問い合わせ

のようになります。「/」が1回しか出てこないURLばかりで、全部がルートフォルダーに収まっています。ページ数が十分少なく、増やすつもりもないのであれば、これでかまいません。楽と言えば楽です。その代わり、多くのアクセスやお問い合わせは期待できません。

集客ポイントがまったく作られていないからです。会社のことを知っている人がトップページにやってくることが多いでしょう。そうした人は営業スタッフの連絡先を知っていて、サイトからお問い合わせをすることもありません。

新規顧客の獲得を考えないのであればそれでかまわないのです。中小企業の中には、「取引先や銀行が見に来たときに『ちゃんとしてるな』と思ってくれればそれでよい」とウェブの役割を決めてしまっている会社も少なくありません。

しかし、アクセスを増やそうと思うと、ページを増やすほかありません。どんどんニュースを発信する、製品情報を分厚くする、関心を持った人を集めやすい技術情報を追加する、企業情報で会社の特長を伝えるページを追加する、歴史を伝える複数ページのコンテンツを作る、採用にも社員インタビューを追加して関心を高める……。そうしていけば、次第にアクセスは伸び、お問い合わせなどの目標到達につながります。

そうすると、すぐにフォルダーの中がページでいっぱいになって、更新作業が煩雑になります。意図せぬページを削除してしまったり、別の情報で上書きしてしまうといった事故も起こりやすくなります。

成長を考えるウェブサイトは必ずフォルダーの中にフォルダーがある階層構造をとって、各ページをそれぞれ該当する階層のフォルダーに収めるのです。すべてのフォルダーには「index.html」という目次ページがあって、そこから各内容にリンクしています。

```
/
/news          /
               /20220512.html
               /20220501.html
```

```
/products        /
                 /products1    /
                 /products2    /
/company         /
                 /history      /
/recruit         /
                 /interview    /
/inquiry         /
```

この構造を見ると、多くの人が「訪問者はトップページからやってくる」と誤解します。実際にはトップから来るのは2割程度で、大半の人はほかの、もっと下層のページを閲覧開始ページにしてサイトにやってきます。ウェブのアクセスの実態は、各ページが対象者に対して立地しているのです。逆にトップページや製品情報トップは「1つの関心に集中した」内容ではないので、関心の高い対象者の閲覧開始ページになりません。

だから、サイト構造を考えるときはまず、

①対象者 → 閲覧開始ページ → 誘導先ページ → 目標

の順序で考え、それを、

②トップページ → 製品情報目次 → 製品1目次 → 製品1特長

といったフォルダー構成に並べ直すのです。その際には、①の流れでは不要と思えたトップなどの「目次ページ」を補ってやる必要があります。

リニューアルで「はじめにトップページのデザインを見せてください」と言うと必ず失敗するのはウェブ立地の流れが設計されていないからです。だれを集めて何を見せ、何をさせるか、まだ決まっていません。その段階で「デザイン」(設計) はできません。

制作会社と契約する前のコンペの段階で、その会社のデザインの実力を測るために「デザイン案を提出してください」というのはもちろん良いのです。が、実際にサイトを作るとき、ほかに何も決めないうちにトップページを作成するのは、サイトづくりの足かせになってしまいます。

「それでは社長が納得しないので……」というウェブ担当者の事情はわかります（できればこのページを社長に見せて、最初にトップページは失敗の素だと伝えてください）。社長に出すデザイン案は、デザイン（意匠）の方向性を決めるものとして扱えばよいでしょう。本当の設計はそれから改めて行います。

ゼロから考えるリニューアルサイト構成

今のサイトにコンテンツを追加して、集客効果や目標誘導についてデータを取るという経験を積めば、対象者が何に反応してどう動くか、実感できます。そのあとならリニューアル後のサイトについてゼロから構成を考えられるようになっているでしょう。

対象者の整理 → 対象者の求める情報 → 会社が見せたい情報 → 目標

と順番に作業してきました。対象者が20あれば、この流れも20できています。

実際には同じ対象者に見せたい情報や目標行動が複数ある場合もあるので、もっと数は多くなります。お問い合わせがいちばん大切な目標だとしても、いきなりお問い合わせはハードルが高いので、先にメールアドレスだけ入力すれば資料ダウンロードができる、「ハードルの低い目標」を作っておこう、と考えるのは良い設計です。

・精密な加工を求める人 → 精密な加工のための条件とは → 製品1 → お問い合わせ
・精密な加工を求める人 → 精密な加工のための条件とは → 製品1 → 資料ダウンロード

もう少し具体的に書けば、

・対象者1（製品1特長1を求める人）→ コンテンツ1　→ 製品1
　→ お問い合わせ
・対象者2（製品1特長2を求める人）→ コンテンツ2　→ 製品1
　→ 資料ダウンロード
・対象者3（製品2を求める人）→ コンテンツ3　→ 製品2
　→ お問い合わせ
・対象者4（製品2の既存顧客）→ ログイン画面　→ 特別提案
　→ 消耗品購入
・対象者5（新卒希望者）→ コンテンツ4　→ 募集要項
　→ エントリー
・対象者6（近隣住民）→ コンテンツ5　→ CSR
・　……

となって、会社中の各部門のウェブに対する期待を背景に、ウェブ担当者はサイトの設計を行います。

このリストを見ると、

▼表　リニューアルで想定する内容

システム	機能
お問い合わせ	項目の多いフォーム、確認画面、完了画面
資料ダウンロード	メールアドレスのみの入力フォーム、確認画面、完了画面
ログイン	既存顧客に配布するID、パスワードでログインするシステム
消耗品購入	決済機能のついたショッピングカート
採用エントリー	項目の多いフォーム、確認画面、完了画面

とさまざまなシステムが必要となることが想定されます。

消耗品購入は、とにかく購入希望だけをフォームで送ってもらえば、配送や決済は営業部で引き継ぐ、という方法もあるでしょう。それなら複雑なシステムでなく、比較的シンプルなフォームでよいかもしれません。採用エントリーも、最後は人事部の電話番号だけ表示して、そこに電話をもらうというシンプルな仕組みも考えられます。

目標は必ずシステムにしなければならない、というわけではありません。上記では対象者6は環境に関心の高い近隣住民で、環境保護について学べるコンテンツを入口にして、CSRコンテンツに誘導し、企業姿勢を知ってもらうのが目的だとすれば、システムは必要ないでしょう。

こうしたところまで考えておいて、サイトリニューアルの見積りをとることが必要だとわかります。何も伝えずに「リニューアルするので見積りをお願いします」と言えば、制作会社は今のサイトを見て、「お問い合わせフォームが1つあれば大丈夫だな」と考えるしかないのですから、成果の出るサイト設計とそれを支える見積りができるはずはないのです。

この順序なら、あとから「ログインが必要」となって、システムの見積りが跳ね上がるという心配が減るでしょう。

もっとも、見積りが上がるのは、困ることばかりではありません。ウェブの期待値も上がるのです。ログインのシステムを追加すれば既存顧客をサイトに集めてオファーを投げ、追加の機械や消耗品の購入で大きな利益を上げるはずです。

絶対値としての見積り額だけで検討すると「安いほど良い」に決まっていますが、「それを上回る利益が期待できるか」との視点で判断するべきです。制作会社も、見積りに添えて期待値を示すようになってくるでしょう。そうでなければいつまでも安かろう悪かろうの仕事をしなければなりません。

対象者が求める情報と製品特長の重なり合い

先のリストの「対象者1（製品1特長1を求める人）→ コンテンツ1 → 製品1 → お問い合わせ」にあるように、「コンテンツ」が対象者が求める情報であり、「製品1」が会社側が見せたい情報です。このコンテンツと製品内容の間に乖離があれば、どれだけ誘っても製品1を見に行ってくれないかもしれません。そこがウェブ設計者の腕の見せどころです。

・対象者：対象者が求める情報
・製品：製品の特長

この「情報」と「特長」は重なり合っているはずです。製品は顧客の希望を叶えるために特長が作られているからです。
採用情報でも、

・就職希望者：働きたい職場、良いと思う仕事
・企業：会社の雰囲気、キャリアパス

が重なり合っていれば、「この会社は今まで知らなかったが働いてみたい」と感じるかもしれません。
ところが、多くの会社では就職希望者が何を求めているか、ということは考えていません。制作会社もあまりそれを意識せず、「先輩からのメッセージ」というページを作りましょう、「社員の1日」はどうですか？ とページを作成しています。採用情報ではそうしたページを作るものだ、という常識があるというだけのことです。
多くの会社の採用情報ページを作成してきましたし、その際に数えきれないほどの会社の採用情報を読み込んできました。私は就職雑誌の編集者出身なのでそこは得意な分野です。
大切なことは、対象者が「何を大切にするか」「何を探しているか」です。採用事業所が1つだけという規模の会社であれば、「○○町で給料が高いほうの会社」という記事のほうが、先輩からのメッセージよりも良いかもしれません。「○○県で技術を身につけるには」というメッセージも、社員の1日より効果的かもしれません。対象者が求めるものと、自社の特長の重なり合うところを探すことを忘れないようにしましょう。

立地から目標への流れをフォルダー構造に整理する

では、20通りの対象者の流れとコンテンツ構造を省略なく記載してみましょう。

▼表　対象者の流れとコンテンツ構造

No.	対象者	コンテンツ	誘導先	目標
1	製品1特長1を求める人（精度）	○○加工精度の秘訣	製品1	お問い合わせ
2	製品1特長1を求める人（精度）	○○加工精度の秘訣	製品1	資料ダウンロード
3	製品1特長2を求める人（簡単）	○○加工の基礎知識	製品1	デモンストレーション依頼
4	製品1特長2を求める人（簡単）	○○加工の基礎知識	製品1	資料ダウンロード
5	製品1特長2を求める人（簡単）	○○加工の基礎知識	メルマガ登録	
6	製品1特長3を求める人（安価）	機械費用を抑える技術	製品1	見積り依頼
7	製品2特長1を求める人（効率）	機械導入の効率とは	製品2	お問い合わせ
8	製品2特長2を求める人（簡単）	△△加工の基礎知識	製品2	資料ダウンロード
9	製品2特長3を求める人（省エネ）	工場の省エネの実現法	製品2	資料ダウンロード
10	製品3特長1を求める人（精度）	□□加工精度の秘訣	製品3	お問い合わせ
11	製品3特長2を求める人（省エネ）	工場の省エネの実現法	製品3	資料ダウンロード
12	製品3特長3を求める人（安価）	機械費用を抑える技術	製品3	見積り依頼
13	全製品の既存顧客	ログイン	特別提案	消耗品購入

14	新卒 技術職（全国）	技術を身につけて成功へ	新卒要項	エントリー
15	新卒 技術職（近隣）	××県で技術を習得！	新卒要項	エントリー
16	新卒 事務職（全国）	□□を学んだ人に最適	新卒要項	エントリー
17	新卒 事務職（近隣）	××県高給の職場は？	新卒要項	エントリー
18	転職 技術職（近隣）	××県で技術力で転職	既卒要項	エントリー
19	近隣住民（環境に関心）	××県の環境保全状況	環境保護	清掃活動参加申込み
20	近隣住民（小学生）	機械ができあがるまで	工場紹介	工場見学申込み

さまざまな集客コンテンツと誘導先、目標が登場しています。これをサイト構成として並べ替えていきましょう。

まず、目標です。「お問い合わせ」「メルマガ登録」は全サイトからアクセスできる目標となるかもしれません。「資料ダウンロード」「デモンストレーション依頼」「見積り依頼」は製品情報に属するものとしてみましょう。エントリーは採用情報に属するものです。「清掃活動参加申込み」は環境保護活動を紹介するコーナーに属し、「工場見学申込み」は一般向けの工場紹介に属するものと考えられます。

すると、次のようになります。

製品情報
　資料ダウンロード
　デモンストレーション依頼
　見積り依頼
　消耗品購入
採用情報
　新卒採用エントリー
　既卒採用エントリー

環境保護

　清掃活動参加申込み

工場紹介

　工場見学申込み

お問い合わせ

メルマガ登録

　全ページに共通で入っているナビゲーションを考えると、

・製品情報
・採用情報
・環境保護
・工場紹介
・お問い合わせ
・メルマガ登録

となるわけです。全ページからリンクされるナビゲーション項目は、どのページよりも多くのアクセスを期待できるものですから、「環境保護」と「工場見学」は非常に強調された項目だということになりそうです。

　このナビゲーション項目以外にウェブとしてはどんな会社かをわかりやすく提示する必要がありますから、「企業情報」というコーナーは必要になりそうです。

　このうち「環境保護」は会社の姿勢としてナビゲーションに入れて強調したい、としましょう。工場紹介はそこまで独立させるようなものではないと考えたとすると、「企業情報」の中に入れる方法もありそうです。企業情報には、会社概要、社長メッセージ、組織図、沿革が欲しいとしましょう。すると、次のようになります。

製品情報
　資料ダウンロード
　デモンストレーション依頼
　見積り依頼
　消耗品購入
企業情報
　会社概要
　社長メッセージ
　組織図
　沿革
　工場紹介
　　工場見学申込み
採用情報
　新卒採用エントリー
　既卒採用エントリー
環境保護
　清掃活動参加申込み
お問い合わせ
メルマガ登録

次に、コンテンツを配置していきます。先に出ていたコンテンツ案を整理していきましょう。採用などのコンテンツは所属先が明確です。

新卒採用関連
　技術を身につけて成功へ
　××県で技術を習得！

□□を学んだ人に最適
×× 県高給の職場は？
既卒採用関連
技術力で転職する方法
×× 県で技術力で転職

その他
×× 県の環境保全状況
機械ができあがるまで

これらに、誘導先になっていた「募集要項」もあわせて入れると、次のようになります。

企業情報
会社概要
社長メッセージ
組織図
沿革
工場紹介
機械ができあがるまで　近隣住民（小学生）の入口
工場見学申込み　近隣住民（小学生）の目標
採用情報
新卒採用
技術を身につけて成功へ　新卒 技術職（全国）の入口
□□を学んだ人に最適　新卒 事務職（全国）の入口
×× 県で技術を習得！　新卒 技術職（近隣）の入口

××県高給の職場は？	新卒 事務職（近隣）の入口
新卒募集要項	新卒者全部の誘導先
新卒採用エントリー	新卒者全部の目標
既卒採用	
技術力で転職する方法	転職 技術職（全国）の入口
××県で技術力で転職	転職 技術職（近隣）の入口
既卒募集要項	既卒者全部の誘導先
既卒採用エントリー	既卒者全部の目標
環境保護	
環境保護	近隣住民（環境に関心）の誘導先
××県の環境保全状況	近隣住民（環境に関心）の入口
清掃活動参加申込み	近隣住民（環境に関心）の目標

かなりサイト構成らしくなってきました。
続いて、製品関連のコンテンツを見ると、次のとおりでした。

製品1関連
　○○加工精度の秘訣
　○○加工の基礎知識
　○○加工の基礎知識
　機械費用を抑える技術
製品2関連
　機械導入の効率とは
　△△加工の基礎知識
　工場の省エネの実現法
製品3関連

□□加工精度の秘訣
工場の省エネの実現法
機械費用を抑える技術

「加工精度」「基礎知識」「省エネ」「費用を抑える」といった共通するテーマがあります。これらは製品情報に所属しても良いですし、別のコーナーを作ってまとめても良いでしょう。製品情報に属させれば集客したあと製品のページに誘導しやすくなりますし、別のコーナーを作れば、今後さらにページを増やして、大きな集客窓口に育てることができるでしょう。そこで、一部を製品に所属させ、一部を「技術情報」というコーナーを作って入れることにしてみましょう。

製品情報は、基本的に各製品のページがベースになり、その他に既存顧客のログインがありました。

製品情報
　製品1
　製品2
　製品3
　既存顧客ログイン
　　特別提案
　　消耗品購入

ここに「加工精度」と「費用」を所属させてみます。

製品情報
　製品1
　製品2

製品3
　加工精度の秘訣とは？
　　○○加工精度の秘訣
　　□□加工精度の秘訣
　機械導入の費用
　　○○加工の機械費用を抑える技術
　　□□加工の機械費用を抑える技術
　既存顧客ログイン
　　特別提案
　　消耗品購入

ほかの「基礎知識」「省エネ」を「技術情報」にまとめると、次のようにまとめることができそうです。

技術情報
　機械加工の基礎知識
　　○○加工の基礎知識
　　△△加工の基礎知識
　工場の省エネの知識

これらすべてを並べて、これにトップページやプライバシーポリシーなどの必要なページを加えて完成しましょう。

▼表　リニューアル後のサイト構成の原案

No.	フォルダー、ファイル	内容	備考
1	/	トップページ	
2	/products/	製品情報	
3	/product1/	製品1	製品1の各特長を求める人の誘導先
4	/product2/	製品2	製品2の各特長を求める人の誘導先
5	/product3/	製品3	製品3の各特長を求める人の誘導先
6	/accuracy/	加工精度の秘訣とは？	
7	/○○/	○○加工精度の秘訣	製品1特長1を求める人（精度）の入口
8	/□□/	□□加工精度の秘訣	製品3特長1を求める人（精度）の入口
9	/cost/	機械導入の費用	
10	/○○/	○○加工の機械費用を抑える技術	製品1特長3を求める人（安価）の入口
11	/□□/	□□加工の機械費用を抑える技術	製品3特長3を求める人（安価）の入口
12	/login/	既存顧客ログイン	既存顧客の入口
13	/offer/	特別提案	既存顧客の誘導先
14	/expendables/	消耗品購入	既存顧客の目標
15	/techinfo/	技術情報	
16	/basic/	機械加工の基礎知識	
17	/○○/	○○加工の基礎知識	製品1特長2を求める人（簡単）の入口
18	/△△/	△△加工の基礎知識	製品2特長2を求める人（簡単）の入口
19	/energy_saving/	工場の省エネの知識	製品2特長3（省エネ）と製品3特長2を求める人（省エネ）の入口

20	/company/	企業情報	
21	/profile,html	会社概要	
22	/message.html	社長メッセージ	
23	/organization.html	組織図	
24	/history.html	沿革	
25	/factory/	工場紹介	
26	/process.html	機械ができあがるまで	近隣住民（小学生）の入口
27	/visit.html	工場見学申込み	近隣住民（小学生）の目標
28	/recruit/	採用情報	
29	/new/	新卒採用	
30	/tech.html	技術を身につけて成功へ	新卒 技術職（全国）の入口
31	/□□.html	□□を学んだ人に最適	新卒 事務職（全国）の入口
32	/××.html	××県で技術を習得！	新卒 技術職（近隣）の入口
33	/highsalary.html	××県高給の職場は？	新卒 事務職（近隣）の入口
34	/requirements.html	新卒募集要項	新卒者全部の誘導先
35	/entry.html	新卒採用エントリー	新卒者全部の目標
36	/graduates/	既卒採用	
37	/tech.html	技術力で転職する方法	転職 技術職（全国）の入口
38	/××.html	××県で技術力で転職	転職 技術職（近隣）の入口
39	/requirements.html	既卒募集要項	既卒者全部の誘導先
40	/entry.html	既卒採用エントリー	既卒者全部の目標
41	/environmental/	環境保護	

42	/protection.html	環境保護	近隣住民（環境に関心）の誘導先
43	/××.html	××県の環境保全状況	近隣住民（環境に関心）の入口
44	/activity.html	清掃活動参加申込み	近隣住民（環境に関心）の目標
45	/inquiry/	お問い合わせ	
46	/mailmagazine/	メルマガ登録	
47	/privacy_policy/	プライバシーポリシー	

全部で47ページのサイトになります。なお、「/」終わりのURLでは、「index.html」というファイル名が略されています。

これをフォルダー構成にすると、次の図のようになります。

▼図　フォルダー構造図

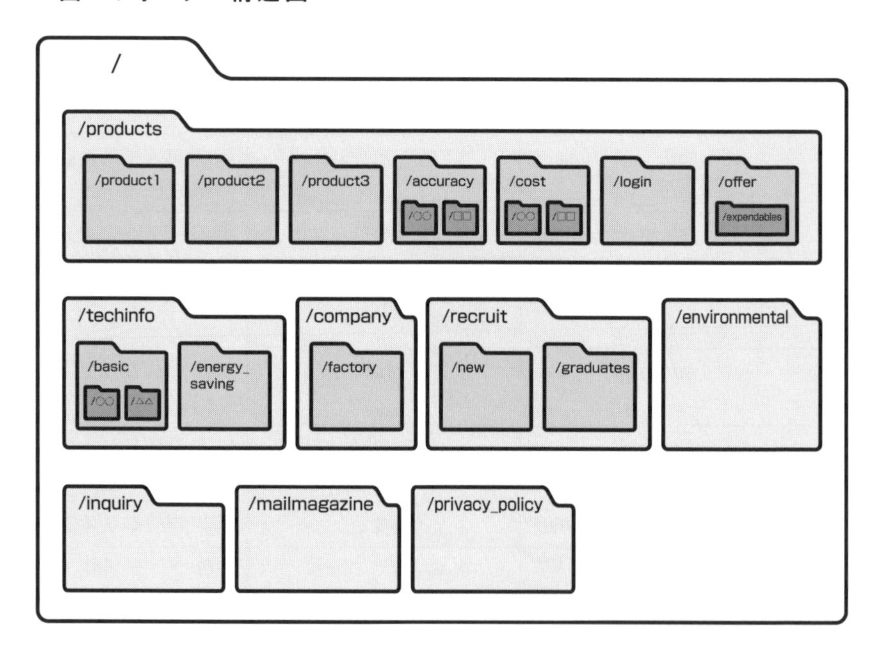

このほかに必要なページについては、「ソーシャルメディアアカウント一覧」や「サイトマップ」などいろいろ考えられます。「技術情報」でも「製品開発者インタビュー」など、有効なコンテンツはまだまだ考えられます。上のサイト構成を原案として、制作会社と話し合ってみるとよいでしょう。

たくさんのページを並べ替えているうちに、どのページがどんな役割を持っていたかわからなくなってしまいがちです。最初のExcelから、このページがだれの入口か、どの対象者の目標か、という情報をセットで移動してウェブ立地の考え方を維持できるようにしてください。

上記のサイト構成を見ると、トップページや企業情報のページなどが「集客や誘導などの役割の決まっていないページ」になっています。全部の訪問者が利用できる、汎用度の高い情報ということができそうです。

リニューアルサイト構成表の完成

こうしてサイトの構成が決まりました。少し項目を加えてサイト構成表として完成しましょう。

- URLを結合して、「GA URL」を生成する
- 「GA URL」にドメイン部分をくっつけて、「http://」始まりのリンクURLを生成する
- 全ページの「ページタイトル」「説明文」「キーワード」を作成する

「GA URL」を作るには、階層表記で省略しているものを補ってつないでいくだけですし、「http://」始まりのリンクURLにするためには、このGA URLにドメイン部分を連結するだけです。

なお、先に必ずGoogleアナリティクスの「すべてのページ」の表記を確認して、同じ形式になるようにしてください。

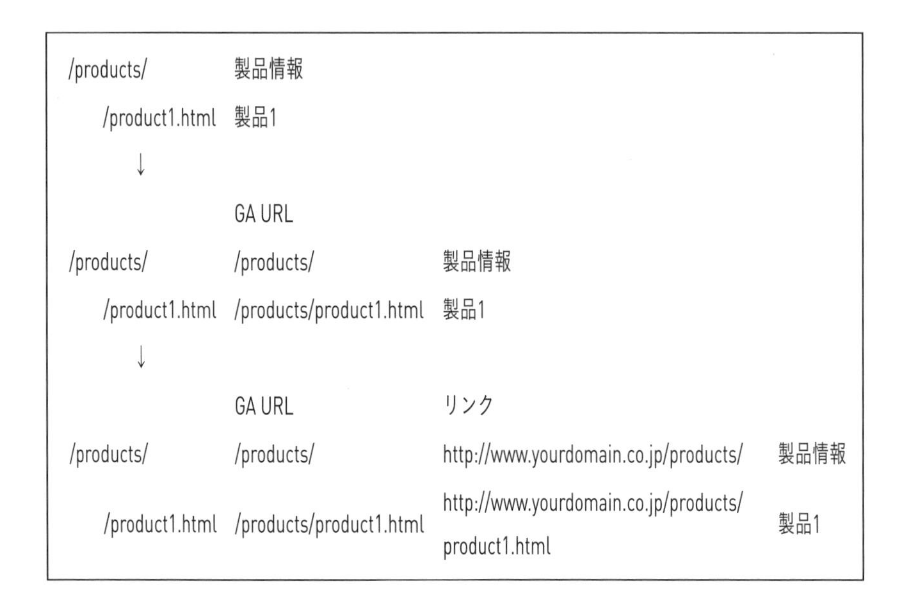

/products/	製品情報
/product1.html	製品1

↓

	GA URL	
/products/	/products/	製品情報
/product1.html	/products/product1.html	製品1

↓

	GA URL	リンク	
/products/	/products/	http://www.yourdomain.co.jp/products/	製品情報
/product1.html	/products/product1.html	http://www.yourdomain.co.jp/products/product1.html	製品1

これらの変換を手作業でやるのは大変ですから、必ずExcelで

="http://www.yourdomain.co.jp"&E2

といった、足し算で全体を一括生成できるようにします。生成したURLがうまくリンクになってくれなければ、もう1列追加して、

=HYPERLINK(F2)

とリンク関数を入れてください。

ページタイトルとディスクリプション、キーワードについては、次のコンテンツの原稿作成の項で説明しますが、ページの内容自体ができてこないと書けない部分なので、ここを書くのは後回しでよいでしょう。

7-2 コンテンツ作成のための原稿執筆法

ウェブの記事に「上手な文章」など必要ない

サイトを設計したら、いよいよサイトの作成が始まります。制作会社のほうでは、各ページのデザインを作成し、基本的なページのコーディングをしていくという流れになるでしょう。そこに原稿を入れていけば、サイトができあがります。

多くの会社で「ウェブの原稿はどうしますか？」と伺いますが、ほとんどの場合、「ウェブの原稿など社内ではだれも書けない」という返事になります。それではページづくりが進みません。原稿執筆のようなややこしい仕事を背負うのを嫌がっているだけで、本当に文章を書けない人などおりません。「何とか御社内で原稿をご準備ください」とお願いすると、各ページわずか数行の、箇条書きのような内容が送られてくることがあります。こうして、何もアピールできない「無口な」サイトができあがります。

制作会社にも得手不得手があります。全部が原稿作成が得意ではありません。デザイン会社がウェブ制作をやっていると、デザイナーとコーディングエンジニアがそろっているがライターはいないことが多いです。

制作会社側で原稿を全部書くとなると、制作費がかなり高くなります。47ページのサイトを作るのに全部依頼すれば、

原稿単価：20,000円×47ページ＝940,000円

と、100万円近いコストになってしまいます。しかもこれは原稿を書くためだけの費用で、その前に取材も必要なら取材費が別途追加となります。

ウェブの文章を、そんな費用をかけてまで制作会社に書いてもらわなけ

ればならない理由とはなんでしょうか。「文章が上手だろうから」「慣れているから」ということかもしれませんが、ウェブはだれもが自分たちの伝えたいことを即時公開できるために作られたメディアです。多くの原稿は自社で書くと考えてください。

ウェブには「CMS」という便利なツールがあります。コンテンツマネジメントシステムのことで、HTMLの仕組みを知らない素人でもページをどんどん生成できるすばらしい道具です。これがあれば、ニュースページなど毎日でも増やすことができます。その仕組みは簡単で、各ページのひな形となるHTMLを最初にプロがきっちり作っておいて、あとはそのひな形をコピーして中身を入れ替えていけばページができあがります。

つまり、ウェブというのはいわゆるページづくりの素人であっても、パソコンのことがあまりわかっていなくても情報発信できる仕組みなのです。

ウェブを数々見てきましたが、「上手な文章」などほとんどありません。大半はプロではない人が一生懸命に書いた文章です。ビジネス人であれば、レポートなど何かしら文章を書く機会はあるはずです。ウェブの文章は社内提出する文章より難しいものではありません。ぜひ書き方のコツを覚えて、どんどんページを増やせるようにしてください。

原稿作成の手分けの仕方

どんなにウェブ担当者ががんばっても、1人で書けるページ数には限界があります。1日1ページ書いても1ヶ月で20ページです。これでは制作期間が長くなってしまうので、社内で原稿を書ける人を何人かそろえて、手分けをすべきです。担当者はその進捗管理と文体統一をするのが役割です。

ウェブには原稿の必要ないページも多いです。トップページや企業情報トップなどの「目次」ページは、だれかに読ませるような原稿はほとんどありません。導入部分や目次に1、2行ずつ言葉を添えればよいのですから、これは制作会社のディレクターに書いてもらえばよいでしょう。企業情報系の「会社概要」「組織図」にはあまり文章がないのが普通だし、「社長メッセージ」は社長に書いてもらうか、聞き書きをすればよいでしょう。お問い合わせフォームだって、文章は不要です。簡単な案内の言葉があればよいので、これはウェブ担当者が書きましょう。

そう考えると、先ほど考えたサイト構成の47ページのうち、実際に原稿を書くべきは30ページくらいです。5人が6、7ページ書くことにすれば、2週間程度で書ける手はずとなります。

プロの原稿がほしくなるのは、一般の人を楽しませるようなページです。先ほどのサイト構成でいうと、次のあたりです。

・26　/process.html　機械ができあがるまで　近隣住民（小学生）の入口
・43　/××.html　××県の環境保全状況　近隣住民（環境に関心）の入口

特に小学生が楽しめるように機械ができるまでの工程を示すコンテンツなどはプロの原稿が必要です。これらの「ここぞ」というページだけをライターに任せれば、費用も抑えられ、良いできあがりが得られるでしょう。

お問い合わせフォームには原稿はいらないと書きましたが、フォームの送信完了画面（サンキューページ）については絶対にフォーム開発者任せにしてはいけません。ほとんどのサイトで、フォームを送信完了すると、「ありがとうございました。お問い合わせを受け付けました。追って担当よりご回答させていただきます」としか書かれていない完了画面が出てきます。明らかにフォーム開発者が定型文で作った画面ですが、こんな素っ気ない画面だけ見せるのは大きな損です。

フォームを送信したら用事は完了なので帰ってしまう人が多いのは事実です。が、フォームを送信した人は会社名や氏名を書いたあとですから、「もう姿を隠す必要がない」状態です。すべてのウェブ訪問者の中でいちばん「オファーを投げやすい相手」なのです。その状態になっている人に「ありがとう、さようなら」のような完了画面はあまりにも商売が下手です。

お問い合わせありがとうございました。お問い合わせいただいた方だけに特別のご提案がございます。こちらのリンクで、特別に製品1の○○サンプルをご提供しております。どうぞご活用ください。

このような形でスペシャルオファーを出してさらに接近することができ、かつフォーム送信者ですから、だれが「○○サンプル」を入手したかまで特定できます。B2CやECサイトでは、ダブルプレゼントや特別値引きセールなどの案内も可能でしょう。値引きのオファーがなくても、お勧めのコンテンツを紹介して、「こちらもぜひご覧ください」と誘うのも良いでしょう。

こうした機会をとらえて顧客に近づくのが、商売人の考える「成果の出るウェブ」です。ぜひ、完了画面はウェブ担当者が内容を考えてください。

ウェブの文章は「サビあたま」

文章を書くとなると、昔の読書感想文を思い出すのか、尻込みする人が多いです。会社に出すレポートも嫌々書いているのかもしれません。普段長文を書かないので、できれば避けたいと思っているのか、あるいは「起承転結」とか「読者の気持ちをつかむ話のマクラが必要」といった「上手な文章を書くためのルール」を思い出して面倒な気がするのかもしれません。

ところが、文章が上手という人が社内にいてその人に依頼したら、長々としたたとえ話から始まってなかなか本題に進まないような文章ができてきて、逆に困るということもあります。

B2B企業の説明文は、中年男性が考えることが多いためか、歴史上の人物でたとえることが多いですね。「昔、豊臣秀吉は……」「織田信長は……」という具合です。たとえ話が長くてやっと本論が出てくるのですが、そこまで読者がついてこず、多くの人が離脱してしまうことがあります。それどころか、Google検索から織田信長ファンばかり集まって、ちっとも商売にならないサイトも少なくありません。

ウェブの文章、特に製品情報や企業情報の文章に、起承転結など不要です。読者をつかむマクラもいりません。

必要なのは、結論と事実。たとえ話などなくて大丈夫です。端的に結論から話を始めれば、それがいちばんウェブにふさわしいのです。何しろ、発光する画面上で見るウェブは、もともと文章を長く読むのには向きません。パッと見て結論が伝わるほうが良いのです。

流行歌でも、イントロがあってAメロという導入部からBメロに展開して、最後にサビがきて盛り上がるという歌が多いですが、イントロもなしでいきなりサビがどんと始まる「サビあたま（サビ始まり）」と言われるような歌もあります。ウェブの文章はまさに「サビあたま」でよいのです。見出しの次には結論を書いてください。

適切な文章の長さ

ウェブの文章は、1,000文字から2,000文字程度が適切と言われます。これは検索エンジンで評価されるためにそれくらいが適切だとだれかが言い出したもで、実際にはそんな大きな文字数のページは多くありません。2,000文字が標準というのは、いわゆる「まとめサイト」などが行っているルールです。

ウェブでは、1行の文字数が横に30文字から40文字くらいが一般的ですが、実際は40文字というのは横幅が広すぎて読みにくいのです。

文章作成ツール（テキストエディタやWordなどのワープロソフト）が、どういうわけか、横40文字を基本にしているものが多いので、なんとなく横40文字くらいなければいけないのではないかと思ってしまいがちですが、人の目はそんな横幅を追いかけられるほど横に動かせません。25文字から長くても33文字程度までに収めたいところです。

仮に1行の文字数を30文字とした場合、たった100文字の文章でも4行に渡ります。原稿用紙1枚分、400文字の原稿なら14行です。

パソコンで見る場合はそれくらいですが、スマホだとどうでしょうか。たとえばニュースアプリ「スマートニュース」では、一般的なニュースは横1行に19文字程度入っています。これでも文字が小さすぎて読みにくいと言う人が多いくらいなのですが、この文字数で400文字の原稿をレイアウトしたら、22行にもなってしまいます。設定やスマホの機種にもよりますが、「スマートニュース」では1画面に縦18行しか入らないので、たった400文字で画面スクロールが必要な記事になります。

ウェブでみんながスクロールしてまで記事を読んでくれるかというと、まったくそんなことはありません。Googleタグマネージャーを使えば、Googleアナリティクスで各ページのスクロールを計測できるので測ってみましょう。

1%ごとに計測しても煩雑なだけなので、ページの10%の位置までスクロールされたのが何回あったか、という測り方をするのが一般的です。初期値では「10%　25%　50%　75%　90%」という値が設定されてるので、各位置のスクロール具合を計測して、「このページは10%の位置までは半数の人がスクロールしたが、25%の位置では4分の1の人しかスクロールしていない」と調べてページの改善に役立てています（手順については、第8章で解説します）。

実際には、半分の人が10%位置までスクロールしていれば良いほうで、たいていは3割程度です。つまり、ウェブページはあまり多くの人にスクロールされないことを前提に考えたほうが良さそうです。もちろん例外もあって、先日計測したある会社の広告用のランディングページは長いページなのですが、90%の位置まで7割以上の人がスクロールしていました。そんな優秀なページも実在します。

それにしても2,000文字も必要でしょうか。2,000文字だと1行30文字で改行なしでも67行になります。スマホの1行19文字なら100行以上です。とても最後まで読んでもらえるとは考えられません。

これを考えるだけで、ウェブの文章が結論を最初に伝えなければならないというのが理解できるでしょう。また、「長い文章を書こう」と思う必要もないのです。

ウェブの文章にはどんなパーツがあるか？

図に示すように、ウェブの文章はいくつかのパーツでできています。

▼図　ウェブの文章の構成

ページ

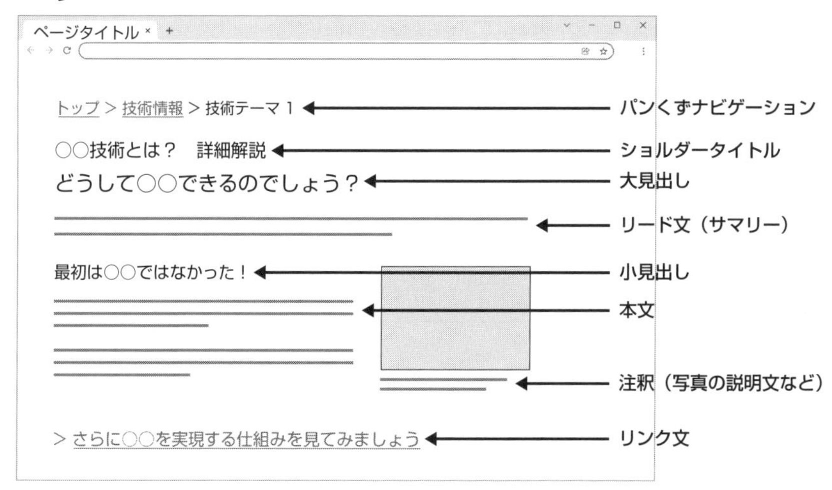

- ブラウザーの窓の中
  - パンくずナビゲーション
  - ショルダータイトル
  - 大見出し
  - リード文（サマリー）
  - 小見出し
  - 本文
  - 注釈（写真の説明文など）
  - リンク文

- 窓の外
  - ページタイトル

・デスクリプション（説明文）
・キーワード

まずこれを把握しましょう。ブラウザーの窓の中と外というのは、一般的な読者の目に触れる部分かどうか、ということです。

■パンくずナビゲーション

パンくずナビゲーションとは、多くのサイトでページの上部に小さな文字で入っているパーツです。トップから階層を追って進む形で、現在見ているページが示されています。

トップ > 製品情報> 加工精度の秘訣とは？ > ○○**加工精度の秘訣**

下線や文字色でわかるように、「トップ」「製品情報」「加工精度の秘訣とは？」といった上階層のページはリンクになっていて、クリックすると目次ページに戻ることができる仕組みです。童話のヘンゼルとグレーテルが森の中にパンくずをまきながら歩き、パンくずをたどって戻れるようにした、というエピソードにたとえて、訪問者がトップをはじめとする上の階層にすぐ戻れるナビゲーションになっています。

実はこれは全ページに同じナビゲーションが入る「グローバルナビゲーション」が発明される以前からあったナビゲーションです。ウェブはいくらでもページをつくることができ、見たいリンクを追ってどこまでも進むことができる仕組みであるため、当初から訪問者が迷子になることが多かったのです。辞書を引いていて関連項目を追いかけるうちに「最初は何を調べていたのだっけ？」とわからなくなってしまうのに似ていますね。

そこでウェブの初期にパンくずナビゲーションが発明され、いつでも目次に戻って閲覧を再開できるようにしたのです。グローバルナビゲーションができた今でも、訪問者の閲覧を盛んにする働きもあるので多くのサイトで使われています。

パンくずナビゲーションはCMSのようなシステムが自動的に生成してくれる場合もあるので、ウェブ担当者が書く必要があるとは限りませんが、大切なテキストパーツとして覚えておきましょう。

■ショルダータイトル

ショルダータイトルとは、大見出しの付属品で、見出しの肩の上に少し小さな文字で乗っかっているので、ショルダータイトルと呼ばれます。これは実は大切なものです。大見出しとの役割分担については、次の大見出しの項で説明します。

■大見出し

ページでいちばん大きな文字の見出しです。その上にショルダータイトルが乗っかっています。ショルダータイトルはそのページの意味や位置づけを示すもので、大見出しはそのページを読もうとする人に興味を持たせるのが役割です。

・ショルダータイトル　：○○加工精度の秘訣
・大見出し　　　　　　：どうして寸法には最大値と最小値がある？

このように、ショルダータイトルではまじめ律儀に内容を伝え、大見出しは読もうとする気持ちを引き出す内容にします。その結果、ショルダータイトルには検索キーワードが凝縮されます。一方、大見出しは検索される言葉を使わなければならないという縛りから解放され、自由に楽しく書くことができます。

B2C的な内容で例示するなら、今たまたま手に取った雑誌には、

・ショルダータイトル　：手づくりみそ 梅干し ぬか漬け
・大見出し　　　　　　：作りやすい今どき保存食

といった見出しセットがありました。雑誌ですから検索を意識する必要は

ないのですが、これを見るとショルダータイトルはほぼキーワードだけでできていると言ってもよいですね。

■リード文（サマリー）

リード文とは、大見出しを読んだ人が次に目にするテキストです。新聞紙面ではおなじみのパーツです。本文より少し大きな文字で短い文章があって、記事のまとめになっています。論文では、全体のまとめ（サマリー）が最初に必ず入るルールとなっています。本文をいきなり全部読むのは大変なので、こうしたまとめ文があるとなんとなく全体を把握できるので、理解が進みます。見出しに引き付けられた目を本文に導くので、リード文と言います。

テレビのニュースでも必ず最初に全体の概略を伝え、それから詳しく伝えるという順序になっていますね。

> きょう未明、○○県○○市の国道で交通事故があり、30代の男性1人がけがをしました
>
> ↓
>
> 本日5月21日午前4時15分ごろ、○○県○○市の国道121号線で車3台がからむ衝突事故がありました。警察によると……

これも最初の一文がリードで、繰り返し以降がニュースの本文です。

ウェブではまだこうしたリード文を採用しているサイトは少ないですが、ウェブの読者は長い文を読むのが大変ですから、こうしたまとめを先頭に置くと理解を助けられるでしょう。

書く順序としては、先に小見出しと本文を書いてから、全体を見渡して最後にリード文をまとめます。

■小見出し

本文を率いる、やや小さな文字サイズの見出しです。小見出しと本文の

セットはページの中に何度か繰り返されるのが普通です。実際には、この小見出しを先に全部作成して、その間に本文を書いていくほうが書きやすいでしょう。次の本文のところであわせて説明します。

■本文

ページのいちばんベースになる読み物です。先にも書いたように、1行の横幅がパソコンで30文字程度、スマホでは19文字程度です。1つの本文が100文字あれば、パソコンで4行、スマホで6行になりますから、あまり「長い文章を書かなければならない」と緊張することはありません。

書く順序としては、そのページのショルダータイトルと大見出しをExcelで1行目に書き、それに続いて、書かなければならないことを箇条書きにしていきます。

> ○○加工精度の秘訣
> どうして寸法には最大値と最小値がある？
>
> 1. ○○加工で多くの会社が困っている点
> 2 そもそも○○加工とは何か？
> 3 求められる「精度」にはいくつかのレベルがある
> 4 求められる精度を出すために忘れてはいけないポイント
> 5 精度を自由に設定できる機械があれば心配は解消する
> 6 技術認定を受けるような熟練工に負けない精度はだれでも出せる？

前半は一般論としての精度について解説し、後半は「製品1」の特長に関連させやすいようにして、リンク文につなげるようにしています。

これができれば、ページの原稿はできたようなものです。実際には「私はウェブの原稿など書いたことがないから書けません」と言っていた人でも、このような箇条書きであればすらすらと書けるものです。「起承転結を考えた長い文章を書こう」と思うから書けないし、時間が確保できないだけです。

ある関心を持っている対象者に向かって何を言えばよいのかは、営業スタッフならだれでも知っています。営業に「ウェブの原稿を書いて」とお願いしても半年たっても書いてもらえませんが、ヒヤリングで営業スタッフに各対象者に向けて何を言えばよいかしゃべってもらえば、この箇条書きはすぐにできるでしょう。

実は、この箇条書きが全部「小見出し」になります。あとは、それぞれの小見出しについて簡単に説明すれば、ページはできあがるのです。

1つの小見出しに80文字でも大丈夫です。80文字あればパソコンで3行になります。小見出しが6つあるなら480文字、18行もの読み物ページができるのですから、書けない人などありません。繰り返しますが、ウェブの、特に製品や企業紹介のページに「上手な文章」は必要ありません。端的に、小見出しの説明をすればよいのだ、と考えてください。

ちなみに、箇条書きを15個作ってそれぞれに150文字ずつ書けば、まとめサイトの標準的な2,000文字のページを作成できます。ウェブで長い文章を作成するのは、箇条書きで小見出しを作成できれば何の苦もありません。

気をつけることは2点だけです。

- 1つの文（句点「。」が1つ出てくるまでのまとまり）は短く、50文字以内に
- 副詞や助詞を漢字変換しない

文章の上手な人に多いのですが、一文が長く、「。」が出てくるまで何行にも渡ることがあります。紙の文章でもきついですが、ウェブではほぼ読むことができません。できるだけ短い文章の積み重ねにしてください。

漢字の使いすぎも文を読みにくくします。「可也」（かなり）、「成程」（なるほど）、「且つ」（かつ）、「出来る」（できる）、「流石に」（さすがに）など、なんでも漢字にする趣味の人がいます。普段こうした文字づかいをしていると、パソコンの変換ぐせで無意識に漢字になってしまうのかもしれません。

・又此の機能を使えば可也素早く且つ安全に作業出来ます。
・またこの機能を使えばかなりすばやくかつ安全に作業できます。

2つの文を比べると、読みやすさの違いは明らかでしょう。ウェブでは日本人の目は、行の中を漢字だけを追って飛ばし飛ばし進んでいきます。見せたい名詞だけ漢字になっているのがいちばん読みやすいのです。ウェブ担当者から原稿作成担当者に、「副詞や助詞は漢字にせず平がなで」とルールを伝えてください。

■注釈（写真の説明文など）

文章に写真を添えるなら、その説明文（キャプション）が必要になります。資料の表にも、何か説明を加えることがあるかもしれません。業態によっては薬事法や訪問販売法など、各種の注釈も必要になるでしょう。文章の中で会社の良さを伝えたいと思い、「業界No.1」と書くなら、どの業界で、何年のだれの調査によるNo.1か、注釈しなければいけません。

■リンク文

ウェブとは、クモの巣のようなページのつながりです。どのページからどのページへでもリンクを張ることができます。私たちは次に見てもらいたいページに向かって、訪問者を誘わなければなりません。それがリンク文です。誘導の鍵ですから、ページのテキストの中でいちばん大切な作文だと考えてください。

長らくウェブでリンクといえば、

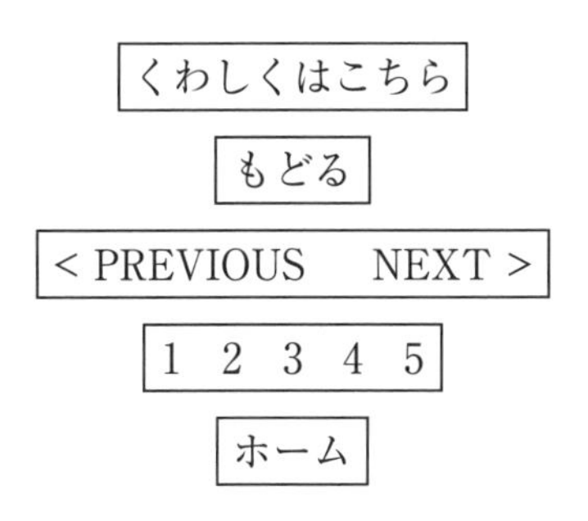

のような、文とは言えない要素でした。これはいずれも、クリックしたら何が出てくるのか、まったく期待ができない表記です。昨今では次の図のような「≡」ボタンがスマホサイトのナビゲーションを担っていますが、これも期待ゼロです。

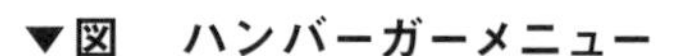
▼図　ハンバーガーメニュー

3本の線が、バンズと挟まれたパティ（肉）に似ていることから「ハンバーガーメニュー」と言いますが、これをクリックする人はとても少ないのが実態です。

こうした期待値の低いリンクがあっても、もちろんかまいません。なかったら不便なのは確かです。しかし、多くの人は興味がわかないものはクリックしません。興味をわかせるためには、「お、こっちも見ておこう」と思わせるような要素が必要です。

・これをクリックしたらどんなに興味深い内容が出てくるか
・今見ているページ内容を見たなら、次も見なければ損であるテレビのバラエティ番組では、CM前に過剰なくらい「CM明けへの期待感」を伝えます。クイズ番組では「正解発表は120秒後！」と出てきます。120秒も待ってられるかと思ったりもしますが、こうしたあおりを入れると、見事にチャンネルを変えられないのだそうです。

リンク文の作文には力を入れて、次のページに対象者を誘ってください。

■ページタイトル

ページのHTMLソースの中で、大切な部分です。どこかのページを表示して、その上にカーソルを置いて右クリックすると、いくつか選択肢が出てくる中から「このページのソースを表示する」を選ぶと、HTMLが表示されます。その最初のほうに、

```
<title> …… </title>
```

という箇所があります。<title>と</title>の間に挟まれて書かれたテキストが「ページタイトル」です。各ページの内容をいちばん端的に表す重要な文言です。

普通にサイトを見ているときにはブラウザーのタブに小さな文字で一部表示されるだけなので目立ちませんが、検索エンジンの検索結果画面では、ページを紹介する見出しとしてページタイトルが使われることが多いです。その表記によってずらりと並んだ検索結果から選ばれるかどうかが決まるので、必ずそのページの内容を正しく表すページタイトルを作文しましょう。

■デスクリプション（説明文）

説明文もHTMLソースに出てくるパーツで、一般の人の目には触れません。検索エンジンが検索結果紹介の本文としてこの一部を使うことがあるので、魅力的な説明文を書いておきたいところです。

ここでも、「検索で有利になるように」と意識しすぎると長々と書いて

全ページ同じようにしてしまいがちです。ほぼリードと同じものですから、ページの内容を簡単にまとめるものだと考えてください。そのほうが、そのページならではのキーワードが無理なく含まれる説明文にできます。

HTMLソースで探すための手掛かりになる書式は、

```
<meta name="description" content="説明文" />
```

となります。

■キーワード

キーワードは「文章」の中に入れるのはおかしいのですが、便利な要素なので一緒に書いておきましょう。ページの原稿の中から、このページならではのキーワードと、サイト全体に入っていてもおかしくない重要キーワードを抽出し、カンマ(,)区切りで書き込みます。

検索エンジンを意識して全ページ共通のキーワードを山のように書く人がいますが、それは良い検索結果につながりません。共通のキーワードが多くなりすぎると、

・検索エンジンがどのページを紹介すべきかわからなくなる
・検索者が入力したキーワードが「たくさんのうちの1つ」になるので弱くなる

からです。必ず、そのページならではの内容を中心に、キーワードを構成してください。

そのページに写真などがある製品の型番を入れておくと、あとでどのページにどんな製品が掲載されているか管理しやすくなります。廃番が出たときにウェブ担当者が掲載箇所を見つけやすい、サイト内検索のために利用するなど、サイト管理用に役立つ要素ですから、検索エンジンのためではなく自社のために、このタグを活用してください。

書式は、

```
<meta name="keywords" content="キーワード1,キーワード2……" />
```

となります。

こうして、ページの原稿を作成できるようになれば、いつでもページを追加できます。要素が多くて面倒と思うかもしれませんが、「いつでも自社でできる」のは大切です。1ページ1文字変えるために制作会社を呼んで、日程調整して打ち合わせをして更新費用を払うのはもったいないです。

特に、制作会社がCMSを用意してくれたら、難しいHTMLを覚えることなくページが作れます。中にはせっかくCMSがあるのに制作会社に更新を依頼する無駄使いをしている会社もあります。ぜひ自身で原稿を書いて、高いコストパフォーマンスを得られるようにしてください。

HTMLについても、更新やニュースのページ追加くらいなら覚えることも少ないので、徐々にチャレンジするとよいでしょう。実際、私はリニューアル時にひな形のHTMLページを使って更新指導を行っています。制服を着た事務員の方がすぐに覚えてニュースリリースページをアップしている会社が実際にあるのです。HTMLで特に難しいと言われる「表組み」だってお手の物です。

「プロの世界に手を出してはいけない」と思う必要はありません。もともとHTMLは「専門家でない人がいつでも無料で情報発信するために」作られたものなのですから。

こうしてできたサイトは、それぞれのコンテンツで対象者を集め、目標へと誘導していきます。思うように成績が上がらなければ、問題点を見つけて改善すれば必ず良くなります。そのためには、「サイト評価」できるようになる必要があります。次の章で、サイト評価について考えていきましょう。

第 8 章

サイト評価と改善

8-1 評価のポイントを決める

リニューアルはスタートライン

リニューアルはゴールではなくスタートラインだ、とよく言われます。ただ、何のスタートなのかがあいまいです。多くのウェブ担当者が「リニューアルが終わったら更新しなければいけませんからね」と言いますが、更新とは「ニュースを発信すること」だと思っている人も多いようです。B2Bの会社では「うちの会社は決まって新商品が出るわけでもないし、ニュースなんてありません」と、盆暮れの営業日のお知らせしか出すものがないと言います。中には次のリニューアルまで書くことがない、と思っている会社もあるほどです。

ウェブはリニューアルでスタートラインに立ちます。その正しい意味は、「リニューアルしたサイトは、数値評価すれば直すところがいっぱいある」という意味です。

リニューアルしても狙ったとおりにお問い合わせが来なかったらどうしましょう。どこかに問題があるのです。「そんなこと言われてもリニューアルしたばかりで予算も残っていないし、いまさらまたサイトを変えるわけにはいかない……」と頭を抱えてしまう人もあります。

私たちは狙ってサイトを作ってきました。顧客の求める情報を調べ、その人たちが歩いている道に立地するようにコンテンツを作りました。そこから「見せたいページ」に訪問者を誘導し、説得をしてお問い合わせなどの目標に進むようにと計画してきました。

だからその点について数値で評価をし、うまく働いていない箇所を見つけて直すのです。評価のポイントはたった3つです。

▼図　サイトの3つの評価ポイント

■①立地

正しく対象者のいる場所に面して立地できているでしょうか。正しく立地できていれば、そのために作ったページが、狙った対象者を集客しているはずです。それが足りなければ増やす必要があります。

ただし、あわてて集客にコストを使ってはいけません。サイト内の要素が正しく働いていなければ、訪れた対象者がすぐに帰り、見せたいページが見られません。お問い合わせなどの目標も達成されないでしょう。

その状態のままでSEOやリスティング広告などの集客策を行うと、来る人は増えるがみんなすぐに帰ってしまうだけに終わります。10万人集めようが100万人集めようが、同じことです。まずはサイト内の働きを評価して、改善しましょう。そこが良くなって、やっと集客を増やす意味があります。

■②説得

ウェブ立地の考え方では、対象者は自分が必要とする情報を求めて歩き回っています。同じような情報を求めてたくさんの人が歩いている通り道があり、そこに「解決策がここにあります」と看板を掲げます。サイトを訪れる人は「なんとなく」やってくるのではありません。「これが見たい」と思って探していて、「探していたものがあった」と思ってやってきます。喜んで訪れるのです。

何の興味もなく、ふらっとやってきた人を説得するのは難しいですが、興味があって訪れた人なら難しくありません。「解決策はこの商品ですよ」と伝えれば「気になっていたんだ」「見ていこうかな」と思ってもらいやすいはずです。

サイトをチェックして、どの要因が訪問者をより説得できているか、見極めましょう。説得力が高い内容があれば、それをより多くの人に見せるようにします。

B2Bの会社では、「導入事例」というページが説得に効果的であることが多いです。見積りやカスタマイズが必要なB2B製品は、サイトに「定価」を書くことができないのが普通です。だから訪問者は事例を見て、「多くの会社が使っているようだ」「うちくらいの規模の会社でもこの製品を買うことができるんだな」と判断し、お問い合わせに進みます。

つまり、「お問い合わせに至った訪問者が見たページ」を調べれば、事例のページが多く表れているはずです。そのことに気付けば、サイトを少し変えて、より多くの人が事例に興味を持つようにできるでしょう。

説得された人はサイト内を移動するはずです。商品が欲しいと思えば購入フォームに進みます。デモンストレーションが必要なら、「デモについて」というページを見ようとするでしょう。説得では、

・説得力を持ったページがどれか
・説得力を持ったページが見られているかどうか
・説得された人が望ましいページに移動しているかどうか

ということをチェックし、それぞれが伸びるようにサイトを改定していきます。

■③目標

対象者ごとに目標を決めてきましたが、それらが達成できたかどうかを評価する必要があります。

たとえば、新規見込み客にはお問い合わせをさせる。いきなりお問い合わせしたくない人には、メールアドレスさえ記入すれば魅力的な資料をダウンロードできると誘って、メール送付先を収集する。既存顧客向けには、消耗品が簡単に注文できるように、製品につけたQRコードからすぐ

ログインできる既存顧客専用サイトをつくって注文を促す、などです。
施策の結果、お問い合わせやログインする人は増えましたか。また、ログインした人は消耗品の注文フォームに進んだでしょうか。ログインが少ないなら、よりログインしやすいように顧客に資料を配布してはどうでしょう。消耗品の注文フォームに進む人が少ないなら、純正の消耗品の魅力をもっと伝える、時には特別価格を設定する、などの方法が考えられます。
また、採用情報のページに来る人が少ないわけではないのに、エントリーが思うように伸びないということがあります。採用情報の訪問者を調べてみたら、会社の近所の人が少ないというケースがあります。名古屋のローカルビジネスなのに、東京の人ばかり来ていたのでは、エントリーは発生しません。それがわかれば、いかに近所の人を増やすか考えます。地元の地名を入れて「○○地域で転職をお考えの方へ」という記事を追加するのはどうでしょう。

このように、リニューアルで作成したサイトは必ず数値で評価を行い、改定策を行います。施策を打ったら「施策前より増えたかどうか」をチェックし、だめなら別の施策を行います。
そうして、少しずつ「より対象者を集められるサイト」「より対象者を説得できるサイト」「より多くの人が目標に移動するサイト」に改定すれば、必ずサイトの成果は出てきます。どんなにニュースを次々に発信し、更新運営を行っていても、チェックし改定しなければ成果は高まりません。
リニューアルの完了は、この改定の手順のスタートラインなのです。

ウェブ立地サイトのためのいちばん簡単な評価方法

サイトの評価は、全体として「訪問者が少ない」「ページビューが足りない」と数値を眺めても改定につながりません。どこが悪いか、特定しなければ手の打ちようがありません。
企業のウェブ担当者から「制作会社からこんなアクセス解析レポートをもらっているんです」とレポートを見せてもらうことがありますが、たいていのレポートは「多い・少ない」「増えた・減った」を伝えるだけで止まっています。それでは不足です。

正しいチェックポイントを決めて、その数字をピンポイントで見ることで原因や対策まで決まるのがサイト評価です。

サイト評価は必ず数値を使って行います。データを見ましょうと言うと「難しい」「どんな数字を見たら良いのかわからない」と返ってくるのですが、実際には非常に簡単なので少しずつ説明していきましょう。

数値評価にはGoogleが無料で提供しているツール「Googleアナリティクス」を使います。非常に多機能なのに、どのサイトでも簡単に導入できて、しかも無料。使わない手はありません。すでに多くのサイトで導入されています。

なお、Googleアナリティクス自体の詳しい説明は専門書に任せます。ここで説明するのは、ウェブ立地の考え方で作成されたサイトが「毎日少しずつ良くなるための最短距離でいちばん簡単な評価方法」です。

■Googleアナリティクスが導入されているかどうかの確認

今Googleアナリティクスのデータを見ていない会社でも、実際には制作会社が導入してくれていて、そちら側では数字を見ている状態も多いですから、制作会社に確認して、自社内でも数値を見られるようにしておきましょう。

制作会社に聞く前に、自社サイトにGoogleアナリティクスが入っているかどうかを確認する方法があります。ブラウザーで自社サイトを表示して、ページの上で右クリックし、現れたメニューから「ページのソースを表示」を選びます。

▼図　Googleアナリティクスが導入されているページのソース

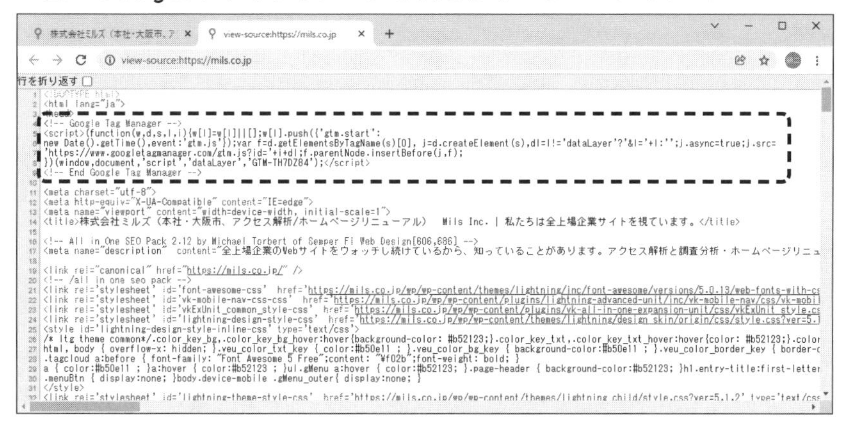

ブラウザーに新しいタブ画面が開いて、そこに今見ていたページのHTMLソースが表示されます。このソースは英数半角文字がずらりと並ぶので頭痛がします。Googleアナリティクスを利用するためにこれを完全に理解する必要はありません。少し見慣れておけばよいでしょう。

今はGoogleアナリティクスを探すだけなので、このソースの表示に対して検索機能を使います（Ctrl+F）。そこに次の2つの言葉を順番に入れてみてください。

- Google Analytics
- Google Tag Manager

前者が「Googleアナリティクス」、後者を「Googleタグマネージャー」と言います。この記述があれば、Googleアナリティクスが導入されている可能性が高いです。今自分でGoogleアナリティクスの集計画面が見られない状態であれば、ほかのだれか（運用管理を委託している制作会社の方など）が見ているはずですから、「こちらでもデータを見られるようにしてほしい」と要望してください。すぐに見られるようになるはずです。

Googleアナリティクスが難しいと考える人が多い理由

「Googleアナリティクスでデータを見てサイトを改善しましょう」と言うと、またすぐに「難しい」「多機能すぎてどこを見ればよいのかわからない」と返ってきます。

確かにGoogleアナリティクスは非常に多機能で、画面のどこをクリックしても画面が変わって新しい集計結果が表示されます。どこを見ればよいかわからなくなるのも無理はありません。

しかし、これらの機能は、さまざまなユーザー企業がそれぞれ見たいと思う項目を足し合わせた結果、多くなっているだけです。自社で使う機能はほんのわずかですから、使わない機能があっても何も困ることはありません。

多くの人がGoogleアナリティクスを難しいと感じる、たった1つの大きな理由があります。それは、サイトを変更しないでデータだけを読み取ろうとするからです。

Googleアナリティクスの出す数字は、多くのサイト閲覧者の行動の記録です。サイトを変更しなければ閲覧者の行動も変わらないのですから、数字にも変化はありません。変化がない数字をいくら眺めてもただの止まった数字であって、何の意味もありません。

サイトを変更すれば、閲覧者の行動が変わります。それがGoogleアナリティクスの数字に変化となって現れます。数字の意味は、この変化の中にしかないのです。

私のように業務でたくさんのサイトのデータを常に比較している立場であれば、どのサイトが伸びているとか、どのサイトのスマートフォン率が非常に高いなど、止まった数字を見てもそこに意味を見出すことは不可能ではありません。しかし、企業のウェブ担当者などは、特定のサイトのデータしか見えませんから、サイトを更新してそこに変化を生み出し、意味を見つける必要があります。

意味を見つける必要なんて書くとまた「難しい」と言われそうですね。ごく簡単な例を挙げましょう。簡単ですから、これを読んだらその日にすぐ実践してください。

■変化が教えてくれるとても簡単な意味

ここでは簡単なページの変更を行って、2週間データを取り、ページ変更によって生まれる前後2週間の変化を計測する方法を学びます。

まずページの更新は、テキストを書き換えるだけなら2分で終わる簡単な作業だと頭に刻んでください。

サイトでは、ページの下のほうに、

>くわしくはこちら
>戻る

といったテキストリンクが見られます。「別のページも見てほしい」から入っているのですが、残念ながらほとんどクリックされていません。

「くわしくはこちら」はウェブが生まれて以来、慣習的に続いている表記です。昔のウェブは研究者のためのものだったので、こんな素っ気ない表記でもみんなクリックしたのです。今は企業が、顧客や就職希望者を相手にしています。素っ気ないリンク表記ではだれも興味を持ちません。クリックしたらおもしろい情報が見られると予告してもらわなければクリックしないのです。

「くわしくはこちら」の代わりに、次のように書けばどうでしょう。

>なぜ製品Aはこの精度を実現できたのでしょう。その理由はこちらで！

内容は「くわしくはこちら」と大して変わりませんが、少し興味を持たれそうです。テレビ番組でCMの前にモザイク画像が表示されて「驚きのその姿は90秒後！」と思わせぶりを言いますね。あれと似ています。リンクとは次の内容を予告し、期待を持たせるからクリックされるものだと考えましょう。

この考え方でご自身のサイトを見直してみてください。

製品A関連コンテンツで集客（/contents/aboutA.html）
　→　製品A（/products/productA.html）
　　→　お問い合わせ（/inquiry/index.html）

この流れを考えているなら、まずは製品A関連コンテンツから製品Aのページへ人を移動させたいです。サイト評価ではそれができているかどうかをチェックします。

ところが、製品A関連コンテンツのページに書かれた製品Aへのリンクが

> 製品Aはこちら

だったら、あまりクリックされないと考えられます。今見ているコンテンツと製品Aの関係を予告して興味を持たせるようにしたいものです。

> この機能で高い精度を実現するには？
　製品Aの仕組みを見てみましょう

このような文章なら、今見ているコンテンツとの関連性を示し、製品Aのページを見ることのメリットも感じさせることができるかもしれません。

テキストリンクを書き換えるのは簡単です。制作会社に依頼するのに日程を調整して打ち合わせをするまでもありません。メールで指示すれば、制作会社の忙しさによりますが2分で完了するはずです。

新しいリンクに関心を持つ人が増えたら、クリック数が増えるはずです。それだけ製品Aの情報発信力は高まり、成果に向かって一歩前進です。

皆さんもこれを読みながら自社サイトを点検し、すぐに1ページだけリンクテキストを書き換えてみてください。

変化を見るには、実行してからデータを蓄える期間が必要です。2週間待ってください。6月1日に更新したら6月14日まで待って、その翌日の15日にGoogleアナリティクスを開くのです。

具体的なデータの見方、アナリティクスの使い方は次に説明しますが、

・変更前の2週間：製品A関連コンテンツから製品Aへの移動回数　5回
・変更後の2週間：製品A関連コンテンツから製品Aへの移動回数　8回

と変化があったことが確認できました。

この数字をそのまま会社に報告してもあまり自慢にはなりません。地味な変化ですね。しかし、

変更作業を行った　→　前後比較したところ数値の変化があった

と確認できました。

■あとは簡単な確認作業の積み重ね

この方式で数字を見るのはだれにとっても簡単です。自分で行った作業箇所のデータを前後比較して増減を見るのです。「Googleアナリティクスは多機能すぎて」と悩む必要はありません。

意味の読み取りも簡単です。増えていたら更新作業のおかげです。変化がなければ今回の更新では閲覧者の興味を引けなかったのでしょう。もし減っていたら？ 宣伝臭い文言がかえって閲覧者に避けられた可能性もありますね。あまりに減っていたらまずいですからひとまずリンクを元に戻しましょう。2週間ほかに何もしていないので、増減の原因はリンクの書き換えしかありません。

前後で変化がなければ、もう一度別の文言に書き換えてまた2週間データを取ります。前後比較を行えば、

・変更前の2週間：製品A関連コンテンツから製品Aへの移動回数　5回

・変更後の2週間：製品A関連コンテンツから製品Aへの移動回数　12回

と変化するかもしれません。

やっぱり地味じゃないか！ と思うところですが、テキストリンクを1つ書き換えただけの手間で移動回数が倍増したら絶大な効果です。それだけ製品Aの情報を多くの人に伝えられたのです。

製品Aへのリンクはサイト全体に10ヶ所あるかもしれません。そのリンクをそれぞれ最適に書き換えて、1ヶ所あたり2週間で5人が前より多く製品Aを見たなら、2週間で50人、1ヶ月にすれば100人も製品Aを見る人が増えることになります。

月に100人増えたら、会社に報告できる規模でしょう。私たちのサイトには月に2,000人や3,000人が訪れているとして、その中の100人はとても多い数です。

この流れが良くなったら、次は、

・製品Aページ　→　お問い合わせ　への移動回数を増やす
・製品A関連コンテンツの集客数を増やす

の作業に入ります。この順番で作業すれば、製品Aの閲覧とお問い合わせへの到達はまちがいなく増えます。

更新そのものは数分で終わる作業ですから、サイトの各所を毎日少しずつ変更すれば、月に20ヶ所をチェックできます。全部で100ページ程度のサイトであれば、これだけでかなり大きな変化を生み出すことができます。

「リニューアルはスタートラインである」とは、こうした

チェック　→　変更　→　効果の確認

というサイクルを始めることができるようになったことを意味しているのです。

何より大切なのは、こうしたサイクルを回せば、それがウェブ担当者の貴重なノウハウになることです。リンクを書き換えて効果があった、となれば、どうリンクを書けば閲覧者の反応を得られるかがノウハウとして残ります。効果がなかったらなかったでそれは、「この方法では反応がない」というノウハウです。

何ヶ所か書き換えと評価を行えば、どんなリンクを書けば閲覧者を次のページに移動させられるかがわかった状態で次の新規ページを作成できるでしょう。ノウハウが積み上がるほど、次第に「打率の高い」ページを作成することができるようになります。サイトの効果も次第に加速していきます。

次のリニューアルをする際には、こうしたノウハウがどれだけ手に入っているかが勝負です。ただ制作会社が作ってくれたページを承認するだけではなく、より効果があるサイトにする方法を意識しながらリニューアルを進めることができるのです。

8-2 評価と改善の実務

ページ遷移についてのビフォーアフター分析方法

では、今見てきた「ページからページへの遷移」についてビフォーアフターで比較する方法を説明しましょう。

Googleアナリティクスの集計結果を開き、左ナビゲーションから、「行動 > サイトコンテンツ > すべてのページ」を選びます。すると、ページビュー数の多い順に上位10ページのデータを示す表が表示されます。ただ、上位10位まででは「製品A関連コンテンツ」が現れていないかもしれません。そこで、データ表のすぐ右上にある検索欄に、このページを特定できるURLの一部を入力しましょう。

このページは「/contents/aboutA.html」というURLですから、「aboutA」と入れて検索ボタン（虫眼鏡マーク）をクリックすればOKです。2週間前に更新したページが表示されるでしょう。同じような名前のページがたくさんあることもあります。「すべてのページ」で表示されるページのURLを見て、それが目指すページかどうか判別できるように、サイトのURLに慣れてください。

この絞り込みで目指す「製品A関連コンテンツ」（/contents/aboutA.html）が表の中に表示されたら、表の中のページ欄「/contents/aboutA.html」のところを見てください。青い文字で表示されており、このURLがリンクになっていることを示しています。これをクリックすれば、表示が変わって、この1ページだけに完全に絞り込んだ表が表示されます。

この時点ではビフォーアフターの日が反映されていませんから、日付を調整します。画面の右上に今集計されている日付が表示されているので、これをクリックします。カレンダーが表示されます。

▼図　2つの集計期間を指定して比較する

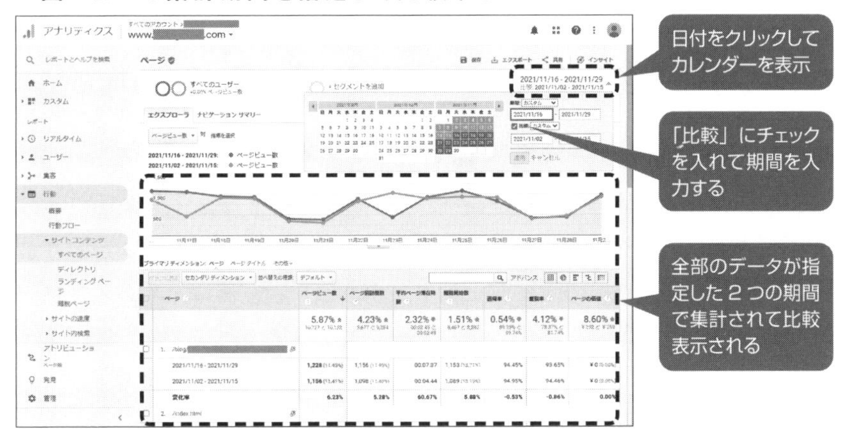

このカレンダーは日付の数字をクリックするだけで期間を設定できる、Googleアナリティクスの中でも使いやすい、便利なカレンダーです。もし1ヶ月を指定したいなら、カレンダーの月表示の部分（上部にある「2022年6月」などの表示部）をクリックするだけでその1ヶ月間を選択することができます。

仮に今回の更新を2022年の6月1日の水曜日に行ったのであれば、まずカレンダーの中の6月1日をクリックします。これでアフター期間の初日が決まりました。続いてアフター期間の終わり、6月14日火曜日をクリックしましょう。これで更新から2週間を選択できました。

続いてセットされた日付の下にある「比較」というチェックボックスにチェックを入れれば、過去の同期間とビフォーアフター比較ができるようになります。チェックを入れると、Googleアナリティクスが自動的に過去の同じ2週間を選んでくれます。

この状態で、カレンダー窓のいちばん下にある「適用」ボタンを押せば設定完了です。アナリティクスの表示が変更されて、ビフォーアフターの比較表示になります。ページのデータがアフターの2週間とビフォーの2週間の2段重ねになっているのがわかるでしょう。ビフォーアフターで分析を行うための準備が整いました。

まずは、1ページだけに絞り込んだこの画面で、このページの「ページビュー数」「閲覧開始数」を確認してください。閲覧開始数が多ければ、このページが集客点として働いていることを示しているのでひと安心です。

■ページの前後の動線を確認する「ナビゲーション サマリー」

いよいよ肝心のページからページへの移動を見ましょう。今見ているGoogleアナリティクスの画面には、データ表の上に折れ線グラフがあります。その折れ線グラフのすぐ左上にタブがあって、左側に「エクスプローラ」、右側に「ナビゲーション サマリー」とあります。エクスプローラとは先ほどページビュー数などを見たデータ表のことを表す言葉です。

このページの前後の移動を確認するには、右側の「ナビゲーション サマリー」のほうを見ます。先ほどのようにエクスプローラのデータ表上で1ページだけに絞り込んでから「ナビゲーション サマリー」をクリックすれば、次のような画面が表示されます。

▼図　特定のページの前後動線を見られる「ナビゲーション サマリー」

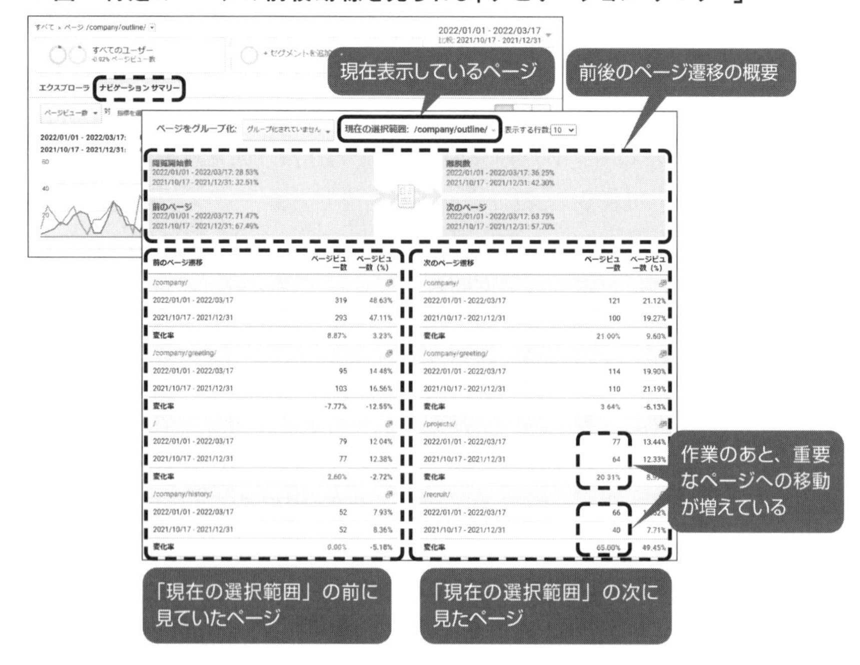

先ほど指定した比較期間の設定はそのまま生きていますから、ナビゲーション サマリーのデータも全部2段重ねになって、すべてのデータを比較できるようになっています。

ナビゲーション サマリーの画面には、折れ線グラフのすぐ下に「現在の選択範囲」という項目があって、そこに「/contents/aboutA.html」などと表示されているでしょう。今見ているのはこのページのデータだ、と確認できます。

その下には、このページの前後の遷移状況を示す表示があります。ページのイラストを中心に、その左側がこのページの前に見ていたページ、右側がこのページの次に見たページを表しており、「閲覧開始数」「離脱数」もここで確認することができます。

さらにその下に、前後のページ遷移の詳細が続きます。

■ナビゲーション サマリーの読み方

2週間前に「/contents/aboutA.html」を改定して、製品A「/products/productA.html」へのリンクを書き換えたのでした。そこで、右下側の「次のページ遷移」の表に注目しましょう。表の中に「/products/productA.html」が現れているはずです。2段重ねのデータを見れば、次のような表示になっているでしょう。

/products/productA.html	ページビュー数	ページビュー数（%）
2022/6/1 - 2022/6/14	10	00.00%
2022/5/18 - 2022/5/31	5	00.00%

これは「製品A関連コンテンツ → 製品A」への移動回数の変化を示しています。リンクを書き換えて製品Aを見てみたいと思う人が増えたら、この移動回数が伸びているはずです。この例では、5回から10回へ倍増していますから、ひとまずはOKです。

ただ、先ほど「エクスプローラ」の画面でこのページのページビュー数が100ページビューから200ページビューに伸びていたとしたらどうでしょう。移動回数が5回から10回に倍増したのは、リンクを書き換えたからではなく、たまたまページビュー数が倍増していたからだったのかもしれません。「やった、移動が倍増した！」と喜ぶのは早いですね。
反対にページのページビュー数が増えていないのに、あるページへの移動回数が増えていたなら、これはリンクを改訂したおかげです。
このように、

①Googleアナリティクスの「すべてのページ」画面を開く
②調べたいページのURLをクリックしてそのページのデータだけに表を絞り込む
③日付をクリックしてカレンダーを開き、前後2週間を比較できるように設定する
④「エクスプローラ」でページビュー数の増減を確認する
⑤「ナビゲーション サマリー」でリンクを変えたページの「次のページ遷移」の増減を確認する

との手順で進めれば、リンクを書き換えたことの効果が確認できます。文字で書くと複雑そうですが、何度か触ってカレンダーと「ナビゲーションサマリー」に慣れれば、数分でビフォーアフターの施策評価を行うことができます。
「うーん、反応がいまいちだな、もう一度リンク文言を工夫しよう」と考えてまた2週間待ってビフォーアフター評価を行えば、より良い結果が得られるかもしれません。このサイクルの繰り返しが、本当のウェブ運営ノウハウを手に入れる方法です。
これを覚えれば、集客力の高いページの直帰率を引き下げる方法も理解できます。直帰率が高いとは、集客力はあるのに、このページを見ただけで多くの人が帰ってしまうことです。「ほかにおもしろそうなページはないな」と思って帰ってしまうのですから、リンクを加えて、「お、ほかにもおもしろそうなページがあるな」と思わせれば良いのです。期間比較で評価すれば、「すべてのページ」データ表上でそのページの「直帰率」の

値が下がっているはずです。

多くのサイトで、せっかく訪れた人がすぐに離脱してしまう状態をそのままにして、集客ばかりに予算を使っています。SEO、コンテンツマーケティング、SNS、リスティング広告、リターゲティング……。順序がおかしいのです。先に離脱を防いでから集客です。予算をかけて先に集客を行ったら、「帰る人が増えるだけで投資対効果ゼロ」です。

ウェブを成功させたいなら、まず自社サイトの1ページのリンクを書き換えてください。どう誘えば人は見たいと思うのか。すぐに帰らずにリンクをクリックしてくれるのか。これができれば、集客に予算をかけても大丈夫です。

Googleアナリティクスの教室へ行くと、期間比較やナビゲーション サマリーは応用編に分類されているかもしれません。確かにちょっと慣れが必要です。でも、施策効果を見るのに期間比較が使えないのでは評価のしようがありません。リンクを変えたらナビゲーション サマリーを見るしかありません。決して応用編ではなく、最初に必要な機能なのです。教則本でも後ろのほうに書いてあるかもしれませんから、索引を見て「期間比較」や「ナビゲーション サマリー」を探してください。

COLUMN

ページ移動の単位について

ナビゲーション サマリーのページ移動の単位は、移動回数ではなく「ページビュー数」となっています。これは、ページからページへの移動は同じ人の同じアクセスの中で何度でも違うページへ移動できるからです。ある1人の1回のセッションで、

ページ1 → ページ2 → ページ1 → ページ3 → ページ1 → ページ2

と移動すれば、1ユーザー 1セッションなのに、ページ1からの移動は3回も記録されています。だから、この移動回数はユーザー数やセッション

数ではなく、ページビュー数で数えるほかないのです。これをばらせば、

・ページ1 → ページ2：2回　66.67%
・ページ1 → ページ3：1回　33.33%

がページ1の「次のページ遷移」としてカウントされます。

Googleタグマネージャーでアナリティクスを導入する

8章の冒頭で、「ページのソースでGoogle Analyticsなどを探しましょう」と書きました。「Google Analytics」と記載があれば、ほぼまちがいなくGoogleアナリティクスが導入されているはずです。

同様に「Google Tag Manager」の記載があれば、Googleタグマネージャーが導入されている可能性が高いです。標題の「タグマネージャーでアナリティクスを導入」とはややこしいですが、次のような仕組みになっています。

タグマネージャーは、ウェブページの上に小さな箱を作る機能を持っています。この箱があれば、そこにGoogleアナリティクスだけでなく、広告についての評価ツールなどさまざまな（Google社製でなくても）ツールを入れて、タグマネージャー側で一括管理ができます。大変便利なものです。

Googleアナリティクスだけを使うなら、シンプルにGoogleアナリティクスを導入すればよいと言いたいところですが、実はGoogleタグマネージャー経由でGoogleアナリティクスを導入すると大きなメリットがあります。単独でアナリティクスを導入するよりも使える機能が増えるのです。後ほど8-5節（438ページ）で説明しますが、全ページの評価にはタグマネージャーで設定する「スクロール深度」が不可欠です。

今アナリティクスが入っておらずこれから導入しようと考えるサイトでは、はじめからGoogleタグマネージャーを入れて、そこでGoogleアナリティクスを導入する方法を採用してください。

・**Googleタグマネージャー**
https://tagmanager.google.com/

■移行には少しだけ手間がかかる

すでにGoogleアナリティクスが導入されているサイトでは、今からGoogleタグマネージャーに変更するのは少し手間です。アナリティクスの記載を一度削除して、タグマネージャーの記載に差し替え、タグマネージャーの管理画面でアナリティクスを導入しなおすことになります。

少しだけ手間ですが、例によってコピペでできる部分が多いので、心配することはありません。また同じGoogleアナリティクスのタグを導入すれば、これまで計測してきたデータも設定もすべてそのまま引き継がれますから、安心してください。データを見るのもこれまでとまったく同じ、Googleアナリティクスの画面にログインするだけです。「アナリティクスからタグマネージャーに変えるって大騒ぎしたけど、何にも変わってないじゃないか」と言われるほどです。

Googleアナリティクスでは、申し込みをしてGoogleに発行してもらった「計測タグ」と呼ばれる数行のプログラムを全ページのHTMLソースの特定の場所に貼り付けます。この数行が、Googleサーバー上のプログラムを呼び出して集計サーバーにデータを送るようにする仕組みです。

計測タグの内容を読み込んで意味を知ろうとするとややこしいですが、決まったソースを各ページにコピペで貼り付けるだけなので、あまり深く考えずにコピペしてください。

Googleタグマネージャーも同様です。タグマネージャーを申し込んでGoogleが発行するタグを各ページのソースに貼り付けるだけです。あとはタグマネージャーの管理画面で、小箱の中にGoogleアナリティクスを入れる、と設定するだけです。

サイト構成表でチェックポイントを決めておく

サイトの評価ポイントを決める手順を考えましょう。ウェブには3つのチェックポイントがあります。成果に向かって訪問者を受け渡していく流れとなっています。

①集客ページ（対象者を集め、説得点に移動させる）
↓
②説得ページ（対象者を説得し、目標点に移動させる）
↓
③目標ページ（フォームの記入など、目標行動を完了させる）

どのポイントも対象者ごとにページが異なります。探している情報が違うから集客ページはさまざまでしょう。その人が説得される内容も変わるでしょう。

1つの機械製品であっても、

・精度の高い機械を探している人：
精度のコンテンツで集客し、製品Aは特に精度が高いと説得
・安い機械を探している人：
機械の価格の決定要因コンテンツで集客し、製品Aは高精度なのに安いと説得
・扱いやすい機械を探している人：
扱いやすさとは何かというコンテンツで集客し、製品Aは初心者でも扱えると説得

など、複数の流れを作ることができます。製品が持っている特長を、それぞれ求める人がいるからです。

遊園地のサイトで例えると、

・ストレスを発散したい人：
　絶叫マシンとお化け屋敷でストレス発散コンテンツで集客し、コース紹介Aへ
・恋人をデートに誘いたい人の集客点：
　ロマンチック派にお勧め、初デートコンテンツで集客し、コース紹介Bへ
・小学生の子どものあるファミリー：
　ヒーローショーや化学実験イベントコンテンツで集客し、コース紹介Cへ

といった流れを作れます。結局同じような行き先ですが、まったく同じページに誘導するよりも、それぞれに説得できる内容を押し出したページを作ればより良いでしょう。

目標はフォームばかりではありません。ブランディングコンテンツや製品サイトでは特定のページの閲覧を増やすこと自体が目標であることが多いです。中間的目標という考え方をする場合もあります。たとえば採用情報であれば、

・採用担当者ブログ　　　：集客ページ（さまざまな関心の就職希望者が訪れる）
・先輩からのメッセージ：説得ページ（良い職場だと伝える）
・募集要項　　　　　　　：中間的目標（見てもらうことが重要）
・エントリーフォーム　：目標ページ（フォームの送信を促す）

の4段構えになっていることが多いでしょう。

■チェックポイント以外の重要要素

ウェブでは、集客ページ、説得ページ、目標ページのほかにも、そうした役割に分類されないが重要なページがいくつもあります。企業情報というコーナーを考えるだけでも、

・会社概要：あらゆる人が見て情報を確認するページ
・社長挨拶：社長の名前が知られているなら、集客にも説得にも使える

可能性がある
・会社沿革：長い歴史がある、短期に大きな成長を遂げたなどは説得力を持つ
・組織図　：力の入れどころがわかるという意味では説得力を持つ場合も
・事業所　：顧客の近くに事業所があれば、説得力を持つ可能性もある

などさまざまなページがあり、説得的である可能性もありますが、一般的にはあらゆる人が見て情報を確認するのが主たる役割です。重要ではあっても、集客や目標の役割はあまり多くありません。

ニュースリリースは集客力が期待されますが、古い記事になると「こんな前の記事が集客しても困るなあ」ということもあります。

プライバシーポリシー、サイトポリシー、ソーシャルメディア公式アカウント一覧、サイトマップ、ECサイトにおける「特定商取引法（通信販売）に基づく表示」といった、「なくてはならない」ページ群も、集客や目標などの役割を果たすことは少ないでしょう。

ウェブサイトには、これらさまざまなページが混在しています。何が困るかというと、複雑で覚えていられないのです。どのページがだれを集客するために作ったのか、その人はどのページへ移動させて説得したいのか。すぐにわからなくなってしまいます。

採用情報や投資家情報であれば対象者とコーナーが一致しやすいですが、採用の中でも新卒と転職、営業職と技術職、事務職などが交錯します。企業情報コーナーの中の歴史ページが説得ページとして重要であるなど、意外に複雑です。投資家情報でも、機関投資家と個人投資家、取引先金融機関、既存株主などが複雑です。

これを忘れずに管理するために、サイト構成表上で各ページの役割を記載しておきましょう。サイト構成表を開いて1列挿入し、「役割」という欄を作ります。ここに、集客ページは「●」、説得ページは「▲」、目標ページには「■」といったマークを決めて書き込み、備考欄に詳細を書き入れます。

複数の対象者を説得するページもあります。お問い合わせなどは多くの

対象者を到達させたい目標となるでしょう。あとでわかりやすいように、できるだけていねいに書き込みます。

サイト構成表は制作会社と意図を共有したり、異動で担当者が代わるときにもサイトの狙いや施策を伝えるために必要なツールですから、ほかの人が見てわかりやすいように記入してください。

目標ページへの誘導力を一括評価する

お問い合わせのように、サイト中から訪問者を到達させたい目標があるとします。図のように、多くのページからお問い合わせフォームに移動し、そこから確認画面、完了画面と先に進むわけです。

▼図　多くの人を誘導したい目標の構造

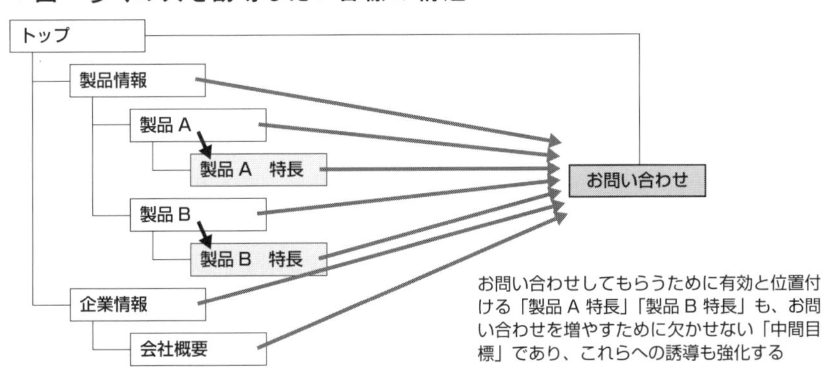
トップ
製品情報
製品 A
製品 A　特長
製品 B
製品 B　特長
企業情報
会社概要
お問い合わせ
お問い合わせしてもらうために有効と位置付ける「製品 A 特長」「製品 B 特長」も、お問い合わせを増やすために欠かせない「中間目標」であり、これらへの誘導も強化する

お問い合わせフォームを中心に、前に各ページがあり、後ろに確認画面があるのですから、「ナビゲーション サマリー」を使えば、これを評価できることがもうわかりますね。

Googleアナリティクスで、「行動 > サイトコンテンツ > すべてのページ」を開いて、表の検索欄にお問い合わせフォームを表す「/inquiry/index.html」を入力して検索し、絞り込みましょう。その結果でお問い合わせフォームのURLをクリックして、お問い合わせフォームだけの結果表示を開きます。前と同じように、ここで「ページビュー数」と「閲覧開始数」を記憶にとどめておきます。
表の上のタブで「ナビゲーション サマリー」をクリックすれば、お問い合わせフォームの前後動線が表示されます。

■前のページ遷移

左側の「前のページ遷移」を見れば、お問い合わせフォームに多くの訪問者を送り込んでいるページが並んでいます。多くのサイトでお問い合わせフォームにいちばん多くの訪問者を移動させるページはトップページです。前にサイトを見た人や、展示会で名刺交換した人が「今日はあの会社に問い合わせしよう」と決めてトップページに訪れ、すぐにお問い合わせに移動してくれます。とてもありがたいことです。
ただ、注目しなければならないのはその下です。トップ以外はきっと、多くのページから少しずつお問い合わせに移動するだけなので、小さな数字が並んでいるでしょう。その中でも、

・とてもアクセスが多いページなのにお問い合わせへの移動が少ない
・アクセスは少ないページなのに、お問い合わせへの移動が多い

という様子が見られます。これに気付くことはとても重要です。アクセスが多いのに誘導が少ないページは、説得力が足りない、もしくはお問い合わせの魅力を伝えられていないのでしょう。逆にアクセスが少ないのに誘導が多いページは、訪れた人のニーズが高いのでしょう。誘導が少ないページは改定し、ニーズの高いページはもっとアクセスを増やすべきです。
ウェブの評価と改定は常にこの方針で進めます。つまり、

悪いところを直し、良いところを伸ばす

です。
多く集客するページで多く逃げられているなら、改定して逃げられないように、見てほしいページに移動しやすいようにします。集客は少ないが

逃げられない優秀な集客ページであれば、もっと多くの人を集客できるようにします。ここで初めて、SEOやコンテンツマーケティング、リスティング広告などの集客策に意味が出てくるのです。

この方針で少しずつサイトを改定していけば、必ず効果は高まります。しかも、いきなり大改造をしないので改定費用は安く、その結果を評価することでウェブ担当者にはノウハウが蓄積されます。セミナーで聞いたのではなく、お客様の反応を実感してつかんだノウハウです。制作会社よりもこのサイトについてはノウハウを持っていると言ってもよいでしょう。もう「当社はウェブのことは素人ですから」と言う必要はなくなります。

■次のページ遷移

右側には「次のページ遷移」があります。お問い合わせフォームを見た人は次に「確認画面」に進むはずです。お問い合わせフォームのページビュー数は、次のように分類されます。

お問い合わせフォーム：100ページビュー
　→×　離脱：　30ページビュー
　→確認画面：　10ページビュー
　→他ページ：　60ページビュー

数字は一例ですから、自社のお問い合わせフォームをぜひ確認してください。離脱が多いのも困りますが、他ページに戻ってしまう、逃げてしまうのも困りますね。上の例では10%が確認画面に進んでいます。5%から多くて20%程度が確認画面に進むのが一般的です。3%以下しか次に進まないようであれば、次のことを考えなければなりません。

・目標到達の魅力が小さくてフォーム記入意欲が出ない
　→ フォームのページを改定して、資料進呈など魅力を追加する
・フォームのつくりが悪く、記入が大変
　→ フォーム自体を改定して、記入しやすくする

■データをダウンロードする

ナビゲーション サマリーでは、「ページ遷移」の表が上位10位しか表示されていません。ほかのページなら10位でもかまわないのですが、お問い合わせとなるとそれでは足りません。表示されていないページ、つまりお問い合わせへの誘導が少ないページの中に、アクセスの多い重要なページが隠れていたら困ります。全ページを表示できるようにしましょう。

お問い合わせフォームのナビゲーション サマリーを開いた画面を見てください。折れ線グラフの下に「現在の選択範囲：/inquiry/index.html」とお問い合わせフォームを見ていることが示されている右側に、「表示する行数：10▼」とあるでしょう。これが下のページ遷移の表に表示するページの数を決めています。選択肢は10から500まで6種類となっていますが、迷わず「500」を選んでください。

▼図　お問い合わせフォームではすべてのページからの誘導を表示する

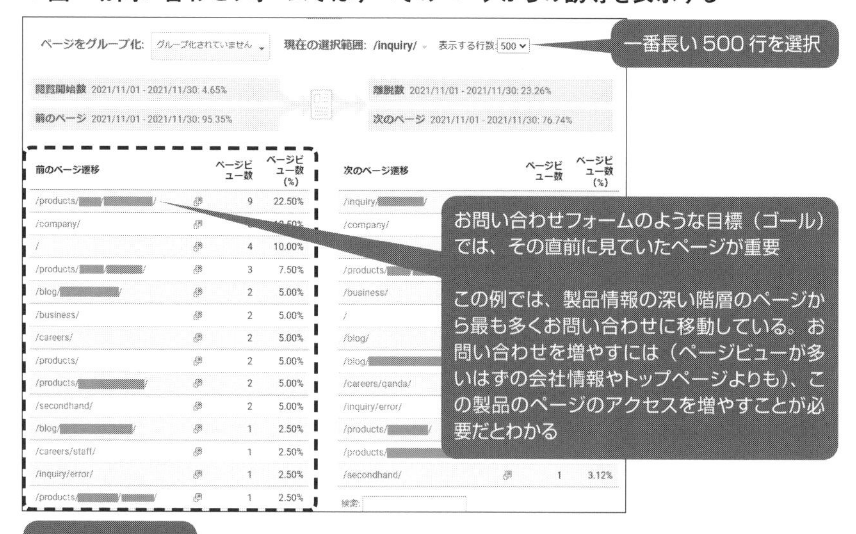

最大500ページからの遷移が1つの表に表示されました。このデータがありがたいのです。なお、501ページ以上のページからお問い合わせフォー

ムに遷移がある、というすごいサイトも実際にありますが、それはページの母数が1,000ページ以上の大規模サイトだけですから、たいていは心配ありません。大規模サイトでも、表示された500番目のページからの移動数が「1」だったら、表示されていない部分はいったん無視してもかまわないでしょう。

この状態で画面のいちばん上に移動して「エクスポート」ボタンをクリックします。選択肢から「Excel（XLSX）」を選べば、Excelのデータがダウンロードできます。開いてみましょう。

▼図　お問い合わせフォームのナビゲーション サマリーから取得したExcelデータ

	A	B
1	前のページ遷移	ページビュー数
2	/products/■■■/■■■/	9
3	/company/	5
4	/	4
5	/products/■■■/■■■/	3
6	/blog/■■■/	2
7	/business/	2
8	/careers/	2
9	/products/	2
10	/products/■■■/	2
11	/secondhand/	2
12	/blog/■■■/	1
13	/careers/staff/	1
14	/inquiry/error/	1
15	/products/■■■/■■■/	1
16	/products/■■■/	1
17	/products/■■■/■■■/	1
18	/products/■■■/	1
19		40
20		

この例は比較的小さなサイトですが、大きなサイトでは長いリストになります。長いリストになるとGoogleアナリティクスの画面上では詳しく読み込むことができません。たとえば製品情報のどのページからお問い合わせに移動していないのか、ということを見つけるのは難しいでしょう。そこで、このようにExcelデータとして出力してからサイト構成表にこの

データを持っていきます。

■サイト構成表にデータを取り込む

Googleアナリティクスのデータはワークシートが3つあるのが標準です。こちらの指定でワークシート数はもっと増えることもあるので留意ください。

最初のワークシートは単なる表紙です。集計日付などを確認してから、2番目のワークシートを開いてください。

ナビゲーション サマリーから取得したデータでは、2番目のシートが「前のページ遷移」、3番目が「次のページ遷移」です。今は「前のページ遷移」を使います。

何も考えずに、前のページ遷移のデータを丸ごと選んでコピーしてください。サイト構成表の右側の余白部分にどんとペーストします。サイト構成表との間には空白の列を挟むようにしてください。

▼図　VLOOKUP関数で全ページのお問い合わせ誘導数を取得する

右側余白に「お問い合わせ誘導回数」のデータを貼り付け、URLの昇順に並べ替える

1列追加してVLOOKUP関数で「GA URL」と突き合わせて誘導回数を表に取り込む
※「#N/A」と表示されるのは右の表に該当するURLがないものなので、あとで「0」に変換する

今ペーストした「前のページ遷移」は2列です。1列目の項目名は「前のページ遷移」でページのURLとなっています。これはサイト構成表の「GA URL」と一致するので、ExcelのVLOOKUP関数で突き合わせることができるわけです。2列目の項目名は「ページビュー数」で、これが各ページからお問い合わせへの移動回数を示しています。

VLOOKUP関数を使うため、このデータを1列目の「前のページ遷移」のURLで昇順に並べ替えます。この状態で準備完了です。

あとは、サイト構成表に1列挿入して「お問い合わせへの移動回数」という欄を設け、そこにExcelのVLOOKUP関数でデータを取り込みましょう。

これでどのコーナーのどのページから、お問い合わせに移動する人が多いかが全部一覧できたわけです。

サイト構成表にあるのに「前のページ遷移」にはないページというのがあります。VLOOKUP関数を使用した直後には「N/A」と表示されています。これは「お問い合わせへの移動回数がゼロ」という意味ですから、「0」と書き直しましょう。「お問い合わせへの移動回数」の列を丸ごと選んで文字列化し、VLOOKUP関数を消してしまえば、検索置換で簡単に「N/A」を全部「0」に書き直すことができます。

さて、できあがったサイト構成表を見てください。予想どおりに多くの人がお問い合わせに向かっているページもあります。中には「古いニュースのページなのに、お問い合わせに移動する人が複数ある」といったやや意外な結果も見られるでしょう。

もし製品Aのページからお問い合わせに移動が少ないなら問題です。すぐに製品Aのページを改定して、お問い合わせの魅力をもっと伝えるようにしなければなりません。あるいは、会社の良さをアピールして「この会社だったらお問い合わせしても良いだろう」と感じさせましょう。

「前のページ遷移」を500行表示して、全部をサイト構成表上に取り込む方法を使えば、サイト全体とお問い合わせの関係を一覧することができます。期待値が高いのに誘導が少ないページは改定し、期待値が低いのに誘導が多いページはそのページ自体のアクセスを増やすようにします。「悪いところを直し、良いところを伸ばす」のです。

この状態になったサイト構成表を眺めるだけで、「次に直すべきページ」がずらずらとリストアップできます。ウェブ担当者は忙しくなります。次のリニューアルまで放置、なんてサイトが1つもなくなり、すべてのサイトが効果向上に向かって動き始めることを夢見ています。

■サイト構成表をさらに充実させる

お問い合わせへの移動回数を取り込んだサイト構成表を見れば、だれもが物足りなく思うでしょう。「全ページのページビュー数がわからないのでは、どのページの誘導率が高いか低いかわからないではないか！」と。

そうです。Googleアナリティクスの「すべてのページ」から全ページのページビュー数を取り込んで、お問い合わせへの移動回数とで計算すれば、全ページの「お問い合わせ誘導率」がたちどころに算出できます。やり方は同じです。表示行数を増やして全ページを表示し、データをExcelでダウンロードします。サイト構成表にデータをコピペしてURLの昇順に並べ替え、サイト構成表の「GA URL」とVLOOKUP関数で突き合わせてページビュー数などを取り込みます。

あとはもう1列追加して、「お問い合わせ誘導率」を算出しましょう。お問い合わせへの移動は、ばらばらのページから少しずつなので、コーナー単位で管理が難しいです。たとえば、「導入事例」コーナーにたくさんの事例ページが掲載されている場合、各事例のページビュー数は分散して少なくなるので目立ちません。当然お問い合わせへの移動回数も、実数としては小さな数字になります。具体的には「1」か「2」かもしれません。しかし、サイト構成表で「お問い合わせ誘導率」を表示するとそれを顕在化できます。

▼図　色をつけてお問い合わせ誘導率をわかりやすくしたサイト構成表

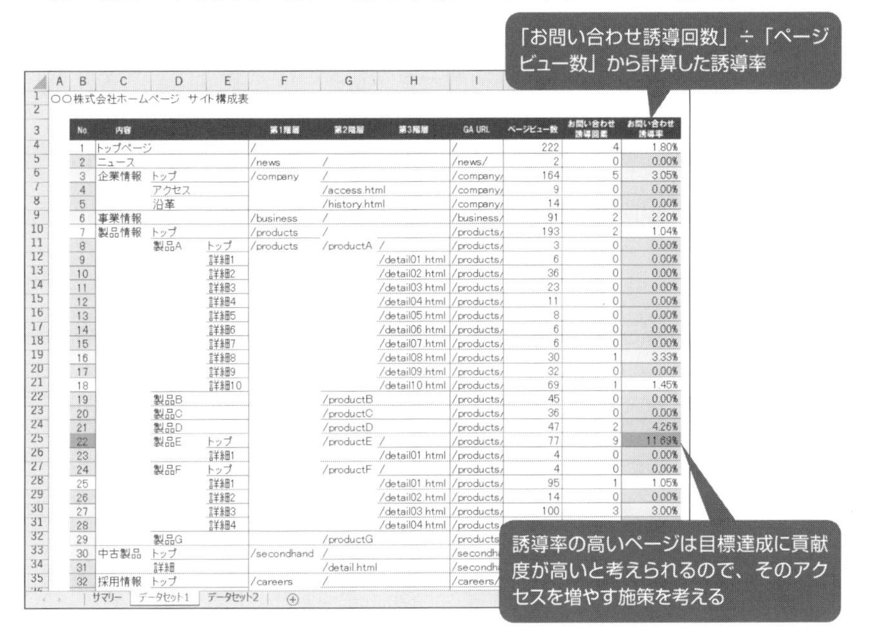
「お問い合わせ誘導回数」÷「ページビュー数」から計算した誘導率
誘導率の高いページは目標達成に貢献度が高いと考えられるので、そのアクセスを増やす施策を考える
サマリー
データセット1
データセット2

〇〇株式会社ホームページ　サイト構成表

No.	内容			第1階層	第2階層	第3階層	GA URL	ページビュー数	お問い合わせ誘導回数	お問い合わせ誘導率
1	トップページ			/			/	222	4	1.80%
2	ニュース			/news	/		/news/	2	0	0.00%
3	企業情報	トップ		/company	/		/company/	164	5	3.05%
4		アクセス			/access.html		/company/	9	0	0.00%
5		沿革			/history.html		/company/	14	0	0.00%
6	事業情報			/business	/		/business/	91	2	2.20%
7	製品情報	トップ		/products	/		/products/	193	2	1.04%
8		製品A	トップ	/products	/productA	/	/products/	3	0	0.00%
9			詳細1			/detail01.html	/products/	6	0	0.00%
10			詳細2			/detail02.html	/products/	36	0	0.00%
11			詳細3			/detail03.html	/products/	23	0	0.00%
12			詳細4			/detail04.html	/products/	11	0	0.00%
13			詳細5			/detail05.html	/products/	8	0	0.00%
14			詳細6			/detail06.html	/products/	6	0	0.00%
15			詳細7			/detail07.html	/products/	6	0	0.00%
16			詳細8			/detail08.html	/products/	30	1	3.33%
17			詳細9			/detail09.html	/products/	32	0	0.00%
18			詳細10			/detail10.html	/products/	69	1	1.45%
19		製品B			/productB		/products/	45	0	0.00%
20		製品C			/productC		/products/	36	0	0.00%
21		製品D			/productD		/products/	47	2	4.26%
22		製品E	トップ		/productE	/	/products/	77	9	11.69%
23			詳細1			/detail01.html	/products/	4	0	0.00%
24		製品F	トップ		/productF	/	/products/	4	0	0.00%
25			詳細1			/detail01.html	/products/	95	1	1.05%
26			詳細2			/detail02.html	/products/	14	0	0.00%
27			詳細3			/detail03.html	/products/	100	3	3.00%
28			詳細4			/detail04.html	/products/			
29		製品G			/productG		/products			
30	中古製品	トップ		/secondhand	/		/secondh			
31		詳細			/detail.html		/secondh			
32	採用情報	トップ		/careers	/		/careers/			

誘導率の高い順に並べ替え、率の良いほうに緑色、悪いほうにピンク色をつけてみましょう。それからページ番号の昇順に並べ替える、つまり元のサイト構成表の順序に戻してやると、緑色がどのコーナーに集合しているかがすぐにわかります。「導入事例」や「ニュース」に意外に緑色が多く、「製品情報」や「企業情報」にピンク色が並んでしまう、という状態が見てとれるでしょう。

一度にたくさんのページを改定する

1つのページのテキストリンクを書き換えるのは5分で済むような簡単な作業です。2週間後に評価を行い、「このやり方で反応があった！」となったとしましょう。そうすると次は、別の1ページにテキストリンクを追加するかもしれません。これも簡単な作業です。また2週間後に「多くの人が移動した！」となれば、どんどんノウハウが身につきます。ここまでわずか1ヶ月。さらに作業は加速していきます。

次のステップでは、一度にたくさんのページを改定するのです。そうした場合に、どのように人の流れが変わったかを、まとめてデータを取る方法を見ていきましょう。

たとえば、「お問い合わせをすればこの資料を差し上げます」というバナーを作成して、あるページに貼り付けたと考えてください。お問い合わせへの魅力が高まって、より多くの人がお問い合わせフォームに到達するでしょう。

1ページに入れたバナーで、お問い合わせフォームへの移動が5回増えたとしましょう。同じバナーを30ページに入れれば、150回増える期待値があります。お問い合わせフォームのアクセスがそれまで200回だったとすると、350回に増えるわけです。

・お問い合わせフォーム 200×フォーム完了率 3%＝お問い合わせ数 6件
・お問い合わせフォーム 350×フォーム完了率 3%＝お問い合わせ数 10.5件

同じフォーム完了率だとしたら、フォームのアクセス数が伸びればお問い合わせ数も伸びるはずです。

仮に全部で200ページあるサイトでも、重要な30のページが改善されればサイト内の人の流れはまったく変わります。作業時間で考えると、1ページ5分かかったとして1時間で12ページ、30ページであれば2時間半ほどです。たったこれだけの作業でサイトを生まれ変わらせることができるのです。

■多くのページに同じページへのリンクを加えた場合

この例のように1つのページへの移動回数をまとめて評価するには、期間比較とナビゲーション サマリーを使います。カレンダーを使って作業日を境に前後2週間ずつの比較を設定し、ナビゲーション サマリーでお問い合わせフォームのページの「前のページ動線」を見ます。このデータをエクスポートします。

このデータをそのままサイト構成表に持っていこうとすると、同じ

URLが2行ずつあるので、VLOOKUP関数が使いにくいかもしれません。そこで、少し加工してからコピーすることにします。

▼図　期間比較したナビゲーション サマリーのデータを加工する①

	A	B	C	D	E
1					
2	No.	No.	前のページ遷移	期間	ページビュー数
3	1	1	/	2022/01/01 - 2022/03/17	96
4	2		/	2021/10/17 - 2021/12/31	71
5	3	2	/company/outline/	2022/01/01 - 2022/03/17	26
6	4		/company/outline/	2021/10/17 - 2021/12/31	19
7	5	3	/projects/develop/	2022/01/01 - 2022/03/17	13
8	6		/projects/develop/	2021/10/17 - 2021/12/31	6
9	7	4	/privacy/	2022/01/01 - 2022/03/17	7
10	8		/privacy/	2021/10/17 - 2021/12/31	7
11	9	5	/projects/	2022/01/01 - 2022/03/17	7
12	10		/projects/	2021/10/17 - 2021/12/31	12
13	11	6	/projects/management/	2022/01/01 - 2022/03/17	7
14	12		/projects/management/	2021/10/17 - 2021/12/31	3
15	13	7	/company/	2022/01/01 - 2022/03/17	4
16	14		/company/	2021/10/17 - 2021/12/31	3

B列に1行飛ばしで番号を振っておく

最初に番号をつけます。図のB列のように1行飛ばしの番号を打っておくとあとで便利です。A列は全体の通し番号で、加工作業をしてからまたもとどおりに並べ直す可能性もあるので、安全策として全体の通し番号もつけておきます。

▼図　期間比較したナビゲーション サマリーのデータを加工する②

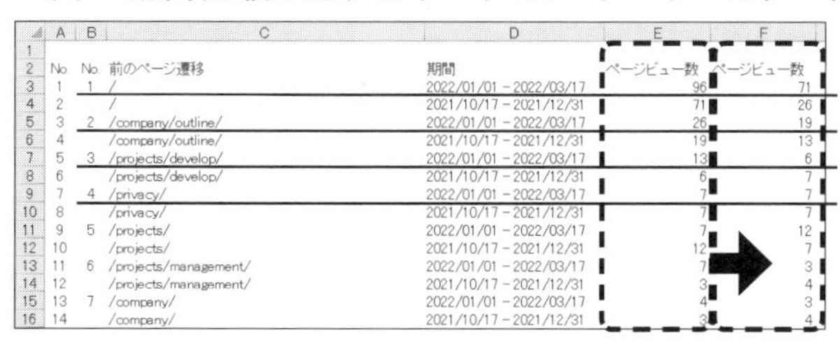

	A	B	C	D	E	F
1						
2	No.	No.	前のページ遷移	期間	ページビュー数	ページビュー数
3	1	1	/	2022/01/01 - 2022/03/17	96	71
4	2		/	2021/10/17 - 2021/12/31	71	26
5	3	2	/company/outline/	2022/01/01 - 2022/03/17	26	19
6	4		/company/outline/	2021/10/17 - 2021/12/31	19	13
7	5	3	/projects/develop/	2022/01/01 - 2022/03/17	13	6
8	6		/projects/develop/	2021/10/17 - 2021/12/31	6	7
9	7	4	/privacy/	2022/01/01 - 2022/03/17	7	7
10	8		/privacy/	2021/10/17 - 2021/12/31	7	7
11	9	5	/projects/	2022/01/01 - 2022/03/17	7	12
12	10		/projects/	2021/10/17 - 2021/12/31	12	7
13	11	6	/projects/management/	2022/01/01 - 2022/03/17	7	3
14	12		/projects/management/	2021/10/17 - 2021/12/31	3	4
15	13	7	/company/	2022/01/01 - 2022/03/17	4	3
16	14		/company/	2021/10/17 - 2021/12/31	3	4

E列を丸ごとコピーしてF列にペーストし、F列の一番上の数字を削除して上に詰める。すると、B列に番号を振った行では、E列が作業後の数字、F列が作業前の数字になる

C列とD列は何もせず、「ページビュー数」（移動回数）が書かれたE列を丸ごとコピーして、F列にペーストします。F列で1行目の1セルだけ削除

して上に詰めれば、E列とF列が1行ずれて並びます。この状態になってB列の1行飛ばしの番号で昇順に並べ替えれば完成です。期間が書かれた列は意味を失うので削除しました。

▼図　期間比較したナビゲーション サマリーのデータを加工する③

	A	B	C	D	E
1					
2	No.	No.	前のページ遷移	改訂後	改訂前
3	1	1	/	96	71
4	3	2	/company/outline/	26	19
5	5	3	/projects/develop/	13	6
6	7	4	/privacy/	7	7
7	9	5	/projects/	7	12
8	11	6	/projects/management/	7	3
9	13	7	/company/	4	3
10	15	8	/information/info-21012/	4	3
11	17	9	/information/info-21115/	4	0
12	19	10	/company/history/	3	1
13	21	11	/index.html	3	0
14	23	12	/information/info-20519/	3	0
15	25	13	/information/info-20728/	3	2
16	27	14	/information/news_cat/news/	3	4

B列で昇順に並べ替えて完成

このD列とE列を比較すれば、改訂でどれだけお問い合わせへの誘導が改善されたか計算できる

B列が通し番号となっていますが、必要なのはこのB列の番号が入っている行だけとなります。C列はページのURLが1行ずつ入っています。D列にはビフォーアフターのアフター期間のデータが並び、E列にはビフォー期間のデータが並んでいます。2段表示になっているデータをコピペして1セル削除することで、アフターとビフォーが同じ行に並ぶのです。

B列に番号が入った行だけをコピーして、サイト構成表の右側の余白にペーストすれば、VLOOKUP関数で、アフター期間の移動回数、ビフォー期間の移動回数を順番にサイト構成表に取り込むことができます。セルを追加すれば、

アフター期間の移動回数÷ビフォー期間の移動回数×100
＝移動回数の伸び率

を計算することができます。

今、30ページを一度に改定したのですから、伸び率の降順に並べ替えれば、上位に改定した30ページがずらりと並ぶはずです。

1ページにバナーを入れて5回増えたのなら、30ページに入れたら150回伸びる。これがこの改定の期待値でした。30ページ合計の伸びが100回だったら、期待を下回っていることになります。期待値を下回るようであれば、

・バナーの表現を変える
・進呈する資料を変える
・バナー以外の誘い方を考える

といった方法を検討します。また1ページで試して反応を探り、全ページに加えて期待値を上回る伸びが得られるかを確認しましょう。

■リンクの行き先ページが複数である場合

先の例では、多くのページに同じリンクを入れて反応を見ました。同じページなので、ナビゲーション サマリーでそのページの「前のページ動線」の変化を見るだけで良かったのですが、もしさまざまなページからさまざまなページへ、多対対の関係でリンクを変更または追加をした場合はどうすればよいでしょうか。

リンク元とリンク先の組み合わせがばらばらだと、1ページずつナビゲーション サマリーでデータを取るのは手間がかかりすぎて現実的ではありません。

この場合には、「リンクを変えたのだからリンク先のアクセスが増えているはずだ」と考えます。Googleアナリティクスの「すべてのページ」で期間比較をし、リンク先ページのアクセス数の伸びを計測しましょう。

方法は先ほど見た手口と同じです。

①「行動 > サイトコンテンツ > すべてのページ」を開く
②全ページを表示するように、表の下にある「表示行数」を変更する
③カレンダーを操作して改定実施日から2週間とその前の2週間を比較する設定にする

④データをエクスポートする
⑤1行飛ばしの番号を打って、必要なデータ列をコピペして1セル削除し1行ずらす

これで、アフター期間のデータとビフォー期間のデータが左右に並ぶようにします。

今回はページのアクセスの伸びを取りたいので、使うデータは「ページ別訪問数」が適切でしょう。ページからページへの遷移は「ページビュー数」で見る必要があったのですが、ページのページビュー数は同じ人が何度も行ったり来たりしてページビュー数を膨らませてしまう場合があります。「ページを見た延べ人数」の伸びを見るほうが正確なので、「ページ別訪問数」を使ってください。

このデータをサイト構成表の余白にコピペし、VLOOKUP関数を使ってビフォーアフターのデータを構成表に取り込みます。セルを1列挿入して、前後2週間の伸び率を集計しましょう。伸び率の降順に並べ替えて、率の高いページ、低いページに色をつけてから元のサイト構成表の並び順に戻します。

伸び率の高いページ、低いページの色の分布を見れば、どのページの改訂が意味があったか、どのページでは空振りだったかが明らかになってきます。リンク施策が空振りでアクセスの伸びが足りないページがあれば、そのページへのリンク元をもう一度改定して、アクセスが伸びるまで試行錯誤しましょう。

ここまで改定施策を加速させてきたら、少し変えるたびに2週間データを取るのは時間がかかりすぎるようになります。1週間の前後比較にして、サイクルを速めていくと良いでしょう。

先ほどから改定の内容がリンクの変更ばかりでやや地味ですね。でも今のサイトは、お問い合わせフォームや見せたいページのアクセスが少なくて、目標到達数や情報発信力が低いのが悩みです。まずはリンクを変更して、サイト内の移動を活性化し、より多くの人が目標に近づくようにしなければならない、と考えてください。

8-3 集客施策とサイト評価

サイト内の動線が活性化され、見せたいページがよく見られるようになり、多くの人が目標に近づくようになったら、次はいよいよ集客です。

これまで各製品の特長などに基づいて集客ページを作成してきました。リニューアルでサイトが完成したら、サイト構成表上にどのページがどの対象者の集客ページかを記載して改善サイクルをスタートします。それぞれの集客力を高めていけば、必要な対象者がより多く訪れることになり、成果の出やすいサイトになります。

現在の集客力を確認する

まず最初に、現在どのページにどれだけ集客力があるかを把握しましょう。Googleアナリティクスを開いて、左メニューから「行動 > サイトコンテンツ > すべてのページ」を開いてください。もうすっかりおなじみの項目ですね。

「すべてのページ」にはたくさんの指標がありますが、その中から次の3つの指標に少し手を加えるだけで、さまざまなページの力を確認することができます。

・ページ別訪問数
・閲覧開始数
・直帰率

なお、集客力を見る画面としては「行動 > サイトコンテンツ > ランディングページ」という、まさに集客力を見るための画面もあるのですが、こちらについてはあとで解説します。

▼図　「すべてのページ」にある3つの指標

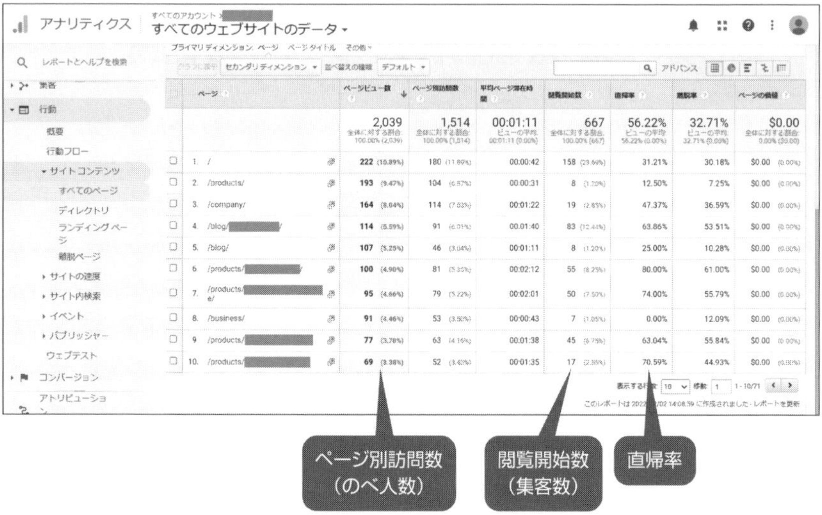

ページ別訪問数
（のべ人数）
閲覧開始数
（集客数）
直帰率

サイト内訪問数の計算

簡単な引き算で、サイト内訪問数を計算できます。これはサイト内で選ばれて、リンククリックで見られた訪問数です。

ページ別訪問数－閲覧開始数＝サイト内訪問数

たとえば、閲覧開始数が同じであったとしても、

	ページ別訪問数	閲覧開始数	サイト内訪問数
ページA	100	50	50
ページB	60	50	10

と、引き算をすることで、そのページがどれくらいサイト内で選ばれているのかがわかります。サイト内で選ばれるからには「対象者の関心が高い」のですから、この引き算を意識しておいてください。

閲覧開始率の計算

閲覧開始率は、どれくらい集客によって見られているかという率を示すものです。

閲覧開始数÷ページ別訪問数×100＝閲覧開始率

サイト内訪問数とあまり意味は変わりませんが、集客力という視点では管理しやすい指標です。

直帰数／直帰しなかった数の計算

閲覧開始数×直帰率＝直帰数
閲覧開始数－直帰数＝直帰せずに次のページに進んだセッション数

この「直帰しなかった数」も大切です。

	閲覧開始数	直帰率	直帰数	直帰しなかった数
ページA	50	60.00％	30	20
ページC	20	40.00％	8	12
ページD	200	90.00％	180	20

ページAは直帰率が高くてページCよりも良くない印象ですが、直帰しない人、つまり関心を持って次のページに進んだ人を獲得した回数は20回です。これに対してページCは、直帰率はやや低くて良いのですが、次のページに進んだ人は12人しか獲得できていません。この値を見ると、直帰率の高い低いだけで集客ページの質を考えるのではなく、

有効訪問者獲得数：どれだけ次のページに関心を持つ人を獲得できたか

といった考え方を合わせて評価すべきと言えます。
その一方で、ページDのようなケースもあります。次のページへ進む人を獲得した数だけ見るとページAと同じですが、多くが閲覧開始しているにもかかわらず、たくさん逃げられているという点で「非常にもったいない、改定すべきページ」と考えなければなりません。

悪い点を直し、良い点を伸ばす

の原則に照らせば、

・ページDはもっと多くの人が次に進むようにする
・ページCはもっと多く集客できるようにする

などの手を打てば、有効集客数がどんどん増えていくことになります。

グラフ化して全体の傾向を把握する

「すべてのページ」からエクスポートしたデータをExcelで加工して、閲覧開始数と直帰率で散布図にしてみましょう。右ページに示したのは、閲覧開始数の降順で上位50ページによる散布図の例です。
横軸が閲覧開始数で、右にある点ほど閲覧開始数の多いページです。縦軸が直帰率で、上に行くほど直帰率の高い、もったいないページです。右下にある点は「閲覧開始数が多くて直帰の少ない、有効な集客ページ」です。このページを維持向上することは重要です。
それに対して右上にある点は「閲覧開始数が多いのにみんな帰ってしまうページ」です。今とてももったいない状態ですから、すぐに改定して、少しでも下に引き下げましょう。改定せずに集客施策を行ってしまうと、すぐ帰る人が増えるだけの無駄施策になります。
注目すべきは左下のエリアです。ここに入るページは「集客力はまだやや低いが、来た人を帰らせないページ」です。こうしたページはGoogleア

▼図　閲覧開始数と直帰率による散布図

閲覧開始数　直帰率

○○株式会社ホームページ　サイト構成表

No.	内容			第1階層	第2階層	第3階層	GA URL	閲覧開始数	直帰率
1	トップページ			/			/	158	31.2%
2	ニュース			/news	/		/news/	0	0.0%
3	企業情報	トップ		/company	/		/company/	19	47.4%
4		アクセス			/access.html		/company/	2	100.0%
5		沿革			/history.html		/company/	0	0.0%
6	事業情報			/business	/		/business/	7	0.0%
7	製品情報	トップ		/products	/		/products/	8	12.5%
8		製品A	トップ	/products	/productA	/	/products/	0	0.0%
9			詳細1			/detail01.html	/products/	0	0.0%
10			詳細2			/detail02.html	/products/	21	61.9%
11			詳細3			/detail03.html	/products/	4	75.0%
12			詳細4			/detail04.html	/products/	1	100.0%
13			詳細5			/detail05.html	/products/	2	50.0%
14			詳細6			/detail06.html	/products/	1	100.0%
15			詳細7			/detail07.html	/products/	1	100.0%
16			詳細8			/detail08.html	/products/	24	79.2%
17			詳細9			/detail09.html	/products/	19	94.7%
18			詳細10			/detail10.html	/products/	17	70.6%
19		製品B			/productB		/products/	2	0.0%
20		製品C			/productC		/products/	14	53.8%
21		製品D			/productD		/products/	12	66.7%
22		製品E	トップ		/productE	/	/products/	45	63.0%
23			詳細1			/detail01.html	/products/	2	100.0%

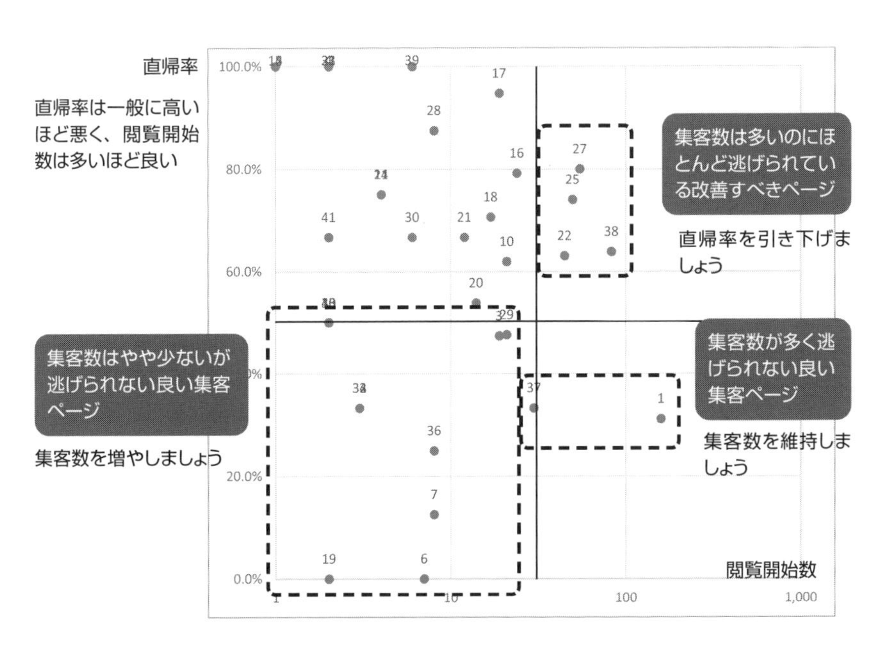

直帰率
直帰率は一般に高いほど悪く、閲覧開始数は多いほど良い
集客数は多いのにほとんど逃げられている改善すべきページ
直帰率を引き下げましょう
集客数はやや少ないが逃げられない良い集客ページ
集客数を増やしましょう
集客数が多く逃げられない良い集客ページ
集客数を維持しましょう
閲覧開始数
100.0%
80.0%
60.0%
20.0%
0.0%
1
10
100
1,000

ナリティクスで単純に「多い順」のデータを見ていても気づきませんが、本当に重視すべきページです。これらのページの集客力を高めることができれば、サイトは必ず成長します。

実際に来た人を帰らせないページを見つけたら、それぞれのページの内容や個別のデータを確認して、深掘りしていきましょう。閲覧開始数上位50ページのうち20ページがこの左下に位置したとしましょう。毎日2ページずつ点検すれば、今月中に全部把握できます。

・ブラウザーで見るとどんなページか？
・サイト構成表上、どのコーナーのどんな位置づけのページか？
・見る人は何に関心を持っていると考えられるか？
・「次のページ遷移」で進んでいるのはどのページか？

ナビゲーション サマリーで次のページ遷移を確認すれば、その人が何を見たいと思っていたかがわかってきます。

一口でページの改修と言っていますが、本当に大切なのは「見たいと思われている情報を増やす」ことです。そうすれば、同じ関心で訪れてほかのページにも移動する有効集客をさらに増やせます。

集客シェアを全ページで計算する

全体のセッション数を100%とすると、各ページの閲覧開始数はその一部で、何%かずつを担っています。これが集客シェアの考え方です。計算式は、

ページの閲覧開始数÷全体のセッション数×100
＝そのページの集客シェア

です。全体のセッション数が2,000で、そのうちトップページの閲覧開始数が500回あるサイトなら、トップページの集客シェアは25%と求まります。

一般的には、トップページからどれくらい閲覧開始しているか、実数を確認して終わりがちですが、それでは見えない部分が多いです。全ページでデータをとって集客シェアを計算し、コーナーごとに合計すれば、どのコーナーが集客しているかがわかります。

前にも少し触れましたが、ニュースのバックナンバー、導入事例、ブログといったコーナーは、たくさんのページが少しずつ集客するので目立ちませんが、全体としては非常に大きな集客力を持っています。それに気づかずに別でSEOやコンテンツマーケティングなどの集客策に予算を使うのはとてももったいない話です。

こんな実例もあります。あるソフトウェア会社では、今も販売しているソフトの最初の発売時にニュースリリースを発信しました。もちろん、それからバージョンアップするたびにリリースしてきました。サイトのニュースコーナーには、同じ製品についてのバックナンバーがたくさん載っていました。

ところが調べてみると、最初のニュースリリースのページが検索から今でも膨大な数の訪問者を集めていました。検索エンジンは、

・テキストで作られたページに親和性が高い
・古くからあるページが「時間の試練に耐えた良い情報」だと考えている
・外部サイトから多くの推薦リンクがあるページが良い情報だと考えている

といった傾向があり、同じニュースのページではいちばん古いページを紹介しがちです。しかも最初の発売時にはいちばん力を入れて販促施策も行い、そのリリースには専門誌サイトやニュースサイトなどたくさんの外部サイトからリンクが張ってありました。

それに気づいて改めて最初のリリースページを見てみると、発売当時のそのソフトは機能は少ないし、値段も高い。バージョン1.0発売直前のリリースですから仕方がないのですが、そんなリリースだけ見て帰られてしまっては困ります。「何だ、評判のソフトだと思ったけど高いし、大した機能もないな」と思われてしまいます。もうサイトに来てくれないので

「今は機能も充実しました」とイメージ回復するチャンスもないのです。
こんなことに気づいたらどうしますか？ まずはそのリリースから、同じソフトの最新バージョンの製品説明ページへリンクを張りますね。発売前の初期リリースではまだ製品ページがないのでリンクのしようがなかったのですが、今なら目立つバナーを作ってリンクをするのは簡単です。
ウェブでは、施策は常に簡単です。問題に気づいていないだけなのです。

サイト全体を俯瞰して集客イメージをもつ

全ページの閲覧開始数と集客シェアをコーナー単位で把握する方法は、もうおわかりですね。

①Googleアナリティクスで「すべてのページ」を開く
②表の下の「表示行数」を調整して全ページを表示する
③画面上部の「エクスポート」でExcelデータをダウンロードする
④そのデータをサイト構成表の余白にコピペしてページのURLで昇順に並べ替え
⑤VLOOKUP関数でサイト構成表に「閲覧開始数」を取り込む

ここまでで準備完了、シェアの計算はここからです。

⑥サイト構成表に1列挿入して「集客シェア」欄を作る
⑦閲覧開始数の合計（≒全体のセッション数）を分母にして、集客シェアを計算

これでページ単体のシェアが全部出ました。あとはもう1列挿入して、コーナー単位の合計シェアを入れていきます。SUMIF関数を使えば手早く合算できるでしょう。

	合計集客シェア	全体直帰率
トップページ	25.0%	35.0%
ニュース	18.2%	86.0%
製品情報	15.4%	48.0%
企業情報	32.0%	24.0%
採用情報	3.0%	62.1%
その他全体	6.4%	58.2%

といった結果が入手できます。これを見て何が考えられますか？

- 「トップは全体の25%しか見ていないのか！ しかし、直帰率は比較的低いな」
- 「ニュースは製品情報より集客力がある！ 直帰率が高くて要改善だな」
- 「製品情報がもっと集客できるようにしなければうまくいかないな」
- 「ニュースに来た人を製品情報のほうに誘導したら良いのではないか？」
- 「企業情報はかなりの集客力で直帰率が低い　これは取引先も多いかな」
- 「採用情報は少し集客力を高めないとエントリーは得られないな」

こうやってサイトの集客力を俯瞰することで、次に打つ手がたくさん発想できるでしょう。優先順位をつけて実践していけば、サイト全体を生かしたより有効な集客を実現できます。

俯瞰した集客イメージは、次のリニューアルを構想するのに不可欠です。「このコーナーで集客して、これを見せて、この目標へ連れていくんだ」と構図を考えられるようになってください。

集客施策を行って集客力の成長を見極めるには、期間比較を行って「閲覧開始数」の成長度を捉えましょう。Googleアナリティクスでは、エクスポートしたデータには「成長度」が表示されませんから、Excel上で簡単な計算を行って、前後比120%といった値を得る必要があります。

アフター期間の閲覧開始数÷ビフォー期間の閲覧開始数×100
=集客力の成長度

ただ、集客力だけ伸びても不適切な集客では役に立ちません。対象者以外の人がたくさんやってきてもお問い合わせなどの目標は増えません。その有効性の目安を簡単に示してくれているのが直帰率です。

ページ内容やリンクに変更を加えなくても、適切な集客が増えればすぐに帰る人は少ないので直帰率は次のように下がっていきます。

	閲覧開始数	直帰数	直帰率
アフター期間	150	80	53.3%
ビフォー期間	100	60	60.0%

8-4 有効な集客を増やす

閲覧開始数の成長について評価方法を見てきましたが、本当に知りたいのは「せっかく集客した人がお問い合わせしているのかどうか」でしょう。そのためには、Googleアナリティクス上で「目標」を設定するのがお勧めです。ここではその方法を見ていきましょう。

目標を登録する

まずはGoogleアナリティクスに目標を設定しましょう。目標は20件まで登録できます。ここまでサイト構成表にいくつかの目標を書き込んできました。お問い合わせや商品購入、会員登録、採用エントリーといったフォーム送信を伴うもの、また、ブランドコンテンツの閲覧など、ページの閲覧自体が目的となるものなど目標もさまざまです。

目標を設定しておけば、どの集客ページがお問い合わせに貢献しているか、採用エントリーした人がどんなページを見ていたか、それが施策によってどれだけ増えたか、といったことがすぐに評価できるようになります。

Googleアナリティクスの画面の左下隅に、図のような歯車のマークが表示されています。これがGoogleアナリティクスの設定ボタンですのでクリックしてください。

▼図　Googleアナリティクスの設定画面

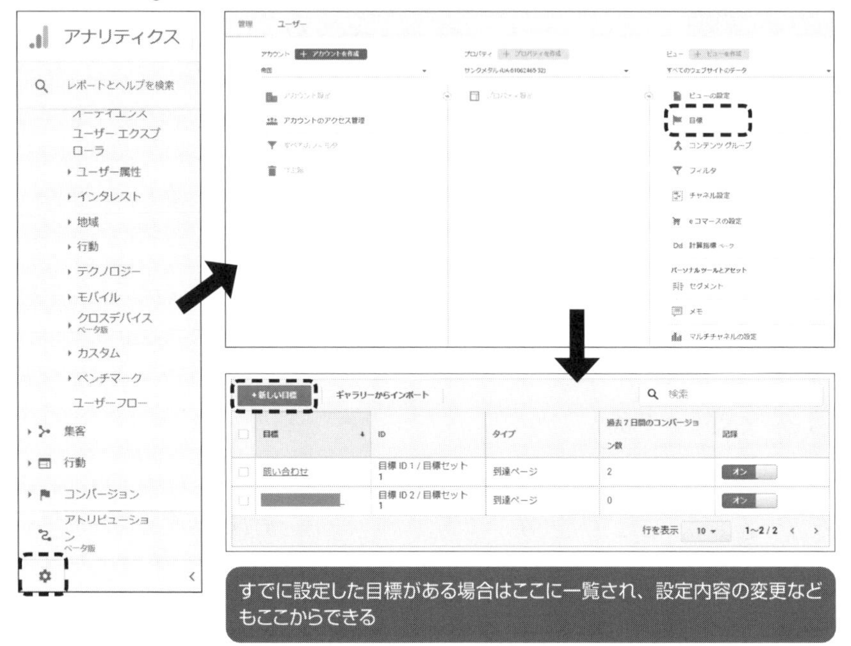

すると、表示される設定メニューの中に「目標」とありますのでクリックします。初めて設定する場合は、目標の名前が何も表示されない画面が出てきます。これから設定した目標はここに一覧表示されて、それぞれを設定変更などできるようになるわけです。

その画面の左上に「+新しい目標」という赤いボタンがあります。これをクリックすれば目標が登録できる仕組みです。ここでは「お問い合わせ」というフォームを使った目標について設定を説明します。

■「①目標設定」の設定

まず「①目標設定」が出てきます。お仕着せの設定も用意されていますが、自分で細かい設定をしますから「カスタム」を選んでラジオボタンをチェックしたらこの画面の役割は完了です。「続行」をクリックして次に進みます。

▼図　「①目標設定」画面

■「②目標の説明」の設定

「②目標の説明」画面では、おもに次の項目を設定します。

・名前
・目標スロット ID
・タイプ

▼図　「②目標の説明」画面

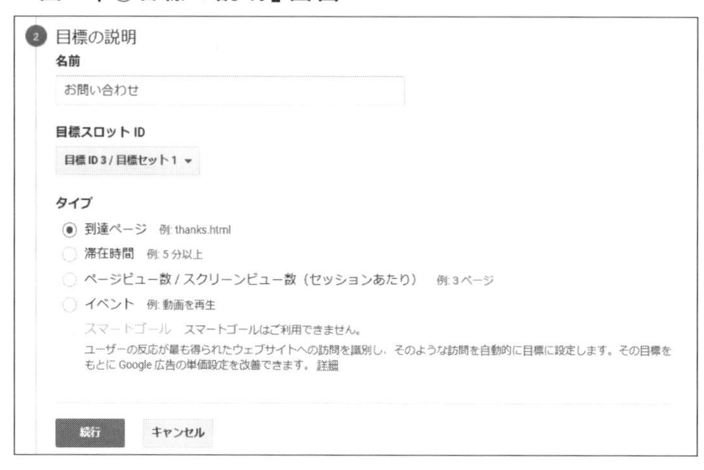

まず「名前」の欄にわかりやすく目標の名前をつけましょう。どんな名前でもかまいません。お問い合わせなら名前も「お問い合わせ」でOKです。自分や上司が理解しやすい名前にしましょう。

「目標スロット ID」は目標番号のようなものです。「目標ID 1/目標セット 1」という形式になっていますが、こちらで決めることができるのは「目標ID」のみです。目標セットは、目標IDによって以下のように決まっています。

・目標ID 1 ～ 5　：目標セット 1
・目標ID 6 ～ 10　：目標セット 2
・目標ID 11 ～ 15：目標セット 3
・目標ID 16 ～ 20：目標セット 4

これは言葉遣いがややこしいのですが、Googleアナリティクスでは目標についてのデータ表示で、1つの表に5つの目標を横に並べて表示できるので、それをセットと言っているわけです。20の目標を4つのグループに分けておくことができる、というだけの意味です。

ただし、同じような傾向の目標をセットにしたほうがデータを見やすいので、たとえば次のように目標を整理してからこの設定に臨むとよいでしょう。

- 目標セット1：製品情報関連のフォーム送信目標（お問い合わせ、会員登録 など）
- 目標セット2：採用情報の目標（新卒エントリー、既卒エントリー など）
- 目標セット3：ページ閲覧自体が目標となるもの（ブランドコンテンツ、CSR など）
- 目標セット4：その他（時節的な目標・展示会予約や新製品リリース閲覧 など）

■「目標ID」設定時の注意点

ひとまず、いちばん大切な「お問い合わせ」を「目標ID 1/目標セット1」に設定します。たまに、「設定の仕方がよくわからないので試しにどうでも良いのを最初に登録してみよう」とお試し感覚で設定する人もいますが、目標IDはあとで変更できないので、お試しでID1/セット1を使ってしまうのはおすすめしません。最初に表示される目標なので、これがお試しでずっとゼロだったらデータが見づらくなります。

Googleさんには申し訳ありませんが、この目標設定画面はとても不親切です。準備なしでこの設定フォームを開くとどっと疲れますから、先に準備して臨みましょう。すべての目標をExcel上にリストアップし、20以上あるなら、最大20の目標を選抜して並べ替え、どれとどれを同じ表で見たいかによって目標セットと順番を決めると良いでしょう。

また、20個のIDを全部埋めてしまうと、あとで目標が増えると1つ削除して新しいものを追加するような面倒が発生します。削除したりID番号を移動すると、それまでのデータが引き継がれないので、ここでも注意が必要です。

目標セット4は少し空けておいて、あとで目標が増えるのに対応できるようにしておくとよいでしょう。

最後の「タイプ」にはいろいろな選択肢がありますが、今回はお問い合わせなので「到達ページ」を選びます。「到達ページ」とは、フォーム送信の最後に「ありがとうございました」という完了画面に到達したら目標達成と判定する、という意味です。

これを選んで「続行」を押します。

■「③目標の詳細」の設定

次に「③目標の詳細」が開きます。今回は②でタイプに到達ページを設定したので、「到達ページ」「値」「目標到達プロセス」の設定項目があります。

▼図 「③目標の詳細」画面

まず「到達ページ」はフォームの送信完了画面なので、「/contact/thankyou.php」など「ありがとうございました」画面のURLを入れてください。なお、ここで指定するのは必ずGoogleアナリティクスのURL表示形式（GA URL）で記入してください。

一般的なURL表記で、

http://www.yourdomain.co.jp/contact/thankyou.php

と書いてしまうと、いつまでたっても「目標到達ゼロ」と扱われてしまいます。必ず、Googleアナリティクスの「すべてのページ」で表示される各ページのURLの形式を確認してから入力しましょう。

「値」はオプションとありますが、1回その目標が達成されたら何円の価値があるかを設定できる仕組みです。「10回のお問い合わせで1回の契約が発生し、1回の契約単価は平均100万円」という状況があるなら、1回のお問い合わせの値は「10万円」となります。

こうした金額を入れておくと、「すべてのページ」の指標として「ページの価値」が計算され、この目標に対してどのページが貢献度が高いかを表示してくれます。

最後の「目標到達プロセス」もオプションですが、これは重要です。まずはボタンをクリックしてオンにしてください。すると目標に進むためのステップを入力するフォームが出てきます。

お問い合わせのフォームが、

フォーム（/contact/）
　→　確認画面（/contact/confirm.php）
　　→　完了画面（/contact/thankyou.php）

という流れになっているなら、これがそれぞれステップとなります。

まず、ステップ①の名前に「フォーム」、スクリーン/ページに「/contact/」と入力します。次に、下の「＋別のステップを追加」ボタンを押してステップ②の記入欄を表示させ、ステップ②の名前に「確認画面」、スクリーン/ページ「/contact/confirm.php」と入力します。

これで設定完了です。最後にいちばん下の「保存」ボタンを押しましょう。

目標管理ファイルを用意する

フォームのステップをこの設定画面に記載するのは大変面倒です。どの記入欄に何を書けば良いのか頭がややこしくなります。そこで、先ほど目標スロットを決めるために作ったExcelファイルで、フォーム型の目標には、

・到達ページ：完了画面　/contact/thankyou.php
・ステップ①：フォーム　/contact/
・ステップ②：確認画面　/contact/confirm.php

をこの順番に記載しておけば、設定する際に順番にコピペするだけで済むので大変楽でまちがいが起こりません。この整理ファイルはあとで目標管理に活用できますから、ぜひ作っておいてください。

▼図　Excelで作る目標管理ファイル

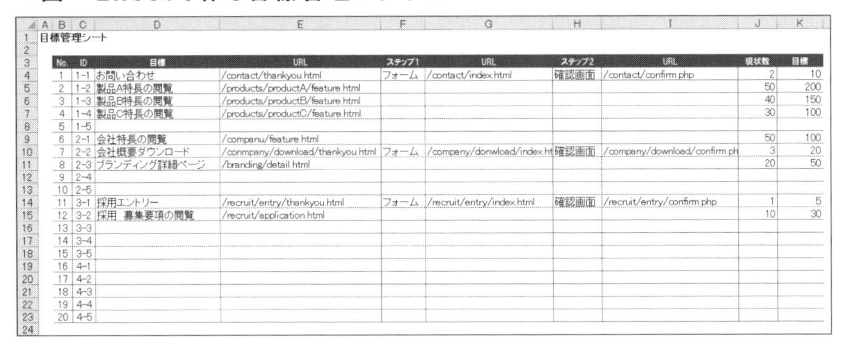

目標管理シート

No.	ID	目標	URL	ステップ1	URL	ステップ2	URL	現状数	目標
1	1-1	お問い合わせ	/contact/thankyou.html	フォーム	/contact/index.html	確認画面	/contact/confirm.php	2	10
2	1-2	製品A特長の閲覧	/products/productA/feature.html					50	200
3	1-3	製品B特長の閲覧	/products/productB/feature.html					40	150
4	1-4	製品C特長の閲覧	/products/productC/feature.html					30	100
5	1-5								
6	2-1	会社特長の閲覧	/companu/feature.html					50	100
7	2-2	会社概要ダウンロード	/conmpany/download/thankyou.html	フォーム	/company/donwload/index.ht	確認画面	/company/download/confirm.ph	3	20
8	2-3	ブランディング詳細ページ	/branding/detail.html					20	50
9	2-4								
10	2-5								
11	3-1	採用エントリー	/recruit/entry/thankyou.html	フォーム	/recruit/entry/index.html	確認画面	/recruit/entry/confirm.php	1	5
12	3-2	採用　募集要項の閲覧	/recruit/application.html					10	30
13	3-3								
14	3-4								
15	3-5								
16	4-1								
17	4-2								
18	4-3								
19	4-4								
20	4-5								

Google アナリティクスでは最大 20 の目標を設定できます。最終ゴールである「お問い合わせ」の他、お問い合わせに貢献するはずの「製品 A 特長」「製品 B 特長」「製品 C 特長」といったページの閲覧も、中間的なゴールとして設定できます。

「ID」という列が Google アナリティクスの「目標スロット ID」に対応しています。目標スロット ID は 5 つずつセットになっていて、同じ目標セットの項目は 1 つの表で並べて見ることができるので、複数の目標をひと固まりにしています。右端には現状の目標到達数を入れ、それをいくつに増やしたいのか、目指す数字を入れています。これを達成するのがウェブ担当者の仕事だと言えます。

■ページ閲覧自体が目標となるページについて

今例に挙げた目標セットでは、2セット目をページ閲覧自体が目標となるセットとしています。

ページ閲覧目標は注意が必要で、お問い合わせなどのフォーム送信に比べて、非常に多く発生します。なにしろページが普通に見られただけで目標完了になるのですから。

設定的には簡単で、目標設定の「③目標の詳細」で、

到達ページ　ブランディング詳細ページ　/branding/detail.html

と、「このページが見られたら目標達成とする」と決めたページを書き入れるだけです。

しかし、このタイプを設定してしまうと、目標到達数がとんでもなく多くなり、「すごくCVRが高いサイト」のように見えてしまいます。お問い合わせが1件しかない状況でも、目標ページの閲覧が1,000回あれば、目標達成回数は全部で1,001回もあったとしてGoogleアナリティクス上では扱われます。

もうおわかりと思いますが、ページ閲覧自体が目標のページであれば、「すべてのページ」だけで管理可能なので、無理に目標設定に入れる必要はありません。

こうして目標を設定すれば、Googleアナリティクスの左メニューから、

・コンバージョン > 目標 > 概要
・コンバージョン > 目標 > 目標到達プロセス

などの画面を使えるようになります。

目標画面の使い方

目標を増やすことがウェブ担当者の重要な仕事です。目標を設定した

ら、随時「コンバージョン > 目標 > 概要」の画面を開いて見慣れておきましょう。どの目標が期間中に何回達成されたかが示されています。

▼図　目標概要の画面

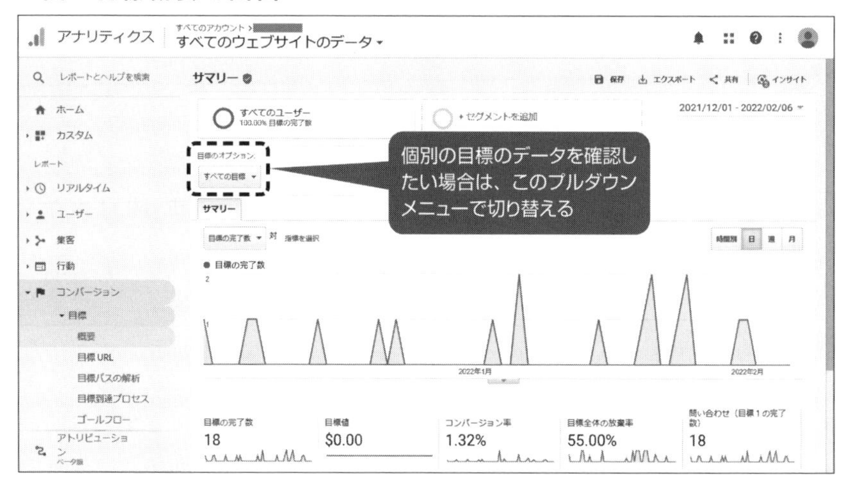

■目標の切り替え

画面上方にある折れ線グラフは、初期状態では「すべての目標」の達成日と件数を示します。そのさらに上のほうを見ると、小さな字で「目標のオプション」、その横に「すべての目標▼」とあります。Googleアナリティクスは「▼」がついているところは全部選べるボタンになっていますから押してみましょう。すると、下記のような選択肢画面が現れます。

すべての目標	10
目標1：問い合わせ	8
目標2：採用エントリー	2

このサイトでは、問い合わせと採用エントリーの問い合わせの2つの目標が設定されており、合計の達成数は10回で、お問い合わせは8回、採用エントリーが2回達成されたようです。

ここから問い合わせや採用エントリーを選べば、それぞれの目標に絞り込んだ形で折れ線グラフやデータが表示されます。

全体の合算で目標を見ると、問題点が見えにくくなります。「目標のオプション」を随時切り替えて、「次はこの目標を増やさなければ」と考える癖をつけてください。

■長期的な分析のコツ

お問い合わせなどの目標は毎月それほど増減するものではありません。ある程度長期に数字を見て推移を捉え、「ゆるやかだが増加傾向だな」と考えます。ここでは1年ごとの比較を行うとしましょう。

画面右上の集計期間の日付表示をクリックするとカレンダーが出てきます。ここで、カレンダーの上の「2022年6月」といった表示部をクリックしてみましょう。すると、日付欄に「2022/06/01 - 2022/06/30」と、クリックした月の日にちが入力されます。

この状態から長期間を分析するためには、この日付を1文字書き換えるだけでOKです。

2022/06/01 - 2022/06/30　→　202**1**/06/01 - 2022/06/30

と、開始日付の年号を1だけ少なくしてください。これだけでぴったり13ヶ月のデータを集計でき、最初が21年6月、最後が22年6月と前年同月比較もできてしまいます。

この状態で適用を押すと、ギザギザの折れ線グラフが現れます。395日分の折れ線グラフですからひどいギザギザになって何がなにやらわかりません。

折れ線グラフのすぐ右上を見ると、「時間帯　日　週　月」とあるでしょう。今は日別のグラフを見ているので「日」のところがオンの状態になっているのがわかります。ここで「月」を押すと、13ヶ月の月別集計のグラフに変わります。

▼図　月別のデータ集計

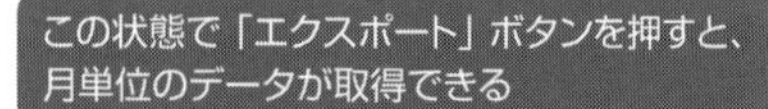

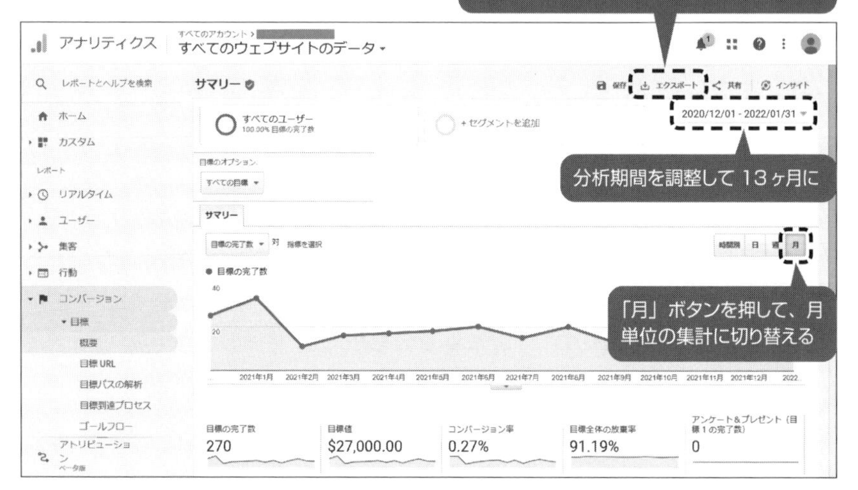

企業では同じ月どうしで比較しなければ季節要因が違い過ぎて比較になりません。6月と12月を比較しても、どちらにも特別な事情があり過ぎますね。そこで、前年同月の比はとても大切なのです。

折れ線の点にカーソルをあてると、何年何月には何回の問い合わせがあったかが表示されます。13ヶ月の努力の成果がここに現れるのです。

この状態で、画面いちばん上の「エクスポート」からデータをExcel形式でダウンロードしましょう。ワークシートは2つで最初はただの表紙なので、2番目のワークシートを開いてください。すると、変な表示になっています。

▼図　ダウンロードデータを加工してグラフを作成

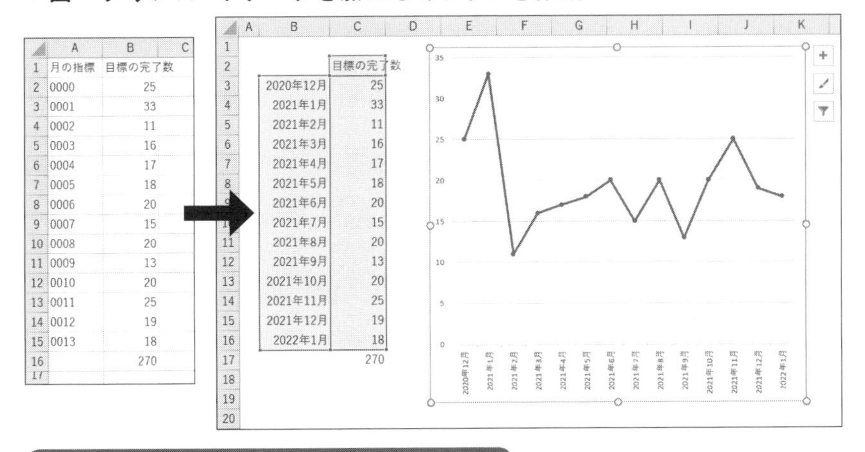

	A	B
1	月の指標	目標の完了数
2	0000	25
3	0001	33
4	0002	11
5	0003	16
6	0004	17
7	0005	18
8	0006	20
9	0007	15
10	0008	20
11	0009	13
12	0010	20
13	0011	25
14	0012	19
15	0013	18
16		270

	B	C
2		目標の完了数
3	2020年12月	25
4	2021年1月	33
5	2021年2月	11
6	2021年3月	16
7	2021年4月	17
8	2021年5月	18
9	2021年6月	20
10	2021年7月	15
11	2021年8月	20
12	2021年9月	13
13	2021年10月	20
14	2021年11月	25
15	2021年12月	19
16	2022年1月	18
17		270

何年何月にあたる部分が「0000」といった数字になっているので、これを年月に変更してグラフ化する

「月の指標」が「0000」から「0012」とあります。わかりにくいですが、これが月なのでしょう。隣の列は「問い合わせ（目標の完了数）」とあります。ここの数字が折れ線グラフのデータそのものです。

そこで、Excel上で「0000」のところを「2021年6月」と書き直しましょう。そのセルの右下ポイントをつかんで下に引き下ろすと、月がカウントアップされて、「0012」のセルに「2022年6月」までの月数が入力されます。これで、表のいちばん上と下が前年同月比となります。上下でパーセンテージを出して、前年同月比何パーセントの成長、といった数値を算出してください。

もしもっと長くGoogleアナリティクスを使っているなら、「2018/06/01 - 2022/06/30」と年数を書き直すだけで何年分も前年比が出せるようになります。「6月は展示会があって目標到達が多いが9月には下がる」など年間のリズムも見えてくるでしょう。

■Excelで見やすい長期傾向グラフを描く

このままExcelを使って折れ線グラフを作成しましょう。Googleアナリティクスでも折れ線グラフを確認することができますが、すぐに消えてしまうブラウザー上の表示では使い勝手が悪いでしょう。また、増減もわかりにくいです。Excelでグラフ化するほうが汎用性も高く、会社への報告など重宝します。

何より、Excelの折れ線グラフなら「近似直線」を表示でき、その一次関数の式まで表示できるのです。折れ線グラフは上がったり下がったりが激しくて、ぼやっと見ただけでは「全体として増えているのか減っているのか」判別できないものです。そんなグラフをいくら眺めても役に立ちません。

▼図　近似直線と式を表示

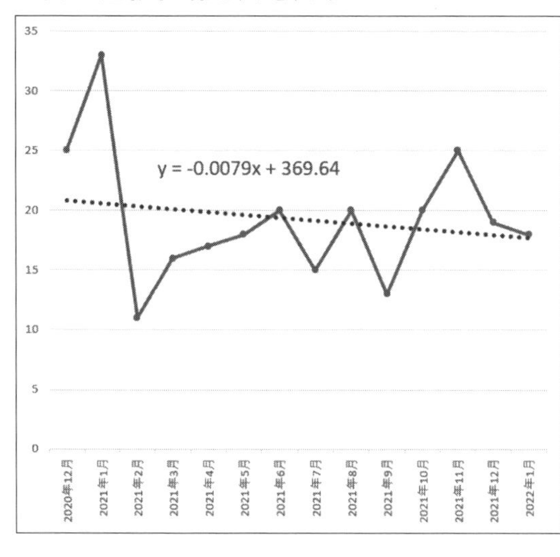

Excelのグラフの線上で右クリックし、メニューの「近似曲線の追加…」から追加できる

この式は「y = ax + b」の一次直線になっており、「a」がマイナスなのでグラフは右肩下がりの減少傾向を示している

近似直線を表示すれば、その折れ線グラフ全体で増えているか減っているかが一目瞭然となります。Excelの初期状態では近似直線が目立たない色の細い線で表示されるので、見やすい色の太い線に変えて、見る人の印象に残りやすくしてください。

式はいわゆる一次関数の、

$$Y = ax + b$$

の形になっています。「a」がマイナスなら、グラフは右肩下がり。プラスなら「わずかだが増えている！」と喜んでください。いえ、ただ喜んでもいけません。来月はこの直線が示す分だけお問い合わせが増えるはず、と言われているのですからがんばりましょう。

お問い合わせへの到達とページを結び付ける

目標設定をすれば、「せっかく集客した人がお問い合わせしているのかどうか」という疑問に答えることができます。

あらためてGoogleアナリティクスで「行動 > サイトコンテンツ > すべてのページ」を見てみましょう。表示行数を変えて、全ページを表示するようにしておきます。

もうお気づきかもしれませんが、本書に登場するGoogleアナリティクスの画面は限られています。Googleアナリティクスは決して「たくさんある項目をあちこち見なければわからない」ものではありません。安心してこの画面に慣れてください。

この画面のデータ表では、右端に「ページの価値」という項目があります。1回目標到達が発生したら何円の価値があるかを決めておいて、それをあるページを見た人がどれだけ目標に到達したかに応じて金額配分をするといくらになるか、という目安の数字です。何円の価値があるかは、「目標」を設定する際に「値」というオプション項目で自分で設定します。

表の見出し行にある「ページの価値」という箇所をクリックすると、ページの価値の高い順に並べ替えることができるので、「値」を設定したサイトでは一度並べ替えてみると良いでしょう。

お問い合わせを完了した人はトップページも同時に見たことが多いので、トップの「ページの価値」は高くなりがちです。

もっとも価値が高いのは、お問い合わせ完了の画面です。このページを表示したら100％目標到達したわけですから高いのは当然ですね。1回10万円の価値のあるお問い合わせが10回発生すれば、この完了画面のページの価値は「100万円」になります。

同じ理屈で、お問い合わせ完了により近い「確認画面」「お問い合わせフォーム」などの価値が飛びぬけて高くなるのは自然なことです。フォーム記入の過程で通らなければならない「プライバシーポリシー」なども高い価値になりやすいページです。

問題はそれに続くページです。どんな顔ぶれが「ページの価値が高い」ところに並ぶでしょうか。アクセスの少ないページが意外に高い価値となって現れることもあります。

■セグメント機能を使ってページの貢献度を測る

「ページの価値」はやや抽象的で、「このページを見た人が何回目標に到達したか」を特定しづらいです。もっとはっきりと目標到達の貢献回数を割り出したいものです。

「すべてのページ」を開いた状態で、「ユーザーサマリー」という文字の下に「すべてのユーザー」と書かれた場所がありますね。その隣りに「+セグメントを追加」と書かれています。次はここをクリックしてセグメント機能を使い、目標到達とページの関係を調べましょう。

▼図　セグメントの設定画面（あらかじめ用意されているもの）

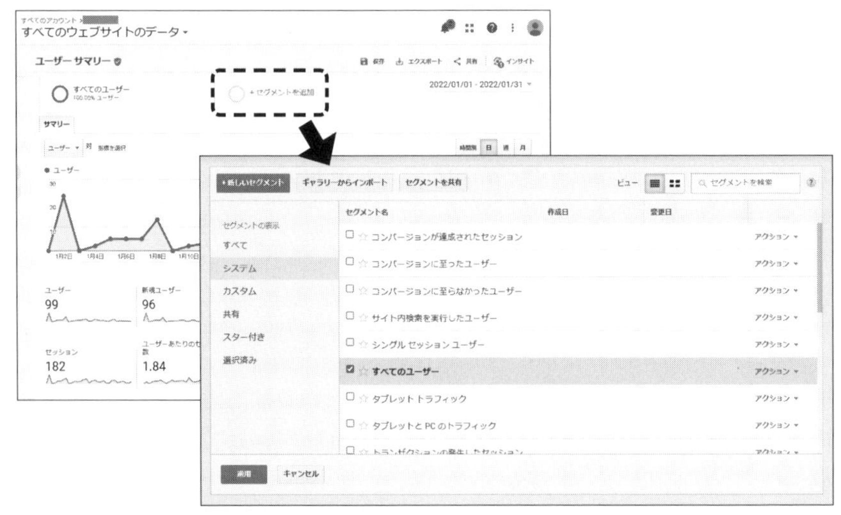

セグメントとは「集合の一部の区切り」「絞り込み」のことです。一般のビジネス用語で出てくる顧客のセグメントとほぼ同じです。

Googleアナリティクスでは、「○○のページを見た人だけ」や「検索から来た人だけ」のデータをぱっと絞り込んで見ることができます。これがセグメント機能で、セグメントを自由自在に設定できるので、細かく対象を分けて深掘り分析できるすばらしい機能です。

ひとまず、「＋セグメントを追加」をクリックして出てくる画面を見てみましょう。

たくさんのセグメント候補が表示されます。最初は自分で設定したカスタムセグメントがないので、システムであらかじめ設定されているものだけです。

ここで「すべてのユーザー」という項目にチェックが入っているのがわかります。いつも見ていたデータは「すべてのユーザー」というセグメントのデータを見ていたのだ、と気付きます。

システムセグメントだけでも、次の強力なセグメントが用意されています。

・コンバージョンが達成されたセッション
・モバイルトラフィック
・リピーター
・購入したユーザー
・自然検索トラフィック

いちいち言葉遣いが欧米風ですが、慣れていきましょう。「モバイルトラフィック」はスマートフォンでアクセスした訪問、「自然検索トラフィック」はGoogleなどの検索エンジンで、検索広告ではなく普通の検索結果から訪れた訪問を意味しています。「購入したユーザー」はECサイトの設定をしているサイトなので、それ以外のサイトでは使うことはないでしょう。

「リピーター」も非常に役立つセグメントです。新規訪問者とリピーターでは見るページが違います。興味のありかが違うのです。そこで、「新規ユーザー」セグメントで「すべてのページ」のデータを取り、次に「リピーター」セグメントでデータを取れば、まるで違うランキングになります。

リピーターが多く見ているページ、リピーターが再訪問時に閲覧開始するページは、一度見て「この情報は良いからまた来よう」「この機能は便利だ」と感じたページであることが多いです。であれば、リピーターが重視するページを新規訪問者が気づきやすくしましょう。リピート訪問してくれる確率が上がります。

ほかにも興味深いセグメントがたくさんありますから、いろいろ選んで結果を見ていきましょう。最大4つまでセグメントを選ぶことができるので、

・自然検索トラフィック
・ノーリファラー（直接アクセス）
・参照トラフィック（外部サイトからのアクセス）
・有料のトラフィック（広告からのアクセス）

と選べば、どの集客チャネルから来た人がどこから閲覧開始し、どこで帰ったか、どれだけ目標に到達したかがすべてわかります。

実は、このセグメントを使えば、そのセグメントの人がどれだけ目標に到達したかは、目標設定していなくても「すべてのページ」画面だけで理解できます。「すべてのページ」で検索欄を使ってお問い合わせ完了画面のアクセス数に絞り込んでください。

	閲覧開始数合計（≒セッション数）	完了画面のページ別訪問数
自然検索	200	3
直接アクセス	100	10
外部サイト	50	0
広告	100	4

と、この画面を見るだけで全部わかります。

■コンバージョンが達成されたセッションを比較する

さて、今大切なセグメントは「コンバージョンが達成されたセッション」ですね。このほかに「コンバージョンに至ったユーザー」という少し似たセグメントも用意されています。

・Aさん
　1回目の訪問：目標に到達せず　……①
　2回目の訪問：目標に到達！　　……②

この場合、「コンバージョンが達成されたセッション」とは②のことです。①は集計に入りません。だからこのセグメントを使えば、目標到達回数はセッション数とほぼ同数になります。同じ人が複数の目標に到達することもあるので、セッション数より目標数のほうが多いという状態になります。

一方、「コンバージョンに至ったユーザー」では①も②も入ります。同じ人が何度も訪れて、目標到達する回もしない回もあります。それを全部集計しようということです。これなら、1回目の訪問時に集客したページも含まれるので両者の違いが興味深いところです。

今はページごとの目標貢献度を見たいので、全部目標到達したセグメント「コンバージョンが達成されたセッション」を使うことにしましょう。

設定画面に戻って、いったん「すべてのユーザー」に入っていたチェックをはずし、「コンバージョンが達成されたセッション」にチェックを入れてください。画面のいちばん上の表示から「すべてのユーザー」が消え、代わりに「コンバージョンが達成されたセッション」が表示されたはずです。この状態で設定画面の下のほうにある青い「適用」ボタンを押すと、全部のデータが「コンバージョンが達成されたセッション」だけの数字に絞り込まれます。

そして再度、「＋セグメントを追加」を押して設定画面を開き、「すべてのユーザー」をチェックしてください。これで、コンバージョンセッションと全体が両方選ばれた状態になります。「適用」を押せば、全部のデータが「全体に対してコンバージョン達成者のデータがどれくらいあったか」という比較になります。

このセグメントを選んで「すべてのページ」を見てください。

▼図　セグメント比較による「すべてのページ」画面

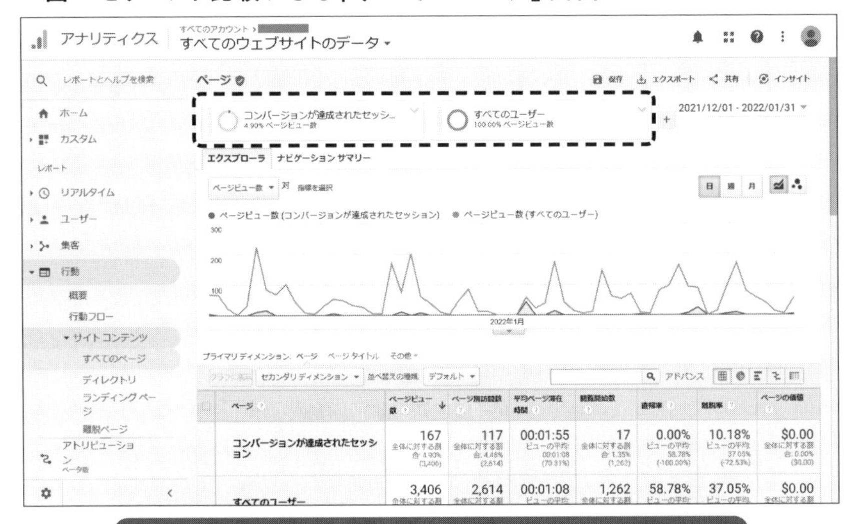

「コンバージョンが達成されたセッション」と「すべてのユーザー」の2つを選んで「行動 > サイトコンテンツ > すべてのページ」を表示した画面

各ページのデータが2段重ねになって、上に「コンバージョンが達成されたセッション」、下に「すべてのユーザー」のデータが表示されます。この表はもともとページビュー数の多い順に並んでいますが、2段重ねになった場合は、上の段のセグメントのデータの「ページビュー数の多い順」となります。そのため、下の段にある「すべてのユーザー」のページはまったく多い順に並んでいないことがわかります。

▼図　セグメント比較による「すべてのページ」画面

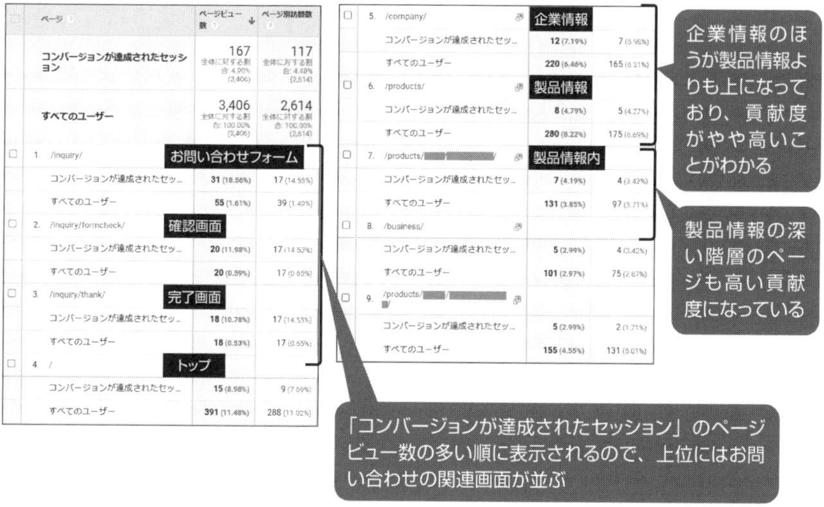

ページ	ページビュー数	ページ別訪問数
コンバージョンが達成されたセッション	167 全体に対する割合: 4.90% (3,406)	117 全体に対する割合: 4.48% (2,614)
すべてのユーザー	3,406 全体に対する割合: 100.00% (3,406)	2,614 全体に対する割合: 100.00% (2,614)
1. /inquiry/		
コンバージョンが達成されたセッ...	31 (18.56%)	17 (14.53%)
すべてのユーザー	55 (1.61%)	39 (1.49%)
2. /inquiry/formcheck/		
コンバージョンが達成されたセッ...	20 (11.98%)	17 (14.53%)
すべてのユーザー	20 (0.59%)	17 (0.65%)
3. /inquiry/thank/		
コンバージョンが達成されたセッ...	18 (10.78%)	17 (14.53%)
すべてのユーザー	18 (0.53%)	17 (0.65%)
4. /		
コンバージョンが達成されたセッ...	15 (8.98%)	9 (7.69%)
すべてのユーザー	391 (11.48%)	288 (11.02%)
5. /company/		
コンバージョンが達成されたセッ...	12 (7.19%)	7 (5.98%)
すべてのユーザー	220 (6.46%)	165 (6.31%)
6. /products/		
コンバージョンが達成されたセッ...	8 (4.79%)	5 (4.27%)
すべてのユーザー	280 (8.22%)	175 (6.69%)
7. /products/		
コンバージョンが達成されたセッ...	7 (4.19%)	4 (3.42%)
すべてのユーザー	131 (3.85%)	97 (3.71%)
8. /business/		
コンバージョンが達成されたセッ...	5 (2.99%)	4 (3.42%)
すべてのユーザー	101 (2.97%)	75 (2.87%)
9. /products/		
コンバージョンが達成されたセッ...	5 (2.99%)	2 (1.71%)
すべてのユーザー	155 (4.55%)	131 (5.01%)

お問い合わせフォーム
確認画面
完了画面
トップ
企業情報
製品情報
製品情報内
企業情報のほうが製品情報よりも上になっており、貢献度がやや高いことがわかる
製品情報の深い階層のページも高い貢献度になっている
「コンバージョンが達成されたセッション」のページビュー数の多い順に表示されるので、上位にはお問い合わせの関連画面が並ぶ

この2段重ねでExcelデータをダウンロードし、上下の比率を計算すれば、各ページの目標貢献度が明らかになります。VLOOKUP関数でサイト構成表に取り込めば、サイトの構成に沿って、どこに貢献度の高いページやコーナーがあるかが浮かび上がるでしょう。

セグメントを自分で設定して調べる

先ほどは「コンバージョンが達成されたセッション」というあらかじめ用意されたセグメントを使いましたが、複数の目標を設定したサイトでは、全目標が混じってしまいます。お問い合わせに貢献したページとブランドコンテンツの閲覧に貢献したページでは、性質がまったく違うかもしれません。

そこで、各目標をばらばらにセグメントにして調べる必要があります。新しいセグメントを自分で設定しましょう。

今、「コンバージョンが達成されたセッション」セグメントが表示されているなら、その右側にある下向きの▼をクリックしてください。選択肢が表示されたら「× 削除」を選びます。すると、「すべてのユーザー」単独の表示に戻ります。削除を選ぶのは緊張しますが、この場合は「今使っているセグメントの使用をやめる」だけなので、セグメント設定はなくなりません。ご安心ください。

ここで「＋セグメントを追加」を押して、セグメント設定画面を表示します。画面の左上に赤い「＋新しいセグメント」ボタンがあるのでクリックしてください。表示される画面で設定を行います。

▼図　新しいセグメントを作成する

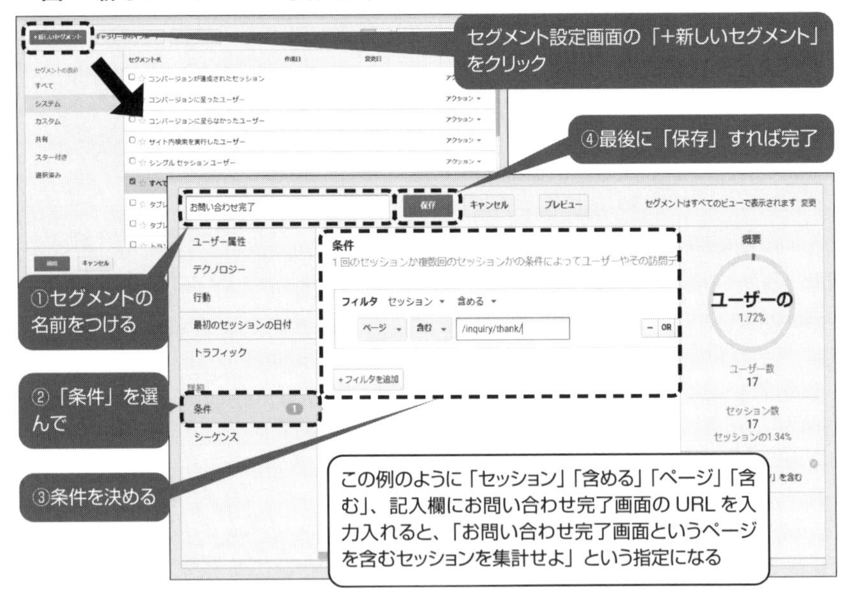

まず上部の「セグメント名」欄にこれから作るセグメントの名前を書き込みます。日本語でも大丈夫です。今回は「お問い合わせ完了」としました。たくさん設定を作る可能性があるなら、「01_問合せ完了セッション」と番号始まりで書けば番号の順番に並んでくれるのであとで探しやすくて便利です。

設定画面では多くの設定ができるようになっていますが、画面左側から

「条件」をクリックして、表示される条件の設定画面で、図のように、「フィルタ」の右側は「セッション」「含める」とし、その下は「ページ」「含む」としてください。その右の記入欄には「/inquiry/thank/」とお問い合わせの完了画面のURLを入れてください。

これで、「『/inquiry/thank/』というページを含むセッションを集計する」と設定できました。上の「保存」ボタンを押せば完了です。自動的に設定内容が保存され、そのセグメントが選ばれた状態になります。先ほどまで選ばれていた「すべてのユーザー」は消えて「お問い合わせを完了したセッション」だけになっているでしょう。

この状態で「＋セグメントを追加」を押して設定画面を呼び出し、改めて「すべてのユーザー」をチェックすれば、ほぼ全部のレポートで「お問い合わせを完了したセッション」と「すべてのユーザー」の2段重ねでデータが表示されます。

では、「すべてのページ」を見てみましょう。

		ページ別訪問数
/（トップページ）	お問い合わせ完了	8
	すべてのユーザー	1,250

と、各ページがどれくらい目標到達に貢献したかがわかります。お問い合わせの完了画面の表示をカギにしているのですが、こんなページであっても1回のセッションで2回以上表示される場合があり、完了画面のページビュー数が「お問い合わせ完了回数」よりも多くなってしまうことがあります。だから、このデータでは「ページ別訪問数」のデータを使ってください。

$$8 \div 1{,}250 \times 100 = 0.64\%$$

です。

このデータの意味するところは、お問い合わせ完了したセッションで8

人の人がトップページを見ていた、ということです。本当のCVRではありませんが、それだけお問い合わせ完了に貢献度が高いことを示しています。これを全ページ取得してサイト構成表に並べれば、どのコーナーのどのページが貢献度が高いかがわかります。

■目標に効果的なページのアクセスを増やす

ていねいに作業するなら、すべての目標ごとにセグメントを作って、どの目標にはどのページが効果的なのか、確認するようにしましょう。

この集計で「各目標に効果的なページ」がわかれば、そのページをより多くの人に見せるよう、

①サイト内のリンクを改定して、そのページに対象者を誘導する
②集客コンテンツを強化して、そこからそのページに誘導する
③そのページ自体を集客点にすべくページ内容を調整する
④そのページを対象に検索対策や広告を出す

この順番で作業していけば、お問い合わせを増やすことができます。

同様に「お問い合わせフォームを見たセッション」というセグメントも作れば、

(A) フォーム到達も多く、お問い合わせ完了も多いページ
(B) フォーム到達が多いがお問い合わせを完了はしないページ
(C) フォーム到達は少ないが、お問い合わせ完了率は高いページ
(D) フォーム到達も少なく、お問い合わせ完了もしないページ

と、すべてのページを4つに分類できます。

(A) のページはすばらしいですね。もっと多くの人をそのページに誘導しましょう。(B) は惜しいページです。お問い合わせ完了を増やすためにお問い合わせの魅力をアピールします。(C) は目立たないが重要なページです。もっと多くの人がそのページに気付くようにしましょう。(D) に

ついては、まずはフォームへの到達を増やすようにリンクを調整しましょう。

「結局全ページ変えなきゃいけないのか。これは大変だ」と思われるでしょう。しかし、お問い合わせの魅力を増してフォームへの移動を促すのは、全部同じ手法でできるかもしれません。まずは1ページで試し、別のページで検証したら、一気に全ページを同じ方法で改定することができます。

セグメントを使わず、集客→目標到達の効果を見る方法

おなじみの「すべてのページ」のすぐ近くに、「行動 > サイトコンテンツ > ランディング ページ」という項目があります。「ランディング ページ」は狭義では「広告からの閲覧開始ページ」の意味ですが、ここではもっと広く、「すべての集客ページ」を意味しています。

項目を開くと、「すべてのページ」と似たような、ページURLに始まるデータ表が並んでいます。先頭のデータ項目は「セッション数」で、これが「集客回数」を示しています。つまり、「すべてのページ」表では「閲覧開始数」と一致しています（言葉遣いがややこしいですが、気にせず慣れてください）。

このデータ表の独特のデータ項目が、まずは「ページ/セッション」と「平均セッション時間」です。これは各ページ単独でのデータではなく、

・そのページから閲覧開始したセッションでは平均何ページ見ていったか
・そのページから閲覧開始したセッションは平均何分何秒見ていったか

を示すものです。せっかく集客しても全員直帰していたら、「ページ/セッション」は1.00となります。半分の人が2ページ見たら1.50となるでしょう。お問い合わせが発生したセッションでは、フォーム → 確認画面 → 完了画面とたどるだけで最低3ページは見ているのですから、お問い合わせに貢献度の高い集客ページは、「ページ/セッション」が5以上になるのが普通です。

このデータ表でいちばん大切な項目は、右端の「コンバージョン」部分です。「すべてのページ」では「ページの価値」というわかりにくい項目で、「お問い合わせをした人はこのページを通ったらしい」といった価値観でしたが、「ランディング ページ」ではもっとドンピシャに、

このページから閲覧開始した人がこの目標にたどり着いた

という関係がはっきり示されます。

▼図　「ランディング ページ」では目標ごとに到達回数を見られる

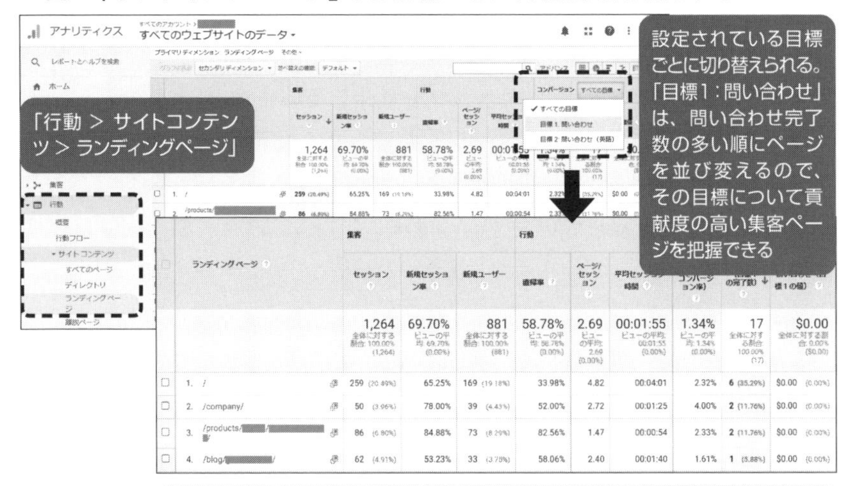

「行動 > サイトコンテンツ > ランディングページ」
設定されている目標ごとに切り替えられる。「目標1：問い合わせ」は、問い合わせ完了数の多い順にページを並び変えるので、その目標について貢献度の高い集客ページを把握できる
トップ、企業情報に続いて、製品情報の深い階層のページやブログが集客してお問い合わせが発生していることがわかる。そうした効果的な集客ページの集客数を伸ばすことが成果の向上につながる

図のように、集客ページごとに、そのページから閲覧を開始した人が目標に到達したかどうかが示されています。表の見出し行に「コンバージョン」と書かれた右側には、「すべての目標 ▼」となっており、設定された全目標の合算になっていることがわかります。「▼」があるということはこの部分もプルダウンメニューになっています。クリックすると、個別の

目標が候補として表示され、それを選ぶことで目標ごとに貢献ページを見つけることができます。

「ランディング ページ」の項目では、ページが「セッション」の多い順に並んでいます。つまり集客数の多い順です。しかし、この表を見ると、集客数の多いページが全部お問い合わせにつながっているわけではないことがわかります。

図の例では、問い合わせの合計数が17回もあるのに、トップ10に並んでいるページでは合計11回です。ほかのもっと少ない集客数のページから来た人が6回、お問い合わせを行ったのです。これがどのページなのか知る必要がありますね。

そこで、データ表の項目行の「問い合わせ（目標1の完了数）」と書かれた場所をクリックしましょう。すると問い合わせ完了数の多い順に全ページが並び変わります。これで表の上部に目標達成に結びついた集客ページが集合したわけです。この完了数がゼロになったら、その下はずっとゼロです。どんなに集客数が多いページでも、その目標への貢献度はゼロということになります。

このデータを取ってサイト構成表に取り込み、どのページでの集客が目標達成に役立っているかを知りましょう。集客数と目標到達数とで割り算をすれば、

目標到達数÷集客数（「ランディング ページ」の「セッション」）×100＝CVR

が計算できます。これははっきりと各集客ページの「CVR」と位置付けてよいでしょう。

そのあとの対処は、

・CVRの高い集客ページの集客数を増やす
・集客数が多いのにCVRが低い集客ページを改定して目標誘導を強化する

の2つです。

8-5 ページは最後まで読まれているのか

Googleアナリティクスからサイト構成表にデータをVLOOKUP関数で取り込み、サイト構成に基づいて「どのコーナーのどのページが役に立っているか」「足を引っ張っているか」を調べ、良いページは伸ばし、良くないページは直していく……、この作業を繰り返せば、訪問者が次第に目標に近づき、目標到達数が伸びていきます。このプロセスにはもう慣れたことでしょう。「全部やり方は同じなんだな」と思っていただければ幸いです。

そんな中で気になるのは、「このページはアクセスは確かに多いが、ちゃんと最後まで内容が読まれているんだろうか？」ということです。

あまりにもブレが大きい「平均ページ滞在時間」

Googleアナリティクスの「すべてのページ」には「平均ページ滞在時間」という項目があります。しかし、本書ではここまでページ滞在時間については触れてきませんでした。それはあまりにぶれの多いデータだからです。

Googleアナリティクスではページの滞在時間を、「次のページへ移動するまで」で集計しています。ページAからページBに進んだ場合、

ページBのリクエスト時刻－ページAのリクエスト時刻
＝ページAの滞在時間

という引き算で算出しています。普通に次に進んでくれたら引き算ができるのですが、Googleアナリティクスではサイト離脱時刻をとっていないので、ページAで離脱してしまったらこの引き算ができません。そこで、

Googleアナリティクスは、

・セッション時間から最後のページの滞在時間は除外する
・ページ滞在時間から離脱した場合の滞在時間は除外する

という原則でセッション滞在時間やページ滞在時間を計算し、表示しています。そのため、「すべてのページ」では、離脱率100.00％のページの滞在時間は「00:00:00」と表示されます。

A → B → C → D → E → ×離脱

と動いた場合、このセッションの滞在時間はAからDまでの時間で算出されます。また、ページEの滞在時間は記録上はゼロになります。
　普通にたくさんのページが見られているなら、「まあ最後くらいいいか」と思えるのですが、

・ページ/セッション（平均ページ数）：1.33ページ
・離脱率：95.00％

といったサイトでは、非常に多くのページビューが「離脱ページ」となり、滞在時間が記録されません。つまり、離脱率の高いページのページ滞在時間は少ないデータから平均されています。
　データの母数が少ないと、

・ページAの滞在時間
　Aさん　5秒
　Bさん　8秒
　Cさん　1時間25分12秒
　平均　　28分28秒

のように、たまたま長い時間滞在した人に引きずられて、長い時間に見えてしまいます。これでは指標としてあまり信頼性がありません。特に直帰率や離脱率が高いサイトでは「平均ページ滞在時間」を見て「まあまあ長く見られているな」と安心してはいけません。

これはGoogleアナリティクスに限りません。ほとんどの計測ツールはこの方式になっています。私は以前、ブラウザーを離れたタイミングを計測できる計測ツールを使ったことがありますが、それで見ると、直帰者は悲しいくらい短い時間で帰っていました。3秒あるかどうかという時間です。それを考えると、長いデータに引きずられる「平均ページ滞在時間」を重視する気にはなれないのです。

全ページの読み込みを調べる「スクロール深度」

そこで計測すべきなのは「スクロール深度」です（Googleタグマネージャーの設定画面では、「スクロール距離」と記載されています）。各ページが上からどのあたりの位置までスクロールされたかを測るもので、一般にページの上から、

10%　25%　50%　75%　90%

までスクロールされたことを測ります。10%までしかスクロールされずにアクセスが終わったらあまり読み込まれていないでしょう。逆に、75%まで読んでもらえたなら、まぁまぁ内容に興味を持ってもらえたな、と感じられます。

最後が100%でないのは、多くのウェブページではいちばん下は全ページ共通の「フッター」部分で、そこまで読み込まなくてもページ内容は全部見たと言えるからです。

この設定はGoogleタグマネージャーで簡単に行うことができます。右ページの図の手順に従って変数とトリガーを設定してください。単独のGoogleアナリティクスでは設定できないので、ぜひGoogleタグマネージャーを導入してアナリティクスを使うようにしてください。

▼図　スクロール深度を測るための準備（変数の設定）

はじめから用意されている組み込み変数が一覧されるので、その中から「スクロール」についての3つの変数を選択して、画面上部の「×」を押して戻る

▼図　スクロール深度を測るための準備（トリガーの設定）

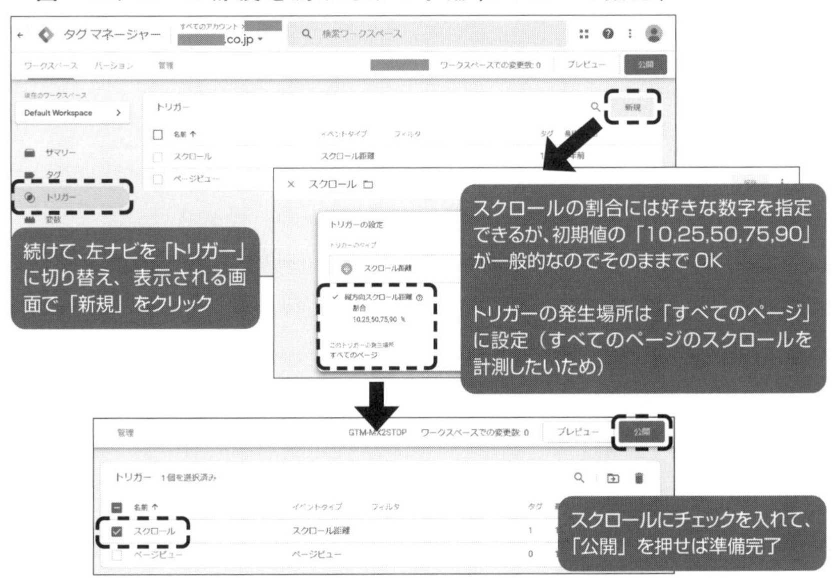

続けて、左ナビを「トリガー」に切り替え、表示される画面で「新規」をクリック
スクロールの割合には好きな数字を指定できるが、初期値の「10,25,50,75,90」が一般的なのでそのままで OK
トリガーの発生場所は「すべてのページ」に設定（すべてのページのスクロールを計測したいため）
スクロールにチェックを入れて、「公開」を押せば準備完了

Googleタグマネージャー側で設定を終えたら、Googleアナリティクスで「イベント」を選び、そこで「スクロール」を選び、「10 25 50 75 90」と計測深度の数字を並べて記入します。「すべてのページ」を対象にすると選べば設定完了です。これで、全ページの全ページビューに対してスクロール深度を測ることができます。

ページのどこまで見られたかを追いかけるには、深度をもっと細かくしても良いのですが、いろいろやってみた結果、この5段階が適切だと思います。ちょっとスクロールした（10%）、4分の1まで・半分まで・4分の3までスクロールした（25%、50%、75%）、ほぼ全部見た（90%）の5段階で把握するのです。

設定したら、データはGoogleアナリティクスの「行動 > イベント > 上位のイベント」で見られます。上位のイベントには「scroll」といった名前が、ほかの設定イベントと並んで表示されます。

ここでスクロールイベントが発生した（だれかがページをスクロールした）回数を見ると、とんでもなく多い数字になっていてびっくりすると思います。これは、同じ人が同じページで読み進めると、10%、25%、50%とスクロールしていく間に何回もイベントが発生し、その合計が表示されているためです。理論上、全ページビューで90%までスクロールされていたら、総ページビュー数の5倍のスクロールイベント数になります。

では、この表から「スクロール」をクリックして詳細を見ていきましょう。

▼図　スクロールイベント画面

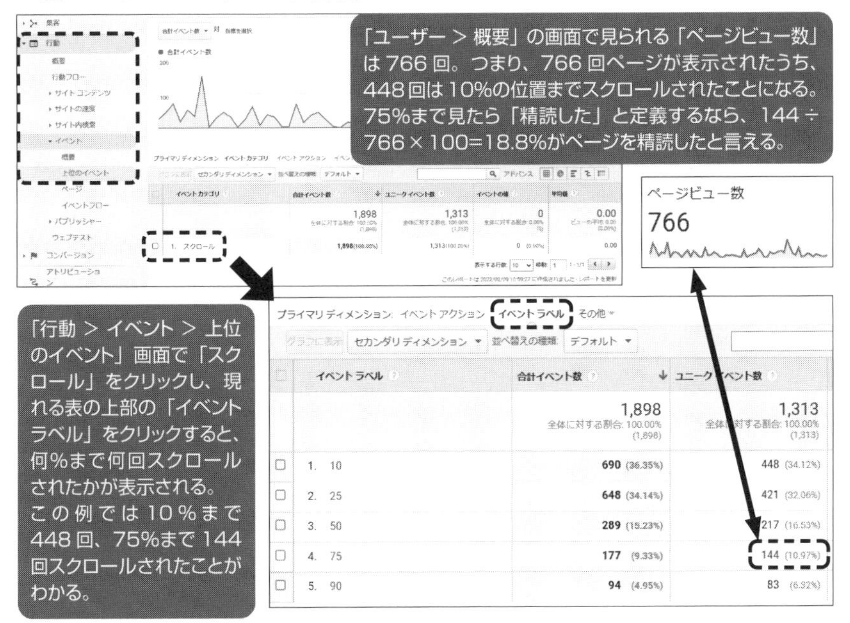

「ユーザー > 概要」の画面で見られる「ページビュー数」は766回。つまり、766回ページが表示されたうち、448回は10%の位置までスクロールされたことになる。75%まで見たら「精読した」と定義するなら、144÷766×100=18.8%がページを精読したと言える。
ページビュー数
766
「行動 > イベント > 上位のイベント」画面で「スクロール」をクリックし、現れる表の上部の「イベントラベル」をクリックすると、何%まで何回スクロールされたかが表示される。この例では10%まで448回、75%まで144回スクロールされたことがわかる。
プライマリディメンション: イベントアクション イベントラベル その他
グラフに表示 セカンダリディメンション 並べ替えの種類: デフォルト
イベントラベル
合計イベント数
ユニークイベント数
1,898
全体に対する割合: 100.00% (1,898)
1,313
全体に対する割合: 100.00% (1,313)
1. 10 690 (36.35%) 448 (34.12%)
2. 25 648 (34.14%) 421 (32.06%)
3. 50 289 (15.23%) 217 (16.53%)
4. 75 177 (9.33%) 144 (10.97%)
5. 90 94 (4.95%) 83 (6.32%)

表の左側には10から90までが並んでいます。実は合計イベント数の多い順に並んでいるのですが、10%までスクロールする回数より25%までスクロールする回数のほうが多くなることはありませんから、5段階が順序良く並びます。

「合計イベント数」「ユニーク イベント数」の値がありますが、スクロール回数としては「ユニーク イベント数」のほうが実態を反映しています。合計イベント数がユニークよりもやや多くなるのは、1人の人が1ページビューの間にページをスクロールさせて25%まで進んだのち、ページの上のほうが気になってもう一度10%の位置まで戻ってくるという「逆スクロール」が発生するためです。

そこで、

合計イベント数÷ユニーク イベント数＝逆スクロール頻度

を表していると言えます。大半のサイトで逆スクロール頻度は10%位置で最も高く、ページの上部で行ったり来たりの行動が多いとわかります。逆に、90%まで行った人はあまり逆スクロールしないようです。

■スクロール回数の意味とは

図にあるように、このサイトの全体のページビュー数は766PVでした。全員が10%位置までスクロールしてくれたら、理屈上は10%のユニークイベント数が766になるはずです。ところが実測された10%のユニーク イベント数は448回です。ページビュー数に対して58.5%にすぎません。ということは、全ページビューの41.5%にあたる318PVは、10%までもスクロールしてもらえなかったとわかります。

このデータをダウンロードして、少し整理してみましょう。

▼図　スクロールイベントのデータ

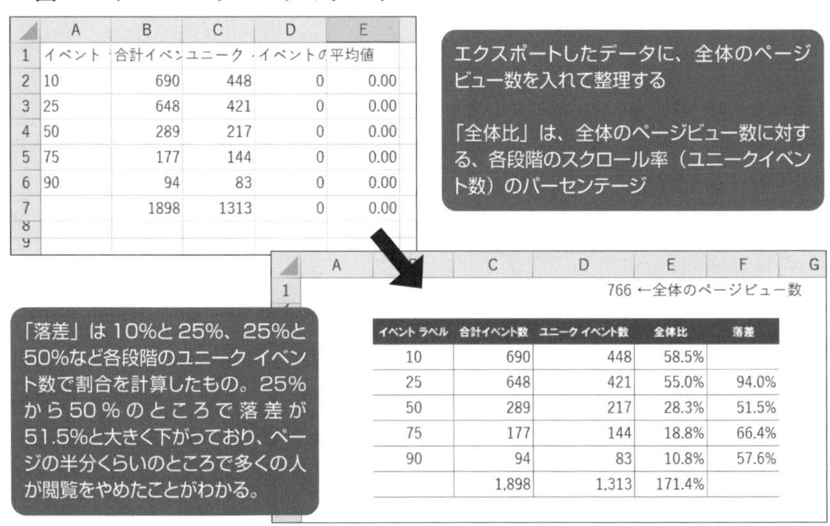

	A	B	C	D	E
1	イベント	合計イベン	ユニーク	イベントの	平均値
2	10	690	448	0	0.00
3	25	648	421	0	0.00
4	50	289	217	0	0.00
5	75	177	144	0	0.00
6	90	94	83	0	0.00
7		1898	1313	0	0.00
8					
9					

766 ←全体のページビュー数

イベント ラベル	合計イベント数	ユニーク イベント数	全体比	落差
10	690	448	58.5%	
25	648	421	55.0%	94.0%
50	289	217	28.3%	51.5%
75	177	144	18.8%	66.4%
90	94	83	10.8%	57.6%
	1,898	1,313	171.4%	

エクスポートしたデータに、全体のページビュー数を入れて整理する
「全体比」は、全体のページビュー数に対する、各段階のスクロール率（ユニークイベント数）のパーセンテージ
「落差」は10%と25%、25%と50%など各段階のユニーク イベント数で割合を計算したもの。25%から50%のところで落差が51.5%と大きく下がっており、ページの半分くらいのところで多くの人が閲覧をやめたことがわかる。

全体のページビュー数766を余白に書き込んで、「対PV」のスクロール率を計算しています。28.3%のページビューでページの半分まで到達していますが、75%位置まで到達したのは18.8%、90%位置まで到達したのは全体の10.8%だとわかります。本当は10.8%がページを全部読んでくれた、というのは優秀な数字です。75%位置までひと桁しかたどり着かないサイトも少なくありません。

どのページが下のほうまでスクロールされ、どのページがスクロールが少ないのかが気になります。ここでも簡単な操作で一網打尽にし、サイト構成表上でどのページが下まで見られているか、チェックできるようにしましょう。

今と同じ「行動 > イベント > 上位のイベント」の画面で「スクロール」をクリックし、スクロール深度のデータ画面に進みます。ここで、表のすぐ上の「セカンダリ ディメンション▼」という不思議な名前のボタンを押します。例によって多数の候補が表示されるのですが、候補の上に検索欄がありますから、ここに「ページ」と入力して候補を絞り込みます。その中から「ページ」を探してクリックしてください。

すると、図のように10、25といったスクロール深度がある欄の右側に「ページ」という欄が増え、URLがずらりと並びます。

▼図　スクロール深度にページを表示

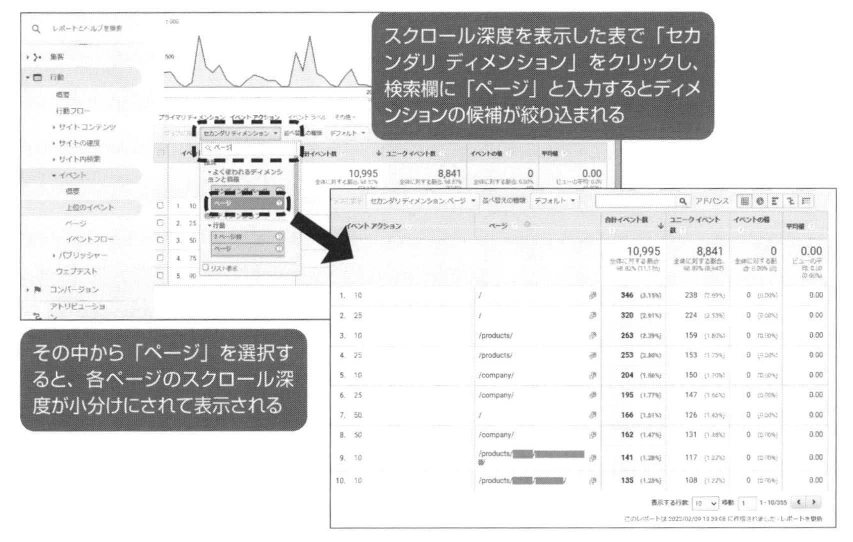

スクロール深度を表示した表で「セカンダリ ディメンション」をクリックし、検索欄に「ページ」と入力するとディメンションの候補が絞り込まれる
その中から「ページ」を選択すると、各ページのスクロール深度が小分けにされて表示される

図では表のいちばん上に

	ページ	ユニークイベント数
10	/	238
25	/	224

が見られます。つまり、トップページは10%位置まで238回スクロールされ、25%位置まで224回スクロールされたわけです。合計イベント数の多い順に表示されているので、ここではトップページの50%位置までしかスクロール回数が表示されていませんが、もっと下の順位まで見ていけば、75%位置や90%位置のデータも取れるはずです。

表のいちばん下まで見ると、この表は全部で355行あることが示されています。「表示する行数」のプルダウンメニューで「500」を選んで、全データを1表に表示してしまいましょう。このデータをExcelデータとしてエクスポートすれば、全ページがどこまで何回スクロールされたかのデータが手に入るわけです。

▼図　表の行数を確認して全行をエクスポートする

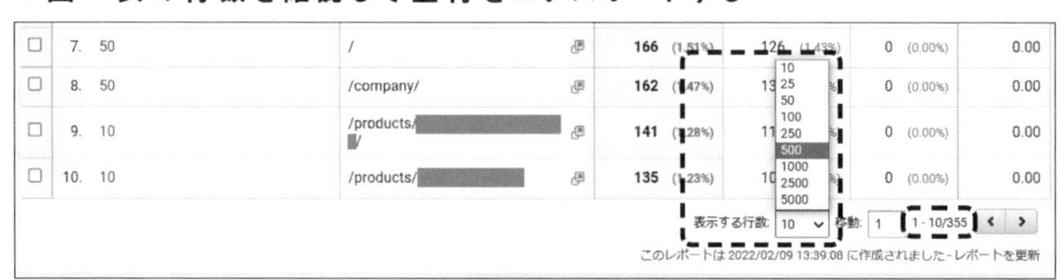

全体の行数を確認して、その行数以上を「表示する行数」で指定してデータをエクスポートする

エクスポートしたデータを「ページ」の昇順で並べ替えれば、ページのデータが把握できるようになります。先頭にトップページ（/）の10%から90%までのデータが並びますが、この調子で全ページについて、どこまで何回スクロールされたかわかる理屈です。

理屈はそうなのですが、全ページ分を順番に計算していくのは大変です。これをサイト構成表に取り込んでサイト全体として評価するにはどうすればよいでしょう。

「精読率」でサイトの評価を行う

そこで導入するのが「精読率」という考え方です。「このページはある程度読んでもらえているな」と思えるスクロール深度を75%とします。「4分の3まで見てくれたのなら内容に関心があったと考えて良いだろう」という仮定です。それが、ページごとのページビュー数に対してどれだけの割合になるかを計算します。

「すべてのページ」から取れるデータを合わせれば、

	ページビュー数	75%のユニーク イベント数	精読率
/（トップページ）	391	81	20.7%
/products/（製品情報）	280	64	22.9%

とわかります。精読率は、

75%のユニーク イベント数÷ページビュー数×100＝精読率

として計算します。上記の数字からは、トップページよりも製品情報トップのほうが下までスクロールされている（＝精読率が高い）ことがわかります。

▼図　スクロール深度データを整理して精読率を求める

エクスポートしたスクロール深度データ

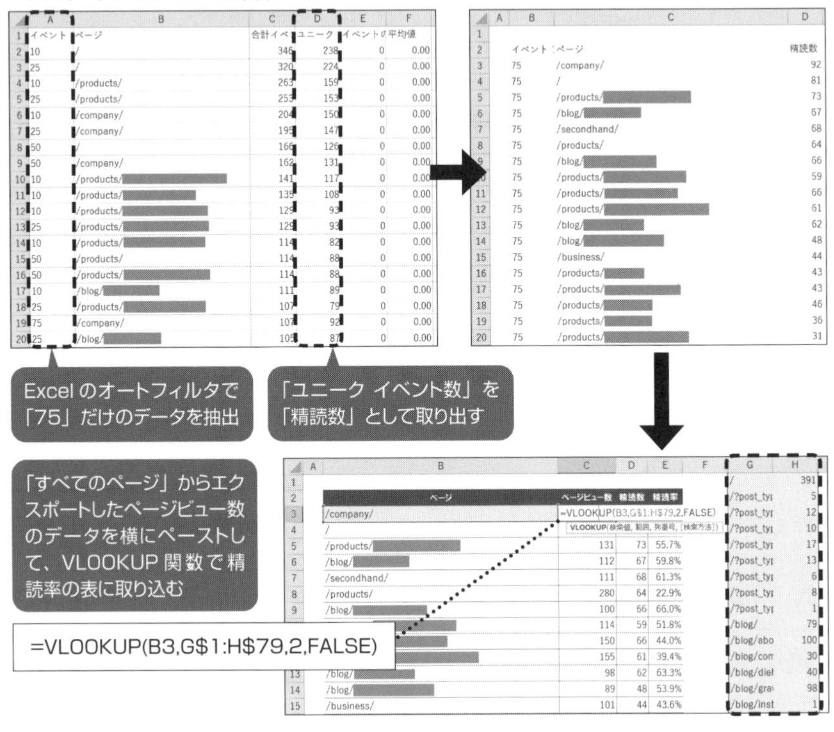
Excel のオートフィルタで「75」だけのデータを抽出
「ユニーク イベント数」を「精読数」として取り出す
「すべてのページ」からエクスポートしたページビュー数のデータを横にペーストして、VLOOKUP 関数で精読率の表に取り込む
=VLOOKUP(B3,G$1:H$79,2,FALSE)

	A	B	C	D	E
1					
2		ページ	ページビュー数	精読数	精読率
3		/	391	81	20.7%
4		/products/	280	64	22.9%
5		/company/	220	92	41.8%
6		/products/	155	61	39.4%
7		/products/	150	66	44.0%
8		/products/	131	73	55.7%
9		/products/	114	59	51.8%
10		/blog/	112	67	59.8%
11		/secondhand/	111	68	61.3%
12		/business/	101	44	43.6%
13		/blog/	100	66	66.0%
14		/blog/	98	62	63.3%
15		/products/	96	46	47.9%
16		/blog/	89	48	53.9%
17		/products/	88	43	48.9%

完成

「精読数」÷「ページビュー数」×100で「精読率」を計算し、Excelの条件付き書式にて、良いページに青、精読されていないページにピンク色を着色。
トップや製品情報などのページビュー数の多いページの精読率が低い一方、ブログなどのページはしっかり読まれていることがわかる。

精読率はあくまでひとつの目安です。トップページや製品情報トップはページの上部に魅力的なリンクがたくさんあるので、ページをスクロールしなくても見たい項目が見つかり、すぐにクリックしてしまうでしょう。下までスクロールされるだけがページの価値ではありません。

「このページは目次なのでスクロールされるよりも離脱が少なく、リンクがクリックされているほうが良い」と複合的に評価するのが本来です。

しかし、サイト全体で見ると「どれだけ有効な情報発信ができたか」が精読率に反映されるのはまちがいありません。

「すべてのページ」で全ページのページビュー数を取得し、「スクロールイベント」で精読数を取得し、それぞれVLOOKUP関数を使えば、サイト構成表上に全ページのページビュー数と精読数をそろえることができます。これで精読率を計算すれば、サイト構成表上に、どのコーナーのページがどれだけよく読まれているか、がすべて明らかになります。

コンテンツで集客しているのに、スクロールされていないページでは、あまり効果に結びつかないでしょう。製品について詳しく情報発信したいのに、スクロールされていないとしたら、ページを改定して情報発信力を高めるべきです。

スクロールの少ないページを改定し、もっと下まで読まれるようにするには、ページの上部を変更し、魅力的な小見出しをつけるなどして、「もっと読みたい」という気持ちを持たせることが不可欠です。

8-6 「閲覧価値」の成長でウェブ担当者の評価は決まる

ウェブサイトの価値を金額換算で評価する

ウェブ担当者は、管理するサイトの価値がどれだけ高まったか、会社に報告する必要があります。もしサイトが月に100万円分の価値を生み出しているなら、自分の給料分の価値は出ている、と考えてよいでしょう。

仮に月に10万円しか価値を生み出していないのであれば、「人手が足りないからウェブ担当者を増やしてほしい」と会社に頼んでも、実現することは残念ながらありません。急いで価値を増やさなければなりません。ウェブ担当者は、毎月サイトを改善してサイトの価値を伸ばすことで、まずは自分の作業の意味を会社に伝える必要があります。

会社にとっては「リニューアル費用が回収できたのかどうか」が問題です。一定の費用が回収できると期待できるなら、それだけ多くの費用をかけて次のリニューアルを計画できます。

これまでは、ウェブを全体として評価し、全体として伸びたことを示す評価方法がありませんでした。前の四半期よりも今四半期のほうが良い状態になった。前年同月よりこれだけ伸びた。評価方法がなかったので、これまでは「全体のページビュー数の増減を評価基準とする」「いや、ユニークユーザー数のほうが大切だ」と何とか全体の価値を考えてきたのです。

ここまで本章で見てきたデータ取得を使えば、サイト全体の評価をする方法が見えてきます。ぜひ少なくとも半期に1回は全体評価を行って、どれだけ伸びたかを数値で把握し、次はどこを直しどこを伸ばすべきかを特定しましょう。

ウェブサイトの価値には3種類あります。

・行動価値：店舗などへ足を運ばせたことを価値換算する
・売上価値：ECサイトの購入額、一般企業ではお問い合わせなどから生まれる価値
・閲覧価値：情報が見られるということはそれだけで価値がある

行動価値の算定

「行動価値」については、サイトからリアル店舗の来店をどれだけ生み出したか、という回数に客単価をかければ算出できます。住宅会社ではモデルハウスへの来店も行動価値となります。来店あたりの客単価、もしくは来店数に契約率をかけて、そこに住宅の販売単価をかければ、1来店当たりの価値が金額化できます。

実際には「ウェブを見て来店した」ことを店舗側で計測するのが難しく、行動価値を計測するのは簡単ではありません。1週間程度の調査期間を設け、来店者に「何を見て来店したか」を質問できる仕組みを作ることになります。調査結果から、ウェブからの来店数を推定します。

モデルハウスやショールームでは顧客に声をかけやすいので比較的調査がやりやすいようです。ウェブ上にプレゼントを掲載して、そのプリントアウトやスクリーンショットを持参すればプレゼントを渡すといったオペレーションも考えられます。

ウェブの店舗ページの閲覧者数はカスタムセグメント機能で「店舗詳細ページを見たセッション」を作って把握できます。

ウェブからの来店数÷店舗詳細を見たセッション数×100＝来店率

という計算が成り立ちます。調査を毎月行うのは手間がかかりすぎますが、来店率が一定だと仮定すれば、あとは「店舗詳細を見たセッション数」が増えればそれだけウェブからの来店数も増えたと想定できます。したがって、

店舗詳細を見たセッション数×来店率×来店者の客単価
=ウェブから発生した購入額

という計算で、この購入額を「行動価値」として計上します。

ただ、多くの企業サイトには行動価値に分類できる機能がありません。調査も複雑ですべてのサイトが常時行動価値を計算できるとは限りません。そこで本書ではここから、「売上価値」と「閲覧価値」の2つの価値をいかに計算するかに絞り込んで話を進めます。

売上価値の算定

「売上価値」でいちばんわかりやすいのはECサイトの売上です。これは商売上常に計測されているので、ここでさらに紹介する方法はありません。

ただ、ECサイトの販売では、「買いそうだったのに買わなかったお客様」があります。セグメント機能ではシステムセグメントとして準備されている「購入したユーザー」「トランザクションの発生したセッション」を使って、「買わなかったお客様と買ったお客様の行動の違い」を割り出して、購入が伸びるように改善することが必要です。カスタムセグメントで「カートに商品を入れたのに買わなかったお客様」を特定できれば、いわゆるカゴ落ちを防ぐ施策を検討できるでしょう。

消費財メーカーでは、商品が閲覧されたことと、店舗で商品が売れたことを結び付けるのが難しいです。ユーザー登録率が高い商品では、登録時のアンケート項目として、購入前にサイトを見たかを質問できるので、やや調べやすくなります。プレゼントキャンペーンなどの機会にアンケートをとってウェブ閲覧後の購入率を推定するのが一般的です。

最も一般的な売上価値は、お問い合わせと契約率で決まるものです。

お問い合わせ数×契約率×平均契約単価=売上価値

という式が考えられます。たとえば、

お問い合わせ数 月10件×契約率 5%＝契約件数 月0.5件
契約件数 月0.5件×平均契約単価 1,000,000円＝売上価値 月500,000円

と計算できます。お問い合わせ数が2倍になれば、売上価値も2倍の100万円となって、これならウェブ担当者の給料を賄えていると言えそうです。会社としても「もっとウェブに力を入れよう」ということになるかもしれません。

実際、当社でサイト改善をお手伝いした、関西のある機械メーカーでは、ウェブの問い合わせ由来の売上が年間8000万円にのぼることがわかったということで、がぜんウェブに力を入れ始めています。これくらいの売上が見込めるなら、ページづくりのスキルを持つ専門人材を採用することも選択肢になるでしょう。

売上価値の計算式には可変の要素が多いので、それぞれを伸ばすことができれば数値は大きく変わります。

お問い合わせ数 月15件×契約率 7%＝契約件数 月1.05件
契約件数 月1.05件×平均契約単価 1,200,000円＝売上価値 月1,260,000円

私たちは長らく「CVR」という指標をウェブの実力として考えてきました。しかし、売上価値を計算するにあたっては、CVRというお問い合わせ率はまったく関係がないことがわかります。私たちは率を高めたいと考えていますが、それは結果としてのお問い合わせ数の実数を増やすためだということを忘れないようにしなければなりません。

サイトの月の売上価値が50万円だとすると、300万円のリニューアル費用の元を取るのに半年かかってしまいます。そのうえ、ウェブ担当者の給料や制作会社の保守費用なども賄わなければなりません。これだけではウェブで儲かっているとは言えません。しかし、ウェブには「売上価値」だけでなく、もう1つ「閲覧価値」というものがあります。これを合算して、できるだけ高い価値にしたいので、閲覧価値の計算方法に移っていきましょう。

閲覧価値の算定

閲覧価値はこれまであまり重視されてきませんでした。金額換算の方法がなかったからかもしれません。しかし、広告を考えれば、会社や製品名を多くの人が見るというのはそれだけで大きな広告価値があるものです。

プロスポーツ選手にインタビューすると、スポンサー企業のロゴが映るようにしますね。F1レーサーなどは試合後に、いくつものスポンサーの帽子をとっかえひっかえして忙しくインタビューに答えています。タイガー・ウッズのパッティングがゆっくりとホールインするとき、大きく映し出されたボールのナイキのロゴがどれだけの宣伝価値があったか。今でも語り草となっています。

そんなスターの話でなくても、新聞の記事に採り上げられたら、その新聞の広告金額に照らして、1行いくらという金額を想定し、価値を計算します。その金額が年間通算でどれだけになるかで、広報担当者の評価は決まります。

ウェブでも、多くの訪問者があり、多くのページビューが稼げるのはそれだけで金額に換算できる価値を持っています。ブランディングコンテンツなどはまさに、閲覧によって価値が高まるものでしょう。

多くの会社でリニューアル時に目的の1つとして「ブランディング」が挙げられます。ところが金額換算が難しいために、リニューアルができてしまうとブランディングの効果は不問に付されてしまいがちです。

ウェブでも、表示課金型のバナー広告の金額相場に照らせば、1人が1ページ見る価値は10円程度あると言えます。クリック課金型のリスティング広告では、1クリックが100円以上かかるでしょう。リスティング広告は1クリックで1人の集客を意味しています。1人が平均3ページ見るとすれば、1人が訪れて1ページ見るたびに30円の価値が上がっていることになるはずです。

リスティング広告は、広告を出すことでGoogleやYahoo!などの有名媒体に表示を確定できる、という意味では高い価値があります。それをそのまま、ウェブの1ページビューに30円の価値があると考える人は少ないかもしれません。

私は、1つのページが1ページビューされることで、基本的には10円の価値があると考えています。月に2,000セッションが訪れるサイトで、1セッション平均3ページ見られるなら月に6,000ページビューです。単純計算すれば、このサイトの閲覧価値は、

月2,000セッション×平均ページ数 3ページ＝月6,000ページビュー
月6,000ページビュー×ページビュー単価 10円＝月閲覧価値 60,000円

となります。月6万円では、あまり大きな価値とは言えませんね。多くのサイトで、現状はこれくらいの閲覧価値です。

ここに傾斜配分を考えます。サイト構成表上で、「集客力を期待するページ」「説得力を期待するページ」「会社としてぜひ見せたいページ」「目標に近いお問い合わせフォームなど」については、少し単価を高め、15円といった単価を採用します。

逆に、多く見られてもあまりうれしくないページもあるでしょう。古いニュースのバックナンバーや昔のブログ記事、サイトマップやプライバシーポリシーなどでは単価5円にするといった比重をつけるのです。

さらに、同じページでもよく読まれた場合と、そうでない場合に分けて考える必要があります。ページビュー数を精読回数と非精読回数に分けて、たとえば次のような別の単価をつけます。

・重要ページ　　　精読：18円　非精読：15円
・通常ページ　　　精読：13円　非精読：10円
・その他のページ　精読：8円　非精読：5円

サイト構成表上ですべてのページを分類して単価を書き込むことができます。そこにページビュー数と精読回数のデータを取り込めば、すべての計算を一瞬で行って、合計の閲覧価値を算出することが可能です。

上記の単価については、「いや、ちょっと高すぎる」「もう少し価値を上

げても良いのでは」とさまざまな異論があるところでしょう。私としてはこうした単価設定でサイトを計算しており、あまり問題が発生したことはありませんが、会社によって違う単価の考え方を採り入れても問題ありません。「世のネット広告予算などに照らしてこれくらいの単価があると決める」と、会社としてコンセンサスを作ってください。

肝心なのは、単価を固定した状態で閲覧価値を計算して、前の計算より価値が伸びていることです。

サイト価値の変化を評価する

行動価値がないサイトで売上価値と閲覧価値をそれぞれ計算すると、

・売上価値：

お問い合わせ数 月10件×契約率 5%＝契約件数 月0.5件

契約件数 月0.5件×平均契約単価1,000,000円＝売上価値 月500,000円

・閲覧価値：

ページ	種別	単価	PV	価値	割合
重要ページ	精読	18円×	500PV	＝ 9.000円	12.8%
	非精読	15円×	1,000PV	＝15,000円	21.4%
通常ページ	精読	13円×	1,000PV	＝13,000円	18.5%
	非精読	10円×	3,000PV	＝30,000円	42.8%
その他のページ	精読	8円×	200PV	＝ 1,600円	2.3%
	非精読	5円×	300PV	＝ 1,500円	2.1%
合計			6,000PV	70,100円	100.0%

◎売上価値 月500,000円＋閲覧価値 月70,100円＝サイト価値 月570,100円

これでこのサイトの価値が計算できました。これを、少しずつ伸ばすのです。

・売上価値：

お問い合わせ数 月12件×契約率 5％＝契約件数 月0.6件

契約件数 月0.6件×平均契約単価1,000,000円＝売上価値 月600,000円

・閲覧価値：

重要ページ	精読	18円×	700PV	＝12.600円	14.0％
	非精読	15円×	1,500PV	＝22,500円	25.0％
通常ページ	精読	13円×	1,300PV	＝16,900円	18.8％
	非精読	10円×	3,500PV	＝35,000円	38.8％
その他のページ	精読	8円×	200PV	＝ 1,600円	1.8％
	非精読	5円×	300PV	＝ 1,500円	1.7％
合計			7,500PV	90,100円	100.0％

◎売上価値 月600,000円＋閲覧価値 月90,100円＝サイト価値 月690,100円

たとえばこのような数字を達成できたとすると、

690,100円÷570,100円×100＝121.0％

で、120％の成長を実現することができました。また、閲覧価値のシェアを見ると、重要ページの精読シェアが12.8％から14.0％、非精読も21.4％から25.0％へと比重が高まっていることがわかります。

閲覧価値については次の点も着目に値します。

・6,000ページビュー　→　7,500ページビュー　……125.0％の成長
・70,100円　→　90,100円　……128.5％の成長

データを見ながら「重要ページの閲覧を増やす」施策を行うことによって、「見せるべきページ」がより多く見られるようになり、ページビューが増えた以上に閲覧価値が向上した、と読み取れます。

サイト構成表に評価データを集合させる

ここまで見てきた手法で、必要とするデータはそろいました。これを全部集合させたものが次の図です。

▼図　サイト構成表上にすべてのデータが集合

○○株式会社ホームページ　サイト構成表　　1,264

No.	内容			第1階層	第2階層	第3階層	GA URL	ページビュー数	お問い合わせ誘導回数	お問い合わせ誘導率	離脱数	離脱率	離脱以外	訪問数	訪問シェア	閲覧開始数（集客数）	集客シェア	コーナー集客シェア	直帰率	集客目標数	コーナー目標数	シェア	集客CVR
1	トップページ			/			/	391	15	3.8%	81	20.7%	310	288	22.8%	259	20.5%	20.5%	34.1%	6	6	42.9%	2.32%
2	ニュース			/news	/		/news/	0	0	0.0%	0	0.0%	0	0	0.0%	0	0.0%	0.0%	0.0%	0	0	0.0%	0.00%
3	企業情報	トップ		/company	/		/comp	220	12	5.5%	92	41.8%	128	165	13.1%	50	4.0%		52.0%	2			4.00%
4		アクセス			/access.html		/comp	26	2	7.7%	10	38.5%	16	23	1.8%	2	0.2%		100.0%	0			0.00%
5		沿革			/history.html		/comp	29	0	0.0%	14	48.3%	15	25	2.0%	0	0.0%	4.1%	0.0%	0	2	14.3%	0.00%
6	事業情報			/business	/		/busine	101	5	5.0%	44	43.6%	57	75	5.9%	6	0.5%	0.5%	40.0%	0	0	0.0%	0.00%
7	製品情報	トップ		/products	/		/produ	280	8	2.9%	64	22.9%	216	175	13.8%	26	2.1%		38.5%	1			3.85%
8		製品A	トップ	/products	/productA	/	/produ	0	0	0.0%	0	0.0%	0	0	0.0%	0	0.0%		0.0%	0			0.00%
9			詳細1			/detail01.	/produ	6	1	16.7%	2	33.3%	4	6	0.5%	0	0.0%		0.0%	0			0.00%
10			詳細2			/detail02.	/produ	57	0	0.0%	20	35.1%	37	49	3.9%	34	2.7%		79.4%	0			0.00%
11			詳細3			/detail03.	/produ	30	0	0.0%	16	53.3%	14	21	1.7%	8	0.6%		75.0%	0			0.00%
12			詳細4			/detail04.	/produ	19	0	0.0%	12	63.2%	7	18	1.4%	1	0.1%		100.0%	0			0.00%
13			詳細5			/detail05.	/produ	10	0	0.0%	7	70.0%	3	10	0.8%	0	0.0%		0.0%	0			0.00%
14			詳細6			/detail06.	/produ	10	0	0.0%	4	40.0%	6	8	0.6%	2	0.2%		0.0%	0			0.00%
15			詳細7			/detail07.	/produ	7	0	0.0%	2	28.6%	5	6	0.5%	0	0.0%		0.0%	0			0.00%
16			詳細8			/detail08.	/produ	67	0	0.0%	31	46.3%	36	56	4.4%	47	3.7%		51.1%	0			0.00%
17			詳細9			/detail09.	/produ	59	2	3.4%	32	54.2%	27	53	4.2%	29	2.3%		86.2%	0			0.00%
18			詳細10			/detail10.	/produ	114	1	0.9%	59	51.8%	55	83	6.6%	32	2.5%		56.3%	0			0.00%
19		製品B			/productB		/produ	67	2	3.0%	36	53.7%	31	51	4.0%	2	0.2%		100.0%	0			0.00%
20		製品C			/productC		/produ	88	3	3.4%	43	48.9%	45	74	5.9%	35	2.8%		80.0%	1			2.86%
21		製品D			/productD		/produ	77	2	2.6%	43	55.8%	34	62	4.9%	20	1.6%		70.0%	0			0.00%
22		製品E	トップ		/productE	/	/produ	131	7	5.3%	73	55.7%	58	97	7.7%	75	5.9%		48.7%	1			1.33%
23			詳細1			/detail01.	/produ	6	0	0.0%	1	16.7%	5	6	0.5%	1	0.1%		100.0%	0			0.00%
24		製品F	トップ		/productF	/	/produ	20	0	0.0%	4	20.0%	16	15	1.2%	10	0.8%		60.0%	0			0.00%
25			詳細1			/detail01.	/produ	155	5	3.2%	61	39.4%	94	131	10.4%	86	6.8%		82.6%	2			2.33%
26			詳細2			/detail02.	/produ	39	0	0.0%	20	51.3%	19	32	2.5%	4	0.3%		75.0%	0			0.00%
27			詳細3			/detail03.	/produ	150	3	2.0%	66	44.0%	84	123	9.7%	73	5.8%		70.7%	0			0.00%
28			詳細4			/detail04.	/produ	50	4	8.0%	20	40.0%	30	41	3.2%	19	1.5%		84.2%	0			0.00%
29		製品G			/productG		/produ	96	5	5.2%	46	47.9%	50	86	6.8%	43	3.4%	43.3%	59.1%	1	6	42.9%	2.33%
30	中古製品	トップ		/secondhar	/		/secor	111	5	4.5%	68	61.3%	43	94	7.4%	19	1.5%		58.8%	0			0.00%
31		詳細			/detail.html		/secor	8	0	0.0%	5	62.5%	3	7	0.6%	7	0.6%	2.1%	71.4%	0	0	0.0%	0.00%
32	採用情報	トップ		/careers	/		/caree	53	0	0.0%	4	7.5%	49	34	2.7%	7	0.6%		0.0%	0			0.00%
33		Q&A			/qanda.html		/caree	20	1	5.0%	12	60.0%	8	17	1.3%	2	0.2%		0.0%	0			0.00%
34		募集要項			/requirement.html		/caree	35	0	0.0%	10	28.6%	25	28	2.2%	8	0.6%		75.0%	0			0.00%
35		社員インタビュー			/staff.html		/caree	19	0	0.0%	10	52.6%	9	16	1.3%	2	0.2%	1.5%	100.0%	0	0	0.0%	0.00%
36	ブログ	トップ		/blog	/		/blog/	79	4	5.1%	26	32.9%	53	49	3.9%	2	0.2%		66.7%	0			0.00%
37		ブログ1			/blog1.html		/blog/	30	1	3.3%	12	40.0%	18	20	1.6%	7	0.6%		85.7%	0			0.00%
38		ブログ2			/blog2.html		/blog/	40	1	2.5%	22	55.0%	18	33	2.6%	15	1.2%		60.0%	0			0.00%
39		ブログ3			/blog3.html		/blog/	27	1	3.7%	11	40.7%	16	22	1.7%	9	0.7%		66.7%	0			0.00%
40		ブログ4			/blog4.html		/blog/	8	1	12.5%	5	62.5%	3	8	0.6%	0	0.0%	2.6%	0.0%	0	0	0.0%	0.00%
41	お問い合わ	フォーム		/inquiry	/		/inquir	55	31	56.4%	24	43.6%	31	39	3.1%	2	0.2%		0.0%	0			0.00%
42		確認画面			/confirm.php		/inquir	20	20	100.0%	11	55.0%	9	17	1.3%	0	0.0%		0.0%	0			0.00%
43		完了画面			/thankyou.html		/inquir	18	18	100.0%	0	0.0%	18	17	1.3%	0	0.0%	0.2%	0.0%	0	0	0.0%	0.00%
44	メールマガジン			/magazine	/		/magaz	9	0	0.0%	2	22.2%	7	4	0.3%	0	0.0%	0.0%	0.0%	0	0	0.0%	0.00%
45	サイトマップ			/sitemap	/		/sitem	3	0	0.0%	1	33.3%	2	2	0.2%	1	0.1%	0.1%	100.0%	0	0	0.0%	0.00%
								3,406	167	4.9%	1,126	33.1%	2,280	2,614		1,262			58.8%	14	14		1.11%

材料は次のとおりです。

・サイト構成表
・「すべてのページ」のデータ
・お問い合わせフォームの「ナビゲーション サマリー」で取得した「前のページ動線」データ
・「すべてのページ」に目標到達セグメントをかけて取得したページ貢献度データ
・「ランディングページ」で取得した目標到達数データ
・「スクロールイベント」で取得した、75%スクロール回数（精読）データ

5つのデータはすべて全ページを表示した状態でエクスポートします。それらをコピペして、それぞれVLOOKUP関数を使えば、図のようにすべてのデータがサイト構成表上に勢ぞろいするのです。

これを細かく見ていけば、

・どのページの精読率が高いか
・お問い合わせに貢献しているコーナーはどれか
・どのページのリンクを変えてどのページのアクセスを伸ばせばよいか
・全体としての価値はどれだけ成長したか

などが一覧できます。全体像を捉えながら、「次はどこを直すか」詳細なポイントまですべてわかるのです。

重要と位置付けているページが他に比べて成績が悪ければ改善し、良い成績のページのアクセスを増やせば効果は高まります。

細かな数字がたくさん載った表を見ると「うわ、大変そう！」と感じてしまうかもしれませんが、ウェブ担当者にとって数字は、自らの評価を高め状況を好転するための強い味方です。

索引

な行

は行

ま行

や行

ら行

石井研二（いしい・けんじ）

1961年、神戸生まれ。雑誌編集、通販カタログ企画を経て、95年からウェブプロデューサ。Web黎明期からアクセス解析を使い、多くの企業サイトを成功に導く。2002年からはアクセス解析サービス「サイトグラム」を展開、年間20億ページビュー以上を解析し、「日本一のログ読み男」として知られる。2018年、株式会社ミルズの設立に関わり、主任研究員に。ウェブ運営に欠かせない指標「直帰率」の名付け親としても知られる。

著書に『改訂新版 アクセス解析の教科書』（翔泳社）、『集客力を飛躍的に向上させるGoogle Analyticsアクセス解析の極意』（秀和システム）、『ガッチリ成果を出すWeb担当者の教科書』（技術評論社）がある。

[お問い合わせについて]
本書に関するご質問は、FAXか書面でお願いいたします。電話での直接のお問い合わせにはお答えできません。あらかじめご了承ください。下記のWebサイトでも質問用フォームを用意しておりますので、ご利用ください。

[問い合わせ先]
〒162-0846 東京都新宿区市谷左内町21-13
株式会社技術評論社 書籍編集部
「ウェブ立地論」係
FAX:03-3513-6183
Web:https://gihyo.jp/book/2022/978-4-297-12064-1

ブックデザイン 小口翔平+奈良岡菜摘(tobufune)
DTP SeaGrape
編集 緒方研一

ウェブ立地論

“来てほしい人にアプローチする”
集客につながる顧客目線のウェブの作り方

2022年5月3日 初版 第1刷発行

著 者 石井研二
発行人 片岡 巌

発行所 株式会社技術評論社
東京都新宿区市谷左内町21-13
電話 03-3513-6150(販売促進部)
03-3513-6166(書籍編集部)
印刷・製本 日経印刷株式会社

定価はカバーに表示してあります。

造本には細心の注意を払っておりますが、万一、乱丁(ページの乱れ)や落丁(ページの抜け)がございましたら、小社販売促進部までお送りください。送料小社負担にてお取り替えいたします。

ISBN978-4-297-12064-1 C3055
Printed in Japan